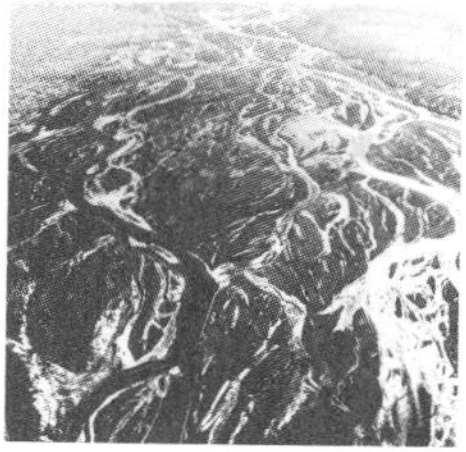

Freedom and Evolution

Hierarchy in Nature, Society and Science

Adrian Bejan

自由と進化

コンストラクタル法則による
自然・社会・科学の階層制

エイドリアン・ベジャン

柴田裕之＝訳

木村繁男＝解説

紀伊國屋書店

First published in English under the title
Freedom and Evolution:
Hierarchy in Nature, Society and Science
by Adrian Bejan, edition: 1

Springer

This edition has been translated and published under license from
Springer Nature Switzerland AG.
Springer Nature Switzerland AG takes no responsibility and
shall not be made liable for the accuracy of the translation.

Japanese translation published by arrangement with
Springer Nature Customer Service Center GmbH
through The English Agency (Japan) Ltd.

自由と進化——コンストラクタル法則による自然・社会・科学の階層制　目次

【凡例】
〔　〕は訳者による注を示す。
＊は著者による注を示し、章ごとに番号を付し巻末に収録する。

ブックデザイン　鈴木成一デザイン室

自由と進化
――コンストラクタル法則による自然・社会・科学の階層制

序

進化は自然を特徴づける現象だ。どこを見ても、目に入るものはみな進化している。なぜなら、自由に動き、形を変えることができるからだ。変化する自由がなければ、何一つありえない。デザインも、進化も、ひいては未来までもが。

自由はいたるところにある。なぜなら、進化（デザインの変更）は、無生物、生物、人間の各領域の、いたるところにあるからだ。それにもかかわらず、自由は進化とは違って、科学の対象とされていない。これはおかしい。私はそう思った。まるで、科学者たちは「自由」という言葉を口にするのを恐れているかのようではないか。来る日も来る日も、この言葉の背後にある現実（物理的現象）を拠り所としているというのに。たとえば、熱力学の書物ならどれもが、「過程《プロセス》」の解析とデザインを満載している。プロセスとは、当該の系《システム》の記述（「状態」）における変化のことだ。当然ながら、系が変化するためには、その系は自らの記述の中に、自由と呼ばれる属性を含まざるをえない。

これまで物理学において自由が見過ごされてきたのは驚くまでもない。物理的に存在しているのが当たり前のものほど見過ごされやすい。重力や音、乱流〔不規則な乱れた流れ〕、魚の泳ぎの場合がそうだった。疑問に思う人が登場し、新たに見つかった領域へと物理学が拡がるのには、時間がかかった。

本書の目的は、進化の予測理論を提示することにある。物理学における自由の概念と進化の概念をしっかりと確立するのだ。私が選んだアプローチは、自由を見解ではなく物理的現象とする、というものだ。本書は政治家の談話についてのものではない。本書で取り上げるアイデアや例はすべて、査読を経て物理学や生物学や工学の専門誌に発表されたものだ。これらの参照元は、巻末の「原注」に示してある。

自由は、他の物理的なもの（つまり、自然の一部）と同様、測定可能だ。自由とは、系の配置の中で自由に変化できる物理的な特徴がどれだけあるかを測定した結果だ。変化する能力が、効率や力、強固さ、弾性、寿命といった、系の性能の他の尺度に与える影響もまた、測定することができる。人間が生み出したデザインにおいては、自由は、自然の流動系のモデル（複製）に見られる「自由度」の数としても測定できる。自由度は、他の明白な特徴とは無関係に自由に変えることのできる明白な特徴だ。

物理的現象としての自由と進化とともに、他の概念も確固たる科学的基盤を獲得する。すなわち、複雑性、画像、イメージ、図、多様性、階層制、社会的構成〔社会があるがゆえに社会の中に現れるあらゆる流動の配置・構成。「構成」の原語はorganizationだ。本書では「構成」は「目的と変化する自由を伴う流動の配置」を意味し、「デザイン」や「大きさ、形状、構造」と同義〕、アイデア、学問分野／規律、そして科学そのものの進化といった概念だ。これらの概念はすべて、科学的論議の対象となり、物理学の範疇《はんちゅう》に入る。なぜ物理学かと言えば、それは物理学が万物を網羅する科学だからだ。物理学の概念には、意味が不明瞭なところが微塵もない。物理学の諸概念は有用で、それらが存在するのはひとえに自由があってこそ――動き、流れ、形を変えるもののいっさいが持っている物理的特徴としての自由があってこそなのだ。

科学は自由のおかげで進化し、自由は科学のおかげで充実する。自由の下では創造しやすい。芸術や科学の歴史を考えるだけでわかる。芸術家や科学者がどこにいたか、どこで暮らし、創造したかを見てほしい。彼らの名前は、地理や歴史、文化、富について語る。現状に疑問を投げかけて変化をもたらすアイデアと自由を持った自由な人々の物理的な動きについて語っている。自由な移動は、彼らの救済のカギだった。

本書は、これまで物理学とは結びつけられることのなかった領域を網羅する科学によって、読者に力を与える。すなわち、規模の経済〔生産量が増大すると一単位当たりのコストが下がり収益が向上すること。スケールメリット〕、収穫逓減《ていげん》〔生産要素を一単位増やすごとにもたらされる生産量の増加が徐々に減ること」、階層制、富、社会的構成、アイデアの拡がり、科学的思考といった領域だ。読者は、次の二つのかたちで力を得る。第一に、身の回りの世界についての理解が深まる。第二に、その理解を応用して、以前よりも速く効果的に変化を生み出すことができる。物理学は、物事が今のような在りようをしている理由や、生活や社会を改善するためには、そうした理由を当然知っておかなければならないことを教えてくれる。私たちは、ランダムで関連のなさそうに見えるものに欺《あざむ》かれている。それらは密接に結びついており、階層的で、私たちとともにすべていっしょに流れていて、自由と構成と進化のおかげでうまくいっている。

社会は地球規模の生命体だ。大都市のほうが小さな都市よりも大量かつ効率的に事物を動かす。だから、都市が繁栄しているときには、小さな定住地や企業は大きな定住地や企業に加わり、人々は田舎から都市へ移住するし、産業化時代にはグローバルな社会は農村から都市へと進化する。都市の繁栄にかげりが見えると、田舎へ向かって逆方向の移動が起こる。

この科学の物語は、私たちの頭に浮かぶ相反するもの——自由と平等、自由と規則や規律、揺るぎない階層制と進化、規則とランダムな多様性、進化と見たところ安定したデザインといった、相容れないように思えるもの——に真っ向から取り組み、それらの矛盾を解消する。

そのカギを握っているのが、進化するデザインのイメージだ。みなさんは本書を読むと、川が流れ、動物が走り、歩行者が歩き、人々がバスや電車や飛行機に乗る様子を捉えた「動画」

を図らずも思い描くことだろう。じつは、力が働かなければ何一つ動かない。押すには力が必要で、力は、機械の場合は燃料、動物の場合は食物に由来する。自然の系は、いったん動きだすと、より楽に流れるために絶えず自らの配置を進化させる。進歩は、ゴールをフィールドの先へ先へと移していくものだ。系は進化し、発達し、より効率的になるにつれ、より複雑にもなる。それはなぜか？　合わさり、いっしょに動く（流れる）ほうが、個別に動くよりも必要とする力が少ないからだ。これが「規模の経済」の物理的基盤であり、その最も明白な表れが社会的構成だ。

それと同じ物理の原理で他にもさまざまなことが説明できる。河系《かけい》〔河川の本流と支流の総称〕が進化して、刺繍《ししゅう》のように、小さな支流が主要な川に流れ込む模様を織り成すという事実も、自転車競技では個別に走る選手よりも選手の大集団（プロトン）のほうが速く動く理由も、これで説明がつく。大きい流れや動物や乗り物のほうが、小さなものよりも効率的に動き、動かす。多数の小さなものと少数の大きなものから成る階層的な系は、「一つのサイズですべて間に合わせる」系よりも効率が良いからだ。ただし、より複雑でもあるが。

したがって、人々の生活関連の動き（これを通常は経済と呼ぶ）においては、人々が消費する燃料の量は、年間に生じる富、すなわち国内総生産（GDP）に正比例する。というわけで、物理的な動き（流れ）と経済は表裏一体であり、どちらも同じ階層的な流動構造で説明がつく。

私は他にもいくつか「大きな疑問」を立て、物理学に基づいて、経済の場合と同じように扱った。第1章で、自然の複雑性と多様性と見かけ上の予測不可能性は、三つの主要な概念に凝縮してある。

第一に、デザインは私たちの周りにも中にも、いたるところにある。たとえば樹状の流れ、円形の断面、息を吸ったり吐いたりするリズムなどがそれにあたる。デザインの進化は普遍的ですべてを統合する自然現象であり、それ特有の物理法則、すなわちコンストラクタル法則に基づいて予測できる（二五ページ参照）。

第二に、自然は、「エンジン」と、「ブレーキ」として働く、力を散逸させる系とが結びついた、濃密な「網」だ。エンジンとブレーキは分かちがたく結びついて動き、自由を与えられれば進化する。

第三に、人間と、人間が考案した装置（機械、人工物、付加物）は、地球上で動き、進化する他のあらゆるものと同じだ。進化を続ける自然の何一つとして、自由がなければありえない。何であれ、特定の量をそれぞれ別個に動かすよりも、合わせて（大量に）動かすほうが楽で効率が良い。さまざまなかたちで大きさが物を言う。とはいえ、動くもの（河川、走るもの、飛ぶものなど）すべてが、一つの大きな移動者になるわけではない。なぜなら、地球上ではあらゆる動きが、ただの二点を結ぶ線に沿ってではなく、一点と一平面領域（あるいは一立体領域）

とのあいだで起こるからだ。平面上では、移動者は考えうるかぎりの方向へ自由にアクセスできる。移動者は階層制をとり、小区画が形成する階層的なモザイクと化したその平面領域を「網羅《スキャン》」する。「規模の経済」がスペース（平面領域や立体領域）という現実に突き当たり、階層制を生むのだ。

階層的な流動構造はじつに多様で、人間に観察可能な範囲の隅々にまで及び、あらゆる大きさの尺度、生物と無生物、人造のものと人造ではないもの、定常のものと時間に依存したものを網羅する（図1）。本書で詳述する例には、河川流域、人間の定住地（都市のランキング）、森の木々の大きさと数、大学のランキング、被引用回数の多い論文の著者のランキングがある。

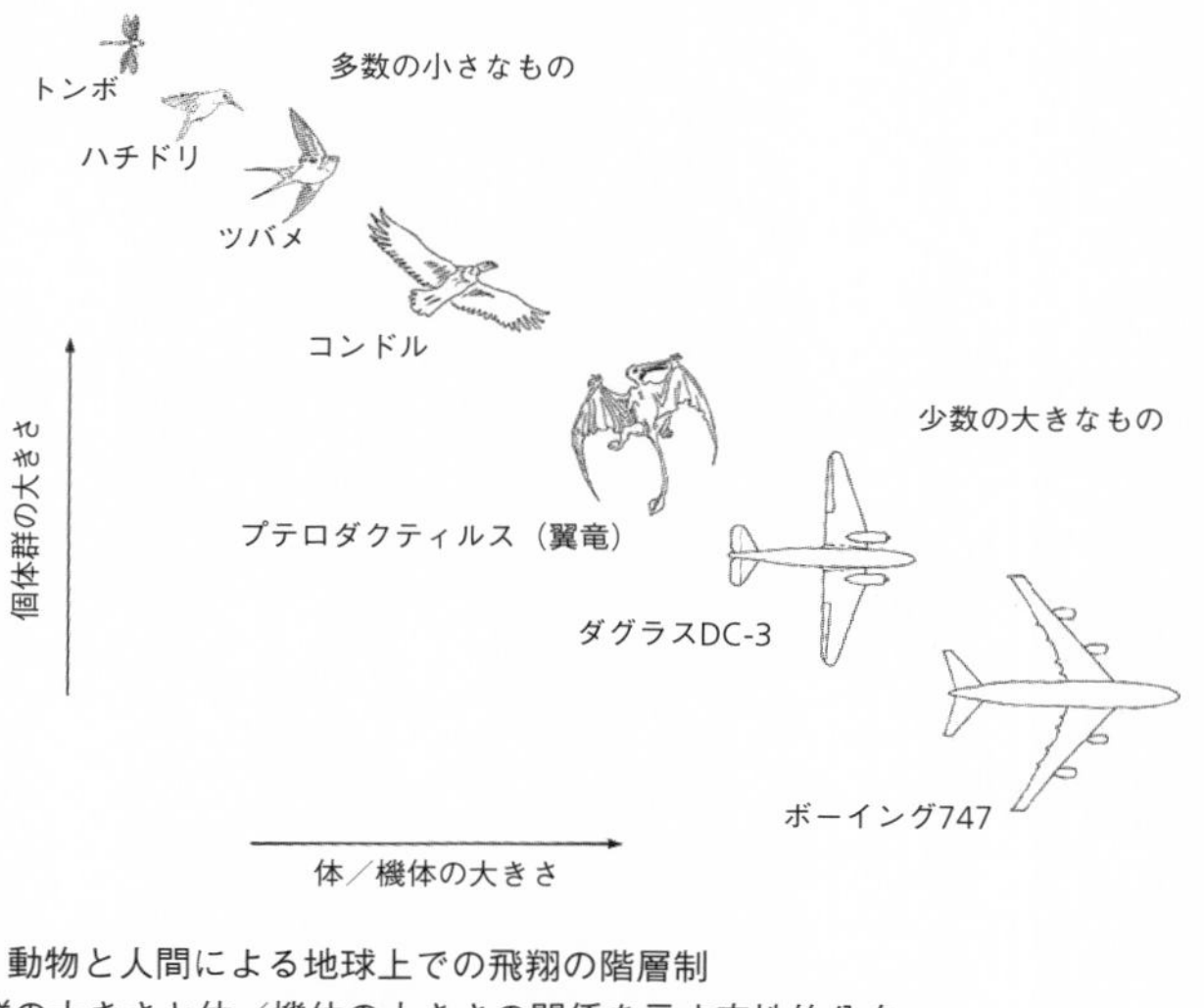

図1　動物と人間による地球上での飛翔の階層制
個体群の大きさと体／機体の大きさの関係を示す定性的分布。
（作図：エイドリアン・ベジャン）

富の偏在は予測できる。なぜならそれは、生きた社会のあらゆる流れの、進化する構造が原因だからだ。地表における物理的な動きは、樹枝状の階層的な流れとして自然に進化する。世界各国のＧＤＰは、人間の動きに比例している。なぜなら、ＧＤＰは燃料の年間消費量に比例しており、その燃料がいっさいの人間の動きの原動力となっているからだ。経済活動が盛んになれば、燃料の消費量も増える。富の不均衡は、動きの複雑性が増すにつれて際立つ。人工的なデザインが自然のデザインに加わると、富の不均衡が縮小する。交易の経路は地球上での人間の動きの屈折した道筋であり、それが動きを促進する。

社会的構成はなぜ自然に現れるのか？　そうした構成は、社会の流れが増すと、なぜ、より階層的で不均一になるのか？　本書では、このような問いには、二つのモデルを使って物理学の観点から答える。二つのモデルとは、人間社会とは無縁のもの（河川流域）と、人間社会に関連したもの（人が居住する領域での温水の配給）だ。これら二つのモデルから得られる結果は類似しているが、人間社会に関連したモデルでは、流れの分布は不均一性が低い。なぜなら、社会の尺度ではすべてを網羅するかたちで目的（目標）が存在しており、不均一性が制御されているからだ。流路の自然な階層制が、大きさが画一の人工的な流路にあらゆる場所で取って代わられたときにさえ、不均一性は存続する。イノベーションが起こり、それが人間の居住する領域に拡がるたびに、イノベーションを起こした人だけでなく社会全体が恩恵を受ける。

自由と、規律への依存とのあいだには、何の矛盾もない。それどころか、その正反対が正しい。規律ある科学者こそが、新しい知識の領域に最も自由に入っていくことができる。科学者にとって規律ある学問は不可欠であり、それは力を与え、自由をもたらしてくれるものなのだ。

自然界における複雑性と構成と進化は、学問として研究したときに最も強力で役に立つ。学問の世界には、厳密な用語や規則、原理、有用性がある。図には大きさと意味（メッセージ）と繊細性（線の繊細さ）がある。図は、簡潔で、楽に描け、大き過ぎも小さ過ぎもしないときに有用だ。アイコンや黄金比の長方形が出現するのは、より楽に速く意思疎通したがる傾向が人間にはあるからだ。だから、魅力的で美しいと認識されている特徴は、維持する価値がある。

この世はなぜこれほど多様性に富んでいるのか？　私たちはなぜ、みな同じ外見をしていないのか？　私たちの職業や装置は、なぜ多様で、さらに多様になっていくのか？　その答えは自由の中にある。あらゆる流動構造が、自由に拡がったり、移動したり、交じり合ったり、途中で出合う流動デザインと結合したりする。これは、地球上の人間の流れにも起こった。人間の身体構造は、人間が初めてアフリカ大陸を出て北と東へ移住するにつれて多様化した。その途上で人間は、一つの「人間と機械が一体化した種《しゅ》」に属する個体として多様化を遂げた。

この一体化した種の機械部分の多様化は、近代や現代には科学とテクノロジーの進化として、はっきりと見て取れる。力学が熱力学とその数多くの下位分野へと多様化し、今日、機械工学、土木工学、電気工学、化学工学、石油工学、原子力工学、航空工学、その他多くの種類の工学を支えている。人間と機械が一体化した種の多様性も、動物の進化における「生態的地位構築《ニッチ》」の進化と性質を同じくするものだ。

自由の下での進化には、複雑性、多様性、階層制、大きさ、自由選択といった、目に見える特徴のいっさいが伴う。進化は、その未来も過去も予測できる〔過去の予測については、第9章を参照のこと〕。本書では、詳しい予測を三つ行なう。一つは生物（動物の移動）、一つは無生物（河川流域）、もう一つは人間と機械が一体化した種（飛行機）についての予測だ。それ以外にも予測は数多く行なう。たとえば、噴流《ジェット》〔同一流体で満たされた空間内を進む流体の流れ〕やプルーム〔ジェットが周囲の液体と異なる温度を有する場合で、浮力が作用する特徴がある〕の断面、雪の結晶の成長、動物や乗り物の寿命と生涯移動距離、肺の構造、動物の移動デザインの主要な尺度（速度、動きの頻度、力）だ。物理的現象の根本には、大きな構造は小さな構造の拡大コピーではないという原理がある。

最後になるが、もし進化が継続しており、いたるところで起こっているのなら、なぜこれほど多くのものが、時間の流れの中でまるで完全に停滞してしまっているように見えるのか？それは、収穫逓減という現象のせいだ。この現象は、自由に進化する流動構造が「成熟」したときに見られる。新たな変化が起こっても、成熟した構造の広範な展望や性能には、わずかな影響や感知できない影響しか与えない。収穫逓減を示す例としては、断面が自由に形を変えられる管を通る流れや、円の周辺と中心を結びつける脈管構造、荷重を支える片持ち梁《はり》、近代以降の蒸気タービン動力装置などが挙げられる。

科学の進化は、自由とアクセスと社会的構成という物理的現象の現れだ。科学を生み出すもののそれぞれの物理的な動きは、地表で不均一に階層的に構成されている。社会は、自由と、自由に問いを発したり自己修正したりする機会を与えられていれば、発展するにつれ、より多く動き、より多くを生み出し、より多くの変化を引き起こす。

変化する自由は軌道のようなものであり、進化の列車が走って科学の他の列車を連結させる(たとえば二八ページの図1・3)。その軌道が非常に「賢く」、地球物理と生物のデザインを、私たちを驚愕させ続けるほどの水準の完成度まで導いた理由を知ることは有益だ。この進化の軌道を利用する方法を知り、私たち自身の製品がより速く、より経済的に進化して、ますます高い効率水準に到達し、人間と機械が一体化した種として私たちの生活がより自由になり続けるようにできれば、得るところが大きい。

自然に自由を与えよう。そうすれば、自然は息を吹き返す。

米国ノースカロライナ州ダーラムにて　　エイドリアン・ベジャン

第1章　自然と力

自然は複雑で、ますます複雑になりつつある、と人は好んで言う。自然界における多様性と複雑性と予測不可能性については、多くのことが言われてきた。そして最近では、そうしたものの観察結果を説明する物理学のさまざまな法則についても同様だ。本章ではこの知識体系を、たった三つの概念に煎じ詰める。

第一に、デザイン（意味を持った形状）は私たちの周りにも中にも、いたるところにある。最も明白でよく知られているのが樹状のデザインであり、河川流域や人間の肺、稲妻、血管組織、都市交通、雪の結晶、河川の三角州、グローバルな航空交通、植物などの樹枝状の流動構造だ（図1・1）。

他の多くの形状が、まるで当たり前のものであるかのように見過ごされている。そうしたもののうちのひと種類がダクトや管の円形の断面であり、それが網羅する範囲は、血管や肺の気道やミミズの掘った穴から、湿った土壌や河川流域の最小の細流が走る山地の斜面が雨水に削

図 1.1　ザンビアのブサンガ平原のカピンガ島に生えている樹木と枯れ木（夜明けに熱気球から。写真：エイドリアン・ベジャン）
この森林の下の土壌では、菌類が巨大で緊密に結びついた階層的な脈管構造を形成し、倒木や散った葉や落ちた果実から養分を木々へと運んでいる。樹木の社会の階層制は、地面より上で見られる。少数の大きなものが多数の小さなものとともに繁茂しているのだ。国家と同じで、樹木の社会も、大地によってまとまりを保っている。地面は、水、養分、動物の多様な流れから成る階層制を持ち、脈管化した、絶えず自由に形を変える、生きた流動系だ。

られてできた「パイプ」まで、じつに幅広い。多くの種類のテクノロジーが円形のダクトや管を採用しており、それには正当な理由がある。円形の断面は、流れるものに対して、断面が円形でなかった場合よりも大きなアクセスを提供するのだ。

それに比べて知名度が低いのが自然のリズムで、これは空間ではなく時間の中での構成を体現するデザインだ。たいていの場所では、平面領域や立体領域を網羅する流れは、ふた通りの異なる流れ方をする。河川流域では、水はまず、山地の斜面に浸透して流れ（「ダルシー流れ《フロー》」と呼ばれる拡散による）、その後、河道《かどう》〔河水が流れる道筋〕を河川として流れる。この組み合わせは、「異常拡散」と呼ぶ人もいる物理的現象だ。最初の流れ方は遅く、距離が短いのに対して、二つ目は速く、長距離に及ぶ。見たところ、不思議なことに、水は（浸透によって）ゆっくり流れるときと、（水路流動として）速く流れるときにかかる時間がほぼ同じになる。このように時間が等しくなることがリズムであり、物理学によって予測できる。

酸素が肺という立体領域に行き渡ることができるのも、先ほどと同じ二つの流動機構《フローメカニズム》のデザインのおかげだ。肺胞の血管組織で拡散するときの流れは、短くてゆっくりしている。気管を通る流れは、長くて速い。拡散と管内流れには同じ時間がかかり、それを合わせると吸気の時間となる。二酸化炭素はそれとは逆方向に、一立体領域（胸部）から一点（鼻）へと進んで排出される、吸気のときと同じ二種類の流れの組み合わせが、二酸化炭素の流れを促進する。まず、肺胞の壁を抜けて拡散し、その後、もっと長い距離を管内流れとして進む。拡散にかかる時間は管内流れとして進む時間に等しい。それに輪をかけて興味をそそられることがある。一点から一立体領域への流れ（吸気）には、一立体領域から一点への流れ（呼気）と同じ時間がかかるのだ。肝心なのは、流れの方向（内へと外へ、息を吸い込むことと吐き出すこと）ではなく、リズムだ。

同じ時間のデザインが、血液循環を通しての栄養分の流れも支配している。最も微小な血管（毛細血管）の壁を抜けて拡散する流れは、短くてゆっくりしている。毛細血管よりも太い血管に沿っての流れは、長くて速い。拡散にかかる時間は、管内流れにかかる時間に等しい。これは、動脈系（肺から全身へ）と静脈系（全身から肺へ）という、方向の異なる流れのどちらにも当てはまる。この二方向の両方で、流れは二種類の流れから成るデザインになっている。一立体領域から一点への樹状が、一点から一立体領域への樹状と結びついており、この場合の一点は単独（心臓）であるのに対して、立体領域は、それぞれ全身と肺だ。時間スケール（心臓の搏動《はくどう》）は、どちらの方向への血流でも同じだ。

リズムと樹状のデザインは、陸上での水の流れも支配している。河川流域の一平面領域から一点への流れに、三角州の一点から一平面領域への流れが続く。この形状での一点は、三角州への入口だ。私はドナウ川の、まさにそうした場所で育った。植物のデザインも、二つの樹状の流れを組み合わせたもので、幹の基部が接続点になっている。根系《こんけい》は樹状をしており、湿った土壌（一立体領域）から幹の基部（一点）へと水を運ぶ。その水を、地面より上の樹状の流れが、幹の基部からその上の立体領域に運ぶ。その立体領域は、樹冠《じゅかん》とそこを吹き抜ける乾燥した空気から成る。

多様性は進化するデザイン現象の一部だ。その起源をしっかりと認識するために、一見すると固定した都市のインフラ（社会基盤）を通って私たち全員がどのように移動するかを考えてほしい。私たちは自由に動く。私たちは四六時中、自由に選択する。人々は一平面領域から一点へ、一点から一平面領域へと樹状に流れる。朝には通勤・通学者たちが駅や空港に集中する。そこには階層制が見られる。歩行者や自動車の数がしだいに増え、一点を占める目的地に続く広くて真っ直ぐな通りでいちばん多くなる。朝に人間の流れが形成する「木」の「樹冠」は、都市圏全体だ。夕方には、同じ人々が一点から一平面領域（都市）へと逆方向に流れる。都市は、朝には人々を吐き出し、夕方には吸い込むわけだ。

移動する人々のために源泉や吸い込み装置《シンク》を開くバルブの役目を果たす点は、他にも多くある（学校、オフィス、劇場、教会、スタジアムなど）。これが地球上のいたるところで見られる人間の動きのデザインであり、呼吸と同じで、吸い込むこと（一点から一領域へ）と、吐き出すこと（一領域から一点へ）を交互に繰り返す。これはリズムだ。雪に覆われた山の斜面を滑るスキーヤーたちが、この流動構造が進化する様子を示してくれる（図1・2）。

デザインの変化の時間的方向性を示す事例は多数あり（ちなみに、時間的方向性を持ったデザインの変化の連続を「進化」と呼ぶ）、前述の例と比べてなおさら異なり、無関係に見える。

・大きい流動構造（河川流域、肺など）ほど複雑ではあるものの、その複雑性は変化していない。複雑性は断じて時間とともに増加しておらず、手に負えなくなってはいない。[*1]

・動物の移動のあらゆる形態（泳ぐ、走る、飛ぶ）が、厳密なリズムを構成しており、そのリズムの中では、体の動きの繰り返し（尾びれの振り、脚のストライド、羽ばたき）

図1.2　スキー場が利用者を「吐き出す」様子
スキーヤーの階層的な流れが、新しい粉雪に覆われた山の斜面を下っていく。
（写真：Rick Frothingham, 2011; 許可を得て掲載）

の頻度は、体が大きいほうが低い。動物や飛行機は、大きいもののほうが小さいものよりも速度が大きい。大きい移動者のほうが、多くの重量を持ち上げることができ、代謝率が高い。[*2~3]

・大きい移動者のほうが寿命も長く、生涯移動距離も大きい。これは、動物、乗り物、河川、風、海流など、あらゆる移動者に当てはまる。[*4]

・一点から一平面領域あるいは一立体領域へと拡がる流れ（洪水、雪の結晶、人間の体、個体群、疫病、科学、発明、政治思想など）はすべて、遅・速・遅というS字カーブをたどって時間とともに増大する領域を持つ。一平面領域あるいは一立体領域から集まる流れもすべて、過去から未来にわたってS字カーブの歴史を伴う領域を持つ。油井《ゆせい》や鉱坑の進化を続ける構造（樹状、地下）がその例であり、どちらも形を変えながら、遅・速・遅というS字カーブをたどって拡大する領域を網羅している。[*5]

・古代のピラミッドと、すべての大陸で人間が積み上げる薪《まき》の山は、同じ形をしている。横から見ると三角形で、高さと底辺の長さが等しい。[*6~7]

・地球の気候は安定しており、三つの異なる温度帯が均衡状態にある。各温度帯には、独自の域内の流れと地球規模の循環がある。これが主要なデザインであり、地球は、自らが遮り、それから冷たい宇宙空間に排出する、太陽熱の一方向の流れの中で、中間節点《ノード》となる。

このデザインは予測可能だ。[*8] このデザインには、やはり予測可能な小さな気候変動が重ね合わせられている。[*9] そうした気候変動は、大気層の放射特性における変化のせいで起こる。

- 乱流の渦が生じるのは、流れが太くて速く、渦の回転する時間が、剪断《せんだん》（粘性散逸）が流れあるいは渦を貫通するのに必要とする時間よりも短い場合だ。このリズムが乱流という現象であり、だからこそ一九八〇年以降、この現象は（従来の見方に反して）もはや謎ではなくなったのだ。[*10〜12] 乱流の起源（それは、一つのコンストラクタル理論を成す）を、非常に複雑な（レイノルズ数が大きい）乱流のコンピューターシミュレーションと混同してはならない。たとえば天気の予測といった、その手のシミュレーションは経験的なもので、まず測定結果を与え、続いて数理的なモデル計算を行なっている。天気のモデル化の改善は、完全に滑らかな（乱れていない）流れの中でいつどのような乱流が起こるはずかの予測と混同してはならない。

このリストはまだまだ続き、自然はややこしく、多様で、予測不可能で、始末に負えないという印象が深まる。その例はこれ以上想像しえないほど広範に及び、そこには無生物も、生物も、人造のものもすべて含まれる。しかし私がコンストラクタル法則（一九九六年）を発表してから執筆された物理学と生物学の文献によって、この印象が誤ったものであることが判明した。コンストラクタル法則とは、以下のような法則だ。

有限大の流動系（微小な一粒子でも亜原子粒子でもない）が時の流れの中で存続する（生きる）ためには、流れるものにより容易で大きなアクセスを提供するように自由に進化しなくてはならない。

この法則の中では、「有限大」は、微小なものや一つの粒子や亜原子粒子を意味しない。全体を意味する。配置《コンフィグレーション》（デザイン、図）は巨視的だ。さらに、配置を伴う流動系として時の流れの中で進化し、存続するというのが、生きているということの、物理学における定義になっている。その逆（何も動かず、何も形を変えず、何も変化しない状態）が、熱力学で「熱的死の状態」として知られている状態の、物理学における定義だ。[*13]

コンストラクタル法則を書いた当時の私は、その意味合いについて、今と比べて全然わかっていなかった。だが現在は、「進化」「自由」「アクセス」といった言葉が一つのことを意味しているのがわかる。それが何かは、それが手に入らないときに誰もが理解する――自由だ。それこそ、これまで物理学に欠けていたものなのだ。

先ほど列挙した、似ても似つかない現象はすべて、コンストラクタル法則を使って多くの著者によって予測されてきた。これまでに、世界各地でコンストラクタル法則会議が一二回開催されており、そのうち三回はアメリカ国立科学財団が、一回はフランクリン研究所が主催した。

というわけで、以上が第一の概念だ。デザインの進化は普遍的ですべてを統合する自然現象であり、特有の物理法則に基づいて予測できるのだ。

あらゆる流動系が生じるのは、力が働いているからである、というのが第二の概念となる。流動系が流れ、動くのは、力のおかげで押されたり、引かれたり、ポンプによって押し出されたり、吸われたり、ねじられたり、真っ直ぐにされたりするからだ。力(power＝仕事率)とは、当該の系に対して単位時間当たりになされる仕事を意味する。なされた仕事は、力(force)と移動距離の積であり、力は系の周囲に加えられ、移動距離は、力が加えられた箇所の移動した距離だ。移動距離は、その環境という座標系を基準とするものだ。

ようするに仕事には、動き、歪《ひず》み、形の移り変わり、変化が伴う。費やされた力が、単位時間当たりの動きと変化の原因となる。費やされた力が、進化のテープを先へと進め、時の経過とともに起こるデザイン変化の動画を展開させる。

力はあらゆる種類と大きさのエンジンに由来する。地球物理学的なエンジンも、動物というエンジンも、人造のエンジンも、すべて自然に生じる。ほとんどのエンジンは、人造ではない。車輪と同様、エンジンは自然の流動構造であり、人間圏の外には存在しない人間による発明品ではない。地球上で最大のエンジンの車輪は、大気循環と海洋循環の流れだ。それよりははるかに小さいエンジンの車輪は、ネズミの体の下側についている。それぞれの車輪には二本のスポーク（二本の脚）があり、その車輪が前に一つ、後ろに一つ配されている〔動物の脚を二本ひと組で一つの車輪と見なせることについては、前々作『流れとかたち』第4章を参照のこと〕。

環境は流動系の動きに逆らう。脇に押しのけられるのに抵抗する。その結果、動きを引き起こした力はたちまち熱として散逸し、環境に伝達される。系と環境とのあいだの相対的な動きは、乗り物のブレーキのように働く。

熱力学では、より一般的には、ブレーキは純粋な散逸系として知られている。最も単純なモデルでは、純粋な散逸系（ブレーキ）は、仕事を受け取り、熱を環境に排出する閉鎖系だ（「閉鎖」とは、その系と環境の境界を、質量流動が越えないことを意味する。ただし、「孤立」は意味しない）。系は定常状態にある。すなわち、系の属性（体積、圧力、温度、エネルギー、エントロピーなど）が時の経過とともに変化しないということだ。ブレーキ・システムは、入力された仕事をそっくり熱に変換して出力する。あらゆるブレーキが自然に生じる。そのなかのごくわずかな数だけが、乗り物のために人間によって作られる。

エンジンとブレーキはすべて自然現象であり〔大気、海洋などの流動機構はエンジンとブレーキがともにこれらの自然現象に存在するという意味〕、デザインと進化とコンストラクタル法則が熱力学の新しい領域と法則として登場した理由となっている[*13〜14]（図1・3）。以前は、熱力学はもっぱら、系と環境のあいだのエネルギー移動や、熱から仕事や力への変換やその逆の変換を対象としていた。古典的な分析は、一九世紀なかばにおける力学とカロリック説の融合を特徴づける、次の二つの法則に基づいていた。

第一の法則は、エネルギーは保存される、というものだ。系に入ってくるエネルギーの流れ（系が開いていれば、仕事伝達率、熱伝達率、エンタルピー流動率）と、系から出ていくエネルギーの流れの差が、系の内部にエネルギーが蓄積される割合となる（図1・4上段）。このように、第一の法則はエネルギーの定義、より厳密に言えば、系のエネルギー目録における変化の定義であり、その目録は、系が経験する熱伝達と仕

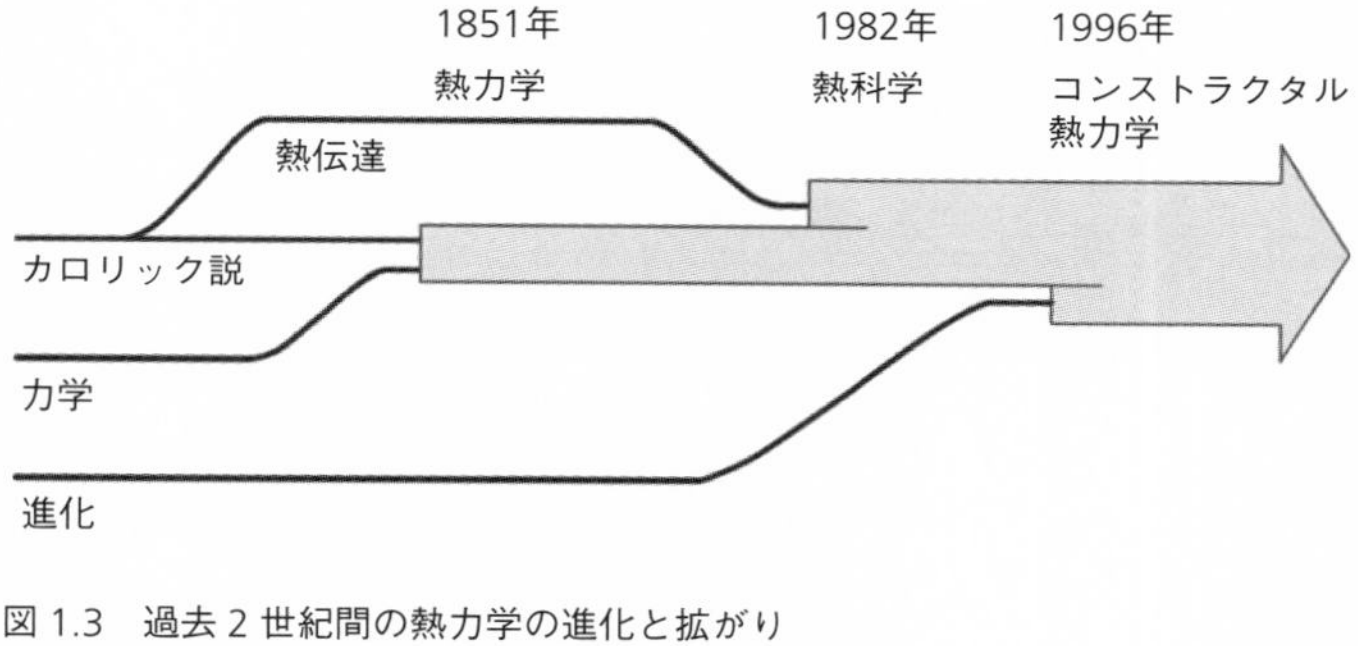

図 1.3　過去 2 世紀間の熱力学の進化と拡がり

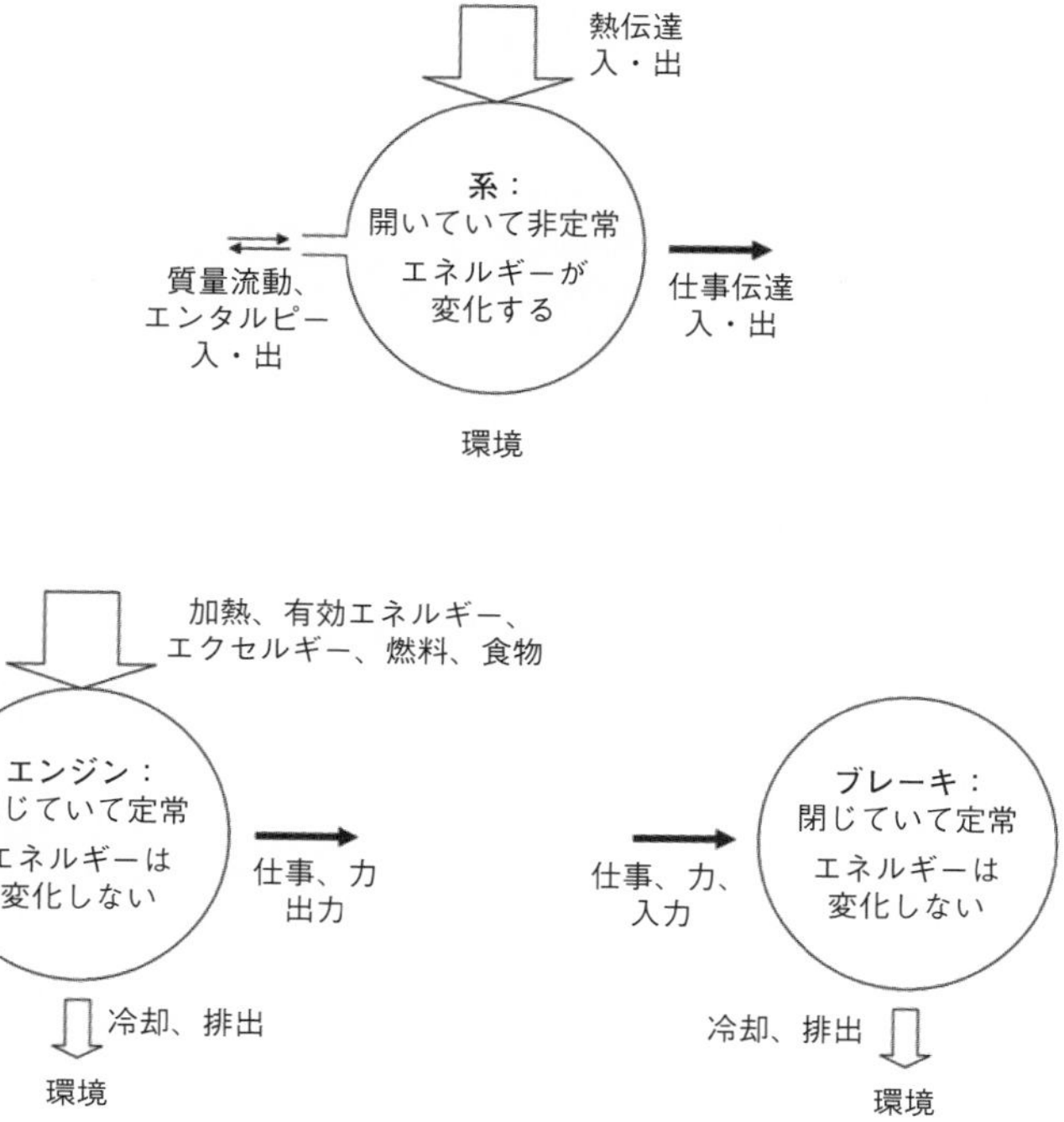

図 1.4　自然は見る人によって決まる
自然はわずか 2 つの系から成る。解析と議論のために観察者が選んだ系と、それ以外の部分であり、後者も観察者によって選ばれ、環境と呼ばれる。これら 2 つの部分を隔てるのが系の境界であり、その境界は観察者が選ぶ。(上段) 開放系は境界を越えて質量流動と熱伝達と仕事伝達を経験しうる。閉鎖系は質量流動を経験できない。なぜなら、その境界は流体を通さないからだ。(下段) 定常状態にある 2 種類の閉鎖系 (時の経過とともに変化しない)。エンジンと純粋な散逸系 (ブレーキ)。

事伝達を測定したあと、この法則を使って計測できる、系の属性だ。

第二の法則は、自然界における不可逆性という現象の無数の観察結果を簡潔に要約したものだ。不可逆性とは、ダムから放出される水や橋の下を流れる水のような一方向の流れを意味する。どんな流れ（液体、熱、岩石なだれなど）も、単独では「高」から「低」へ一方向に流れる。水は圧力が高いほうから低いほうへとパイプの中を流れる。熱は温度の高い側から低い側へと断熱材を越えて流れる。岩石は標高が高い場所から低い場所へと落ちる。けっしてその逆にはならない。

この第二法則を正しく利用するうえでのキーワードは「不可逆性」と「単独では」だ。なぜかと言えば、流れは「低」から「高」へと逆方向に流れるように強制できるからだ。同じパイプの中の水も、低圧から高圧のあいだにポンプを入れれば、低圧から高圧に向かって流れうる。ただし、環境からポンプに力が流れて、不自然な方向に流れるように水を押してやれば、だが。同様に、熱も冷蔵庫（系）の中では、低温（冷たい領域）から高温（部屋）へと流れる。ただし、環境から系の中に力が流れて、圧縮機を駆動し、自然な落下の傾向に逆らって熱流を「上昇」させてやれば、だが。

熱力学の三人の創設者（ランキン、クラウジウス、ケルヴィン）は、この新しい科学の機微に注意するよう警告している。一八五一年から五二年にかけて、第二法則のもともとの提唱者のうち二人は、この法則を次のように記述している。

熱を低温のものから高温のものへと伝達することのみを結果とするプロセスはありえない。

クラウジウス

その系に対して外部から仕事が行なわれないかぎり、冷たい領域から熱い領域へと熱が自ずと流れることはありえない。

ケルヴィン

第二法則はこの上なく一般的な命題であり、エントロピーや無秩序、古典的、熱平衡学といった用語については、何一つ触れていない。それは常識についての命題であり、専門用語の羅列ではない。数式でもない。その後、無秩序あるいは熱的死という観点から第二法則を定式化し直したものも正しいのだが、それらは特別で著しく幅の狭い領域にしか当てはまらない。最も一般的な命題（前述のクラウジウスとケルヴィンのもの）は、「いかなる系」にも当てはまるし、第二法則の現象、すなわち不可逆性という自然現象の最も普遍的な表れにも当てはまる。

注意――今日、新しい概念に仰々しいレッテル（熱力学、エントロピーなど）を貼るのが流行しており、その結果、多くの「エントロピー」が出回っている。[*15] だからみなさんが、あれやこれやの「熱力学」について耳にしたら、語り手に、その「熱力学」の「系」を定義するように頼み、その系が受け取る、あるいは発する熱（*thermē*）と力（*dynamis*）を教えてもらおう。その人に、話題にしているエントロピーを定義するよう、依頼してほしい。幸い、みなさんは永遠に答えを待ち続ける羽目にはならずに済む。熱力学の用語と法則の詳しい説明は、さまざまな情報源から入手可能だからだ。たとえば、巻末の「原注」第1章＊13と14を参照のこと。

エントロピー変化（「エントロピー」ではない）は、あらゆる系によって経験されるあらゆるプロセス（状態のあらゆる変化）の不可逆性を数学的に表現するために、クラウジウスによって発明された数学量だ。エントロピーを表すときに、第二法則は不等式であり、不等号の強さはそのプロセスの不可逆性（エネルギー散逸、損失、不完全性）の尺度となっている。使われている用語を、以下に簡単に紹介しておく。

エントロピー変化の数学的定義は、可逆性のプロセス（状態1から状態2へ）を経験する閉鎖系に関してなされる。このプロセスでは、系は熱力学温度T［K（ケルビン）］の環境から瞬時にδQ［J（ジュール）］の微量の熱伝達を受ける。慣例により、δQは、蒸気機関が機能しているときのように、系に入るときには正の値となる。δQが越える箇所での系の境界の温度はTに等しい。なぜなら、可逆的な加熱あるいは冷却のあいだには、どこにも温度差と温度勾配がないからだ。このプロセスで境界の温度Tが変化するにつれ、環境の温度も変化する。系のエ

ントロピーにおける変化は

$$S_2-S_1=\int_1^2\left(\frac{\delta Q}{T}\right)_{\mathrm{rev}}$$

という公式で定義される。ただし、Sは系の属性（体積やエネルギーのような、状態の関数）であり、S_1とS_2は状態1と状態2のエントロピーのインベントリー（値）だ。微量の$\delta Q/T$は、温度Tの境界の箇所における微量の熱伝達δQに伴う微量のエントロピー伝達を表す。熱伝達にはエントロピー伝達が伴うというのが、新しい概念だ。

第二法則は先の定義、すなわちエントロピーと呼ばれる属性の定義と混同されてはならない。エントロピーの観点からの第二法則の数学的命題は不等式であり、不等号は「一方向」、すなわち不可逆性を意味する。そのような命題のうちで最も単純なのが、1－2プロセス（どんな1－2プロセスでもかまわない）を行なういかなる閉鎖系にも当てはまるもの、すなわち

$$S_2-S_1\geq\int_1^2\left(\frac{\delta Q}{T}\right)_{\mathrm{any}}$$

だ。この命題では、温度勾配の有無に関係なく、Tは依然として、δQが越える箇所での境界

の温度を表している。

第二法則を言葉による命題として表したものの一つは、次のようになる。閉鎖系によって行なわれるいかなるプロセスでも、エントロピーの変化（S_2-S_1 すなわち、エントロピーと呼ばれる状態関数における変化）は、系へのエントロピー伝達

$$\int_1^2\left(\frac{\delta Q}{T}\right)_{\text{any}}$$

よりも小さくなりえない。前の段落に出てきた第二法則の不等式のより一般的なバージョンは、系の定義のより一般的なバージョンに当てはまる。たとえば、一般的な、時間に依存したかたちで稼働する開放系（閉鎖系ではない）に当てはまる。[*14]

これまでの三段落に出てきた二つの数学的命題を比較すると、可逆的な1－2プロセスと、一般的な（不可逆と呼ばれる）1－2プロセスの違いが見て取れる。つまり、一般プロセスが可逆となる極限では、不等号（≧）は等号（＝）になる。だから不等号を、1－2プロセスの不可逆性の激しさ（あるいは可逆性からの逸脱）の尺度と見るのが正しい。不可逆性は、「高」から「低」への一方向に進む流れを意味する。第二法則の数学的命題における不等号は、「高」から「低」への落下の激しさの尺度だ。

過去一五〇年間に、第二法則のSの定式化（とエントロピーの変化$S_2 - S_1$の定義）に基づく数学は、近代と現代において人類に動力を供給する、事実上ありとあらゆる計算とデザインとテクノロジーの土台となる、熱力学という学問分野になった。そのどれもが、自然界におけるデザインや構成、自由、進化とはいっさい関係がない。進化という現象は、不可逆性という現象とは異なる。だから、コンストラクタル法則は第二法則とは異なるのだ（図1・3）。

自然界のプロセスはすべて不可逆的だ。熱力学の創設者（サディ・カルノー、一八二四年）が想定した理論的限界の中では、不可逆性は無視でき、不等号は等号に変わり、プロセスは可逆的と言うことができ、第二法則は不等式ではなく等式となる。第一法則は第二法則とは違い、プロセスの不可逆性あるいは可逆性とは関係なく、常に等式だ。本書では、そのような数学は使う必要がない。それどころか、数学は使わずに、そしてとくに、エントロピーという言葉は使わずに語ることが望ましい。図1・4は、第一法則と第二法則という熱力学の学問分野を図にまとめたものだ。系とは、空間あるいは一定量の物質の中に想像できる領域だ。だから、ブラックボックスのように空っぽで描かれる。これら二つの法則は、その箱の中にあるいかなる系にも当てはまる。この最高度の一般性は、両法則の限界でもある。なぜかと言えば、自然界の系はブラックボックスではないからだ。自然界の系は、新しい配置に変化する自由を与えられた配置を持っている。だから、進化は熱力学の一部となった（図1・3）。

自然は、すべて自由に流れ、自由に動き、自由に回転し、形を変え、進化する「エンジン＋ブレーキ」の系が重なり合ったタペストリーだ。この生きたタペストリーは、あらゆる動きを推進するあらゆるエンジンによって生み出されたあらゆる力を熱に変換する（その熱は環境に排出される）。どのエンジンも熱の入力の一部だけを力に変換し、残りを熱として環境に排出するので、そしてまた、力自体は排出された熱の中へ散逸するので、あらゆるエンジンへの熱の入力（もともとは、太陽から）は、環境へ完全に排出される。先述の、地球大のエンジンにとっては、環境は冷たい宇宙空間となる。

進化は地球圏の攪拌《かくはん》を増進させる。無生物と生物の流動系は同じ方向に進化し、環境を利用したり浸蝕したりすることで、そして、環境を運ぶことで、より楽に、より遠くまで流れる。

地球大の生きた流動系の熱力学は、非常に単純だ（図1・5）。太陽からの熱が地球圏というエンジンを駆動する。エンジンの器官は動き、流れ、回り、形を変え続ける。エンジンが生み出す力は、直近の環境が生じさせる摩擦や障害に逆らって流れたり動いたりするものすべてを押しているあいだに、たちまち散逸する。環境を動かしたり押しのけたりする風と乗り物と動物は、エンジン＋ブレーキ系だ。地球というエンジンは、太陽の熱流の一部しか力に変換しない。残りは熱流として冷たい宇宙空間へと排出される。地球というエンジンが生み出す力（のちに、動きによって散逸する）は、第二の熱流となって、これも冷たい宇宙空間へ排出される（図

1・5）。

けっきょく、「地球を通過」する太陽の熱流には、絶えず地球圏を攪拌する効果がある。常に攪拌を駆動するエンジンが回り、その力を散逸させるブレーキが働いているからだ。進化は、地球のエンジン＋ブレーキのデザインを絶えず改善しているので、この攪拌作用は自然に、容赦なく増進される。生きた世界は、動物、地球物理学的なもの、人造のものといった「乗り物」の途方もなく多様な個体群であり、エンジン＋ブレーキ系として絶えず動き、流れている。この連携関係は、他の人々がその後、「アクティブ・マター（active matter）」と「ライヴ・マター（live matter）」と呼んだ物理現象だ。

というわけで、以上が第二の概念だ。太陽が

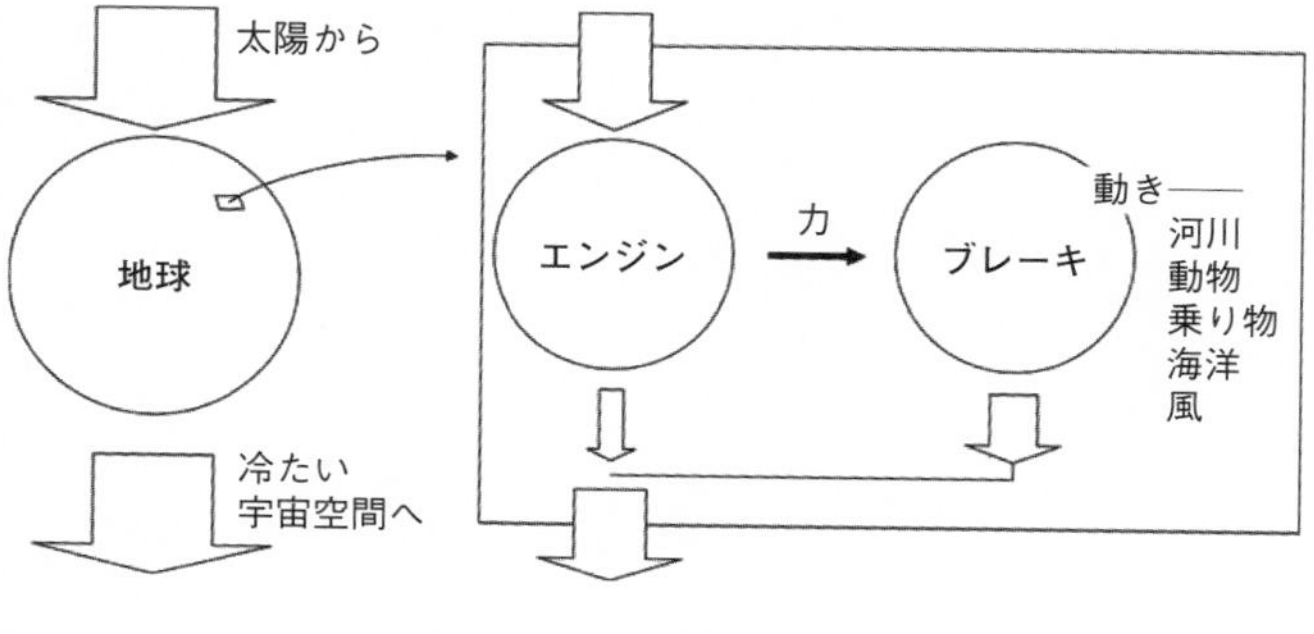

図 1.5　地球圏（大気圏、水圏、生物圏、人間圏）を攪拌し、回転させるエンジンとブレーキという、流れるタペストリー

有限の熱流で地球を熱し、その熱は、太陽が発する他のあらゆる熱流と同様、宇宙の残りの部分へ一〇〇パーセント排出される。地球は特別だ。なぜなら、エンジンとブレーキから成る車輪を生み出す属性を備えているからだ。エンジン＋ブレーキのタペストリーの、自由に進化するデザインのおかげで、太陽は地表の攪拌と回転を駆動する。だから、地球上で生命が誕生したのであり、他の惑星でも生命が見つかるかもしれないのだ。

第三の概念は、人間は地球上で動いたり形を変えたりする他のいっさいのものに似ている、というものだ。私たちは自分のエンジン（人体、代謝と筋力、家畜、乗り物など）からの力で駆動され、エンジンは燃料と食物を消費し、私たちの動きがその力を完全に散逸させる。この流動構造は、識別可能な時間的方向性の中で自由に進化する。それを捉えたのが二五ページに示したコンストラクタル法則だ。私たちの動き（生活）は、河川や動物と同じように、時の経過とともにしだいに大規模かつ効果的に地球の形を作り変える。

人間は丸裸の存在ではない。一人ひとりがそれよりもはるかに大きくて強力であり、それは、私たちに付属している装置（付加物、製品、人工物）のおかげだ。私たちは自分の創意工夫に包まれており、その創意工夫は私たちの製品によって物理的に象徴されている。私たちはそれらを携帯し、それらが私たちを運ぶ。

シャツやナイフやフォークからロープや滑車や自動車まで、人間の考案品や装置は私たちの努力の効果を高める。人間の考案品や装置を意味する古代ギリシア語の単語は*mihani*で、これがmachine（機械）、mechanics（力学）、mechanical（機械仕掛けの）、mechano（機械の）、mechanism（メカニズム）、machination（策謀）といった現代の概念の元となっている。machine（機械）という単語は、人間に力を与える、想像しうるかぎりの製品を網羅する。mechano（機械の）領域は、コンストラクタル法則の意味と方向を説明してくれる。たとえば、二〇〇〇年刊行の拙著の『形状と構造――工学から自然まで（*Shape and Structure, from Engineering to Nature*）』[*2]という題（Engineeringはつまりmechanoということだ）がそれを要約している。これが「メカノバイオロジー」や「テクノバイオロジー」といった新しい用語の背後にある物理学なのだ。

私たちは「人間と機械が一体化した種」だ。私たちの一人ひとりが、一生のあいだに進化する、人間と機械が一体化した個体と言える。機械の部分は、テクノロジー、商業、科学、言語、書くこと、聴くこと、記録すること、教育、人工知能などを通して、日々進化する。

それが第三の概念で、三つの概念すべてのきわめて重要な役割を強調する。自由と進化の物理学は、私たちについてのものだ。自由とは力へのアクセスであり、だからこそ、この新しい科学は、私たちにとって絶対に不可欠なのだ。

第2章　規模の経済

第1章に出てきた概念の一つは、力が働かないかぎり何一つ動かない、というものだった。環境は動きに抵抗する。飛ぶものや泳ぐものの体は「抗力」を経験する。魚の皮膚と飛行機の胴体は、「摩擦」を経験し、インパラ〔アフリカ産のレイヨウ〕とトラックは、抗力と摩擦の両方を経験する。だから、駆動されたり、押したり、引かれたりしないかぎり、何一つ動かないのだ。この自然の普遍的特徴には、もう一つ別の普遍的特徴が伴っている。それは「規模の経済」というもので、動きを促進する新しい配置の獲得に向かう普遍的な傾向だ。ただしそれは、変化する自由があればの傾向だが。

規模の経済というのは一般的に見られる現象で、何かをひと単位だけ動かすよりも、さらに多くの単位とともに（大量に）動かすほうが楽で効率的である、というものだ。この規模の経済があるため、流動系はみな（力、動き、形を変える自由を伴えば）、まとまって構成を持つ傾向にある。そのような系のどれでも、でき上がった構成は、少数の大きなものと多数の小さなものという階層制をとる。これは、そっくりの移動者たちが何の構成もなく集まっている画一的なデザインの対極にある。

規模の経済は、簡単に予測し、実証し、物理学の単純な知識として教えることができる。混雑した競技場や劇場から出るときには、立ち止まっている群衆を肘《ひじ》で押し分けるようにしながら単独で進むよりも、前の人が動いてできた隙間に入るほうがはるかに楽だ。通行が難しい密林の中にくねくねと続く獣道《けものみち》は、社会的構成の原形と言える。

規模の経済は物理的現象と呼ぶことができる。なぜなら、それはいたるところに存在するからだ。生物、地球物理、人間、社会の各領域ではっきり見て取れる。その表れは、物理の観点から測定し、評価することができる。それを理解してもらうために、単純な問題を二問用意し、図２・１に示した。流体力学の最小限の知識があれば解くことができるし、水の流れるパイプに沿っての圧力低下と、流動する水路の中に沈めた物体にかかる抗力を実験室で測定して試すこともできる。

図２・１の上段について考えてほしい。そっくりのパイプが二本あり、まったく同じ量の水が流れ、左端と右端ではまったく同じ量の圧力低下が見られ、流れを保つためにまったく同じポンプ能力が必要とされる。これら二本のパイプと長さが同じで、二本の断面積の合計と同じ断面積を持つ一本のパイプに、二本の合計と同じ量の水を流したら、圧力低下量とポンプ能力

は、増加するか減少するか?

圧力低下量は増加せず、減少する。コンストラクタル法則によれば、これは次のことを意味する。すなわち、変化する自由が流動系の物理的特徴であるときには、二本のパイプのあるデザインは、より太い一本のパイプのデザインへ、より広い流路のデザインへと進化するはずなのだ。この変化から生じる圧力低下量の減少は著しい。もし流動状態が太いパイプと細いパイプのどちらの中でも層流〔規則正しい滑らかな流れ〕で、完全に発達していたら、圧力低下量は半減する。もし流動状態が完全に発達した乱流で、パイプの内壁に起伏が多ければ、圧力低下量は元の値の七一パーセントまで減少する。

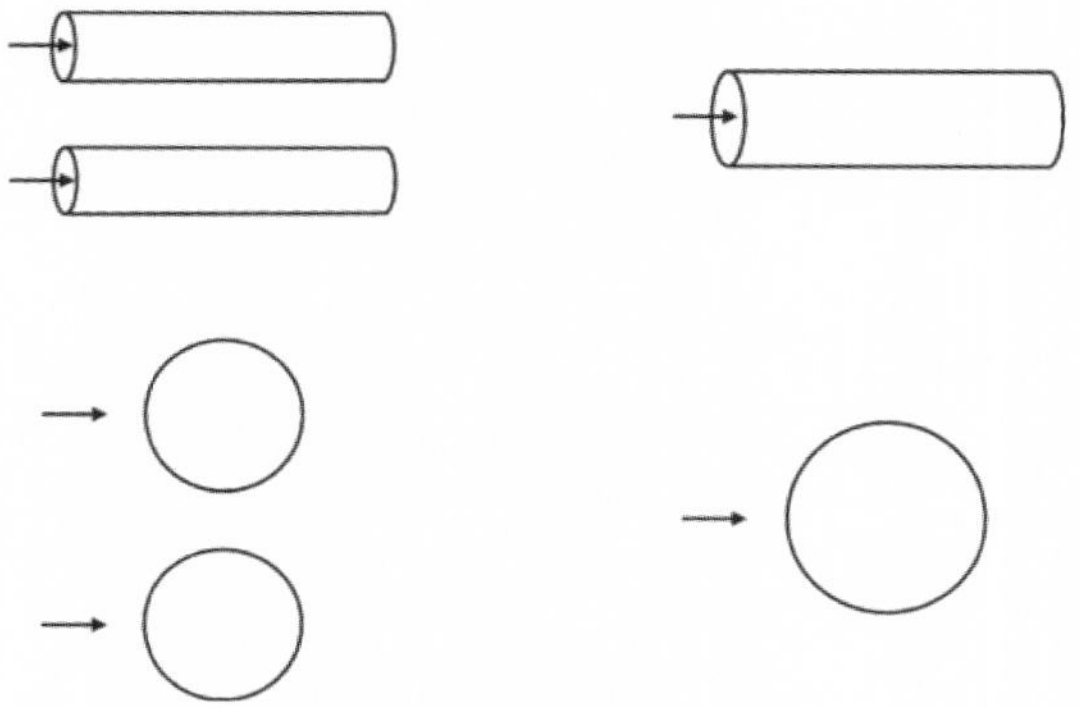

図2.1　2つ以上の流れが1つになり、より大きな流れを形成するときに規模の経済が発生する。2本のそっくりのパイプを流れる水は、1本のもっと太いパイプを流れるほうが楽だ。流れに沈められた2つの物体にかかる抗力合計は、その2つをもっと大きい1つの物体に置き換えたときにかかる抗力を上回る。川で石炭を積んだ2隻の艀《はしけ》よりも、その2隻分の石炭を積んだ1隻の艀を曳《ひ》くほうが、タグボートが使う力は大幅に少なくて済む。

図2・1の下段では、「外部流」について同じ問いを立ててある。外部流は、それぞれのパイプが表す「内部流」の配置と対を成すものだ。流路内の均一な水流あるいは風洞内の気流の中に、二つの球体が置かれている。二つはそっくりで、両者が経験する抗力も同じだ。二つの抗力の合計値よりも、二つの球体の体積の合計に等しい体積を持つ一つの大きな球体の抗力のほうが小さいだろうか？

このデザインの変更によって合計の抗力が減少すれば、流動する水路（や風洞の気流）を維持するのに必要とされる力は、それに比例して減少する。力の必要量における変化はかなり大きく、感知できないものではない。周囲の流れが層流で十分遅ければ（この状態は「ストークス流れ《フロー》」あるいは「クリーピングフロー［creeping flow］」として知られている）、抗力の合計は元の値の六三パーセントまで減少する。もし周囲の流れが十分速く、それぞれの球体から乱流の後流や渦が発生していれば、抗力の合計は元の値の七九パーセントまで減少する。

自然界を流れるものは、単独でもいっしょにでも流れる自由がある。先ほどの物理解析は、誰にとってもわかりやすく、その知識は新しくはない。新しいのは、流れる自由な物体には、環境を流れるときに、合流したり、結びついたり、構成を持ったり、より楽に通ったりする普遍的な傾向があるという現象だ。この傾向が、コンストラクタル法則が捉えた新しい物理的現象なのだ。掻き混ぜたあと、カップの底の中央に集まる茶葉に、誰もがそれを見て取ることができる。中国やインドから漂い出したプラスティックゴミが、太平洋上でテキサス州ほどの広さに集まって旋回しているのも〔「太平洋ゴミベルト」と呼ばれる〕、同じ自然の傾向が原因だ。そして、鳥の編隊や魚の群れ、渡り歩く草食動物の集団、密林にくねくねと続く獣道を通る動物たち、自転車競技の選手のプロトンなど、隊形を整えて行なわれる動物や人間のあらゆる移動も、それに起因する。

いっしょにいるほうが楽であることを私たちに示すためには、鳥たちはわざわざ飛ぶまでもない。本章の最後で見るように、風に向かって立っているときには、脚の筋肉で絶えず力を使う必要がある。屋根の上で強風に向き合うカモメたちは、次の三点を押さえて配置を決める（図2・2）。すなわち、一列になり、風上を向

図2.2　カモメとクレーンが一直線に並び、朝の強風と向き合っているところ（写真：エイドリアン・ベジャン）

き、体一つ分の間隔をとるのだ。この間隔は、前の鳥の後ろにできる歪んだ後流の波長と同じスケールだ。曲がりくねって進む後流の湾曲の中で、逆向きに回転している渦が風を弱めるので、後ろの鳥はそれほど力を入れなくて済む。クレーン運転士たちも、長いアームを後ろに回し、クレーンを風上に向けて一直線に並べ、同じような隊形をとる。

大きいと、動きのあいだの燃料や力やコストを節約できる以外にも多くの恩恵に浴せる。その一例がオスのクジャクの羽で、今まではダーウィンが解けなかった謎だった。この異様に長い羽や、羽毛に入った色付きの大きな目玉模様などの他の奇妙な特徴は、体を実際よりも大きく見せるための、動物進化の表れだ。大きな動物は、それに見合った大きな力を持つことで知られており、その力を使って、捕食者や、求愛行動の競争相手を退けることができる。動物たちはそれに気づいているのだ。動物の運動についてのコンストラクタル理論[*1~2]によれば、動物が別の動物に体当たりするときの力は、平均するとその動物の体重の二倍に等しい。

体が大きいことが、その個体の生存のカギを握る。大きくない動物(クジャク、七面鳥、ニワトリ、蝶)の場合には、地球上での動物の生命の流れを維持するのを助けてきたデザインの特徴は、その動物を大きく見せるものだった。オスの七面鳥は、扇のように広げられる大きな尾羽を持っているだけでなく、大きな羽も地面まで湾曲させて広げることができる。挑戦を受けたオスの七面鳥は、ワインの樽ほど大きく見える。フクロウは羽を逆立て、怒った猫やオオカミは背中の毛を逆立て、同じ効果を挙げる。

体のデザインが持つこうした驚くべき特徴に感嘆するとき、私たちは生物学の文献の大半と同じように、記述的になっている。だが、これらの特徴の原因は何か？　なぜ動物は自らを実際以上に大きく見せようとするのか？　なぜ羽や毛を逆立てることが、動物の行動に根づいているのか？　動物の一生はあまりに短いので、敵に直面したときにどうすれば攻撃されずに済むかを試行錯誤で学んでいる暇はない。

原因は常に一つであり、だからこそ、それは普遍的で、物理学の法則なのだ。それは、あらゆる生命形態の動物が持つ質量の流れの傾向であり、地球上での自分の空間へのアクセスを増やすために、より楽に、より遠くまで、より大きな持久力を持って流れるよう、形をとったり、形を変えたりする、というものだ。人間に関しても何の違いもない。なぜなら人間も、進化を続ける種、人間と機械が一体化した種だからだ。歴史を通して、国家も軍も、実態以上の振る舞いを見せた。見掛け倒しのはりぼての村を造ったり、太鼓を派手に打ち鳴らしたり、丘の尾根に偽物の大砲を据えたり、地上に段ボール製の戦車や飛行機を並べたりといった例が頭に浮かぶ。そうした人工物（それらは最も広い意味で「機械」だ）のいっさいは物理的現象であり、人工物を手に入れたり、ニッチや社会的構成を構築したりする人間の傾向も物理的現象なのだ。

より広い流路やより大きい体のほうが、効率良くものを動かせる。広い表面のほうが、熱や質量の流れを通過させやすい。個々の流路や体や表面の性能は、図2・1の問題に取り組んだときと同じような単純な解析に基づいて簡単に予測できる。大きくて複雑な流動構造では、規模の経済という現象は、構造が大きいほど、大きな全体的「効率」として感じられる。これは河川や動物から乗り物や社会的構成[*3]（第5章）まで、あらゆるものに当てはまる。

大きくなるほど効率が上がることを示す証拠は厖大《ぼうだい》だ。あらゆる種類の動力装置についての効率と大きさの関係を示すデータは、参考文献に示してある。[*4〜5] ヘリコプターのエンジン（図2・3）や蒸気タービン動力装置（図2・4）が、効率に対する大きさの影響を物語っている。この普遍的な傾向は、人造の輸送手段[*4〜6]についてだけでなく、人間が作ったものではない移動者[*3]に

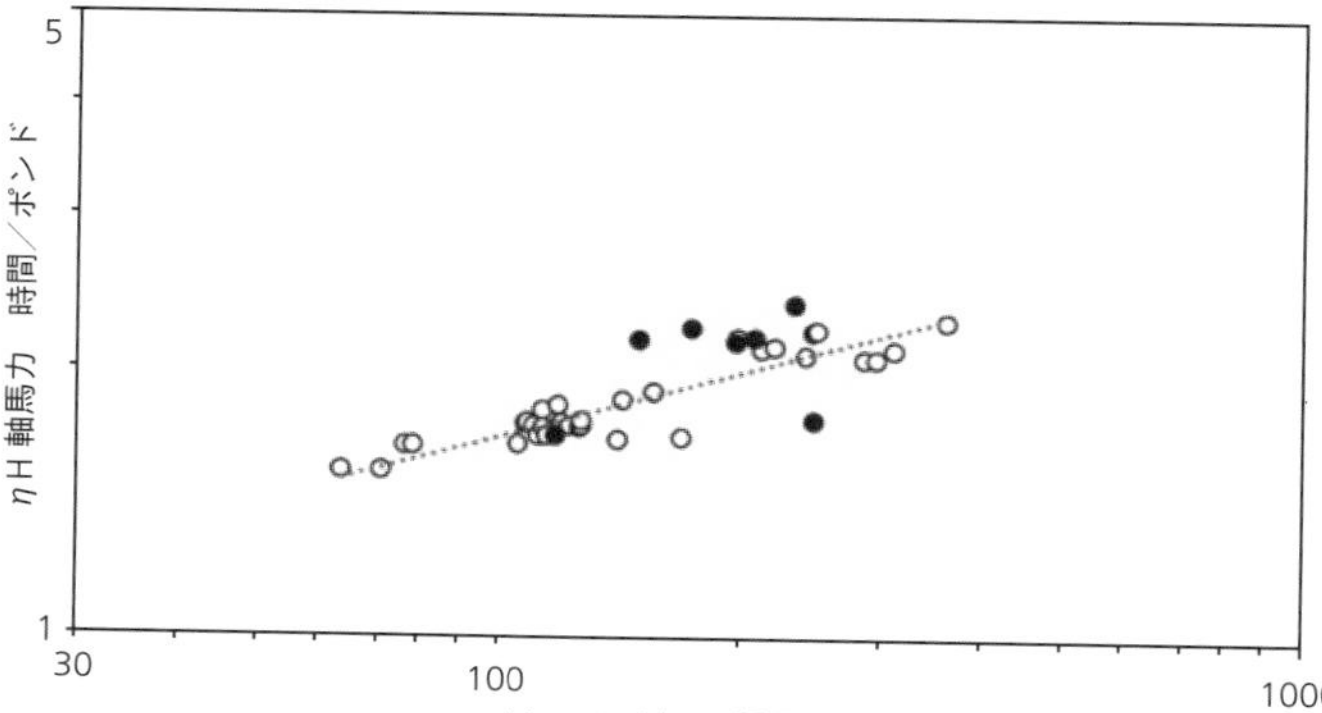

図 2.3　大きいヘリコプターのエンジンのほうが効率が良い
横軸はエンジンの大きさ、縦軸は燃料の単位燃焼量当たりのエンジンの仕事量（＊6）。黒丸は軍のヘリコプターのデータ。

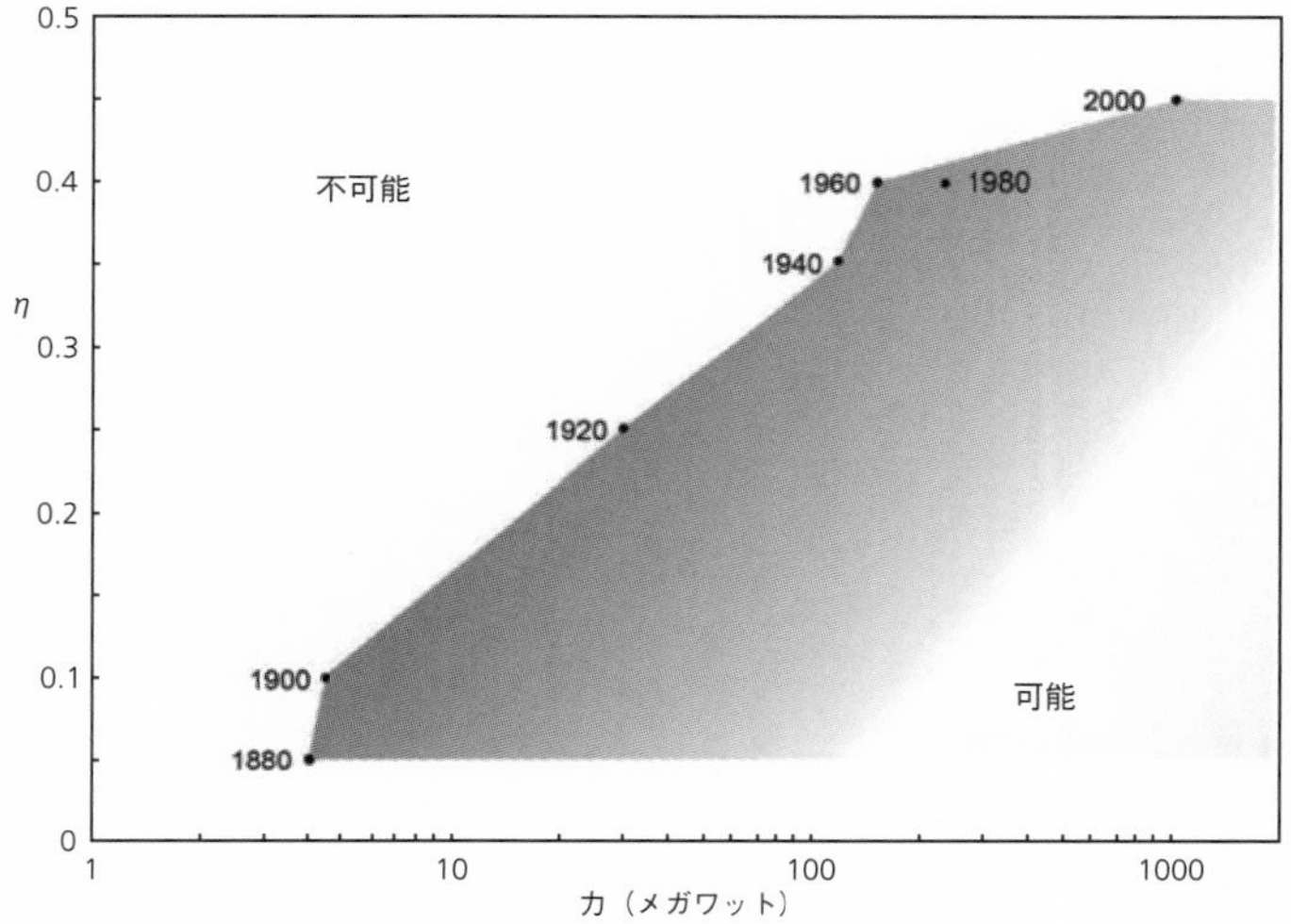

図 2.4　蒸気タービン動力装置が登場して以来の、効率（η）に対する大きさ（力）の影響の推移。最も効率の良いのが、デザインの山の尾根に位置する点。山には陰影をつけてある。尾根の傾斜はしだいに緩やかになる。これは成熟したテクノロジーに加えられるイノベーションからの収穫の逓減を示している（第 10 章参照）。効率 η は、動力装置を循環する蒸気への熱の入力量で出力量を割った比率だ。この比率は「第一法則効率」としても知られている。

ついても解析によって予測されている。

動物という移動者は、理論効率（η）を持っており、この効率は、体の質量（M）の累乗で増加する（ただし、指数は½に近い）。これは、乗り物のエンジンに似ている。乗り物のエンジンは、エンジンの大きさ（M）の累乗（ただし、指数は1未満）に比例する効率を持っている[*6]（たとえば図2・3）。動物の食物消費率（あるいは代謝率）は、体の質量（M）のα乗に比例する。ただし、体が小さく、伝導で冷却されているという一方の極限では$\alpha = 2/3$で、体が大きく、対流で冷却されているというもう一方の極限では$\alpha = 3/4$となる。[*1 *7] これは、次の練習問題を踏まえると、熟考に値する。

それぞれが同じ質量M_1の二頭の動物が、$2M_1^\alpha$に比例する量の食物を消費する一方、$M_2 = 2M_1$という、二倍の質量を持った大きな動物は、M_2^αに比例する量の食物を消費する。大きな動物の食物消費量と、小さな動物の食物消費量の合計との比率$M_2^\alpha/(2M_1^\alpha)$は、$2^\alpha/2$で、これは当然1を下回り、αが½に近いときには0・7となる。これが、動物のデザインにおける規模の経済の物理的基盤だ。

いっしょになったり、大きく見せたりすることが自然の傾向なら、なぜ移動者（河川、走るもの、飛ぶものなど）はみな、動かされるものの単位当たり最大の規模の経済を提供するような、一つの大きな移動者にならないのか？　それは、地球上では動きはすべて、直線に沿って一点から一点へではなく、平面領域や立体領域で行なわれるからだ。動きが平面領域や立体領域で行なわれるのは、移動者には想像しうるかぎりの方向にアクセスする自由があるからだ。動きは、河川の三角州や集水域に見られるように、「一点から一平面領域へ」や「一平面領域から一点へ」の流れとなることもある。地球上の他の多くの場所では、呼吸をはじめとするさまざまな生理的プロセスの場合のように、動きは「一点から一立体領域へ」や「一立体領域から一点へ」となる。

規模の経済は、空間《スペース》や幾何学の現実と衝突する。単一の大きな流れや単一の大きな鳥では、平面領域や立体領域を網羅することはできない。大きな流れが二本、あるいは、大きな鳥が二羽なら、一本や一羽のときよりも、平面領域や立体領域のより広い範囲に動きが及ぶが、大きな隙間が残る。これらの隙間はアクセスを提供し、小さい流れや移動物体を引き寄せ、平面領域や立体領域全体が動きに網羅されるようになる。こうして階層制が現れる。自然界の階層制現象については、次章で詳しく調べることにする。

ここでおさらいをすると、第1章と第2章では、物理学の二つのレッスンを学んだ。すなわち、力が働かなければ何一つ動かないこと、そして、形を変える自由があれば、時の経過とともに動きは進化して、利用可能なスペースへのより大きくより楽なアクセスを提供することだ。本章を締めくくるにあたり、これら二つのレッスンの両方、とくに、形を変える自由と次の流動の配置を選ぶ自由を強調する例を挙げる。

力が働かなければ何一つ動かないという命題を検討してみよう。この命題に反するように見える例に、なだらかな丘の上に置かれたボールがある。そのボールは、外部から何の力も受けずに、そして、ニュートンの法則のどれも破らずに、いつ転がりだしてもおかしくない。この反例は現実のものだが、動きを推進する力が不在であるというのは間違っている。丘の上のボールが転がりだすのは、重力の水平分力に推進されているからだ。その力は、最初は限りなく小さい。重力がなければ、ボールは転がらない。力が働かなければ何も動かない。この反例は、右か左に動きだすというボールの自由を、動きそのものと混同している。

丘の上のボールが含まれるような種類の例は数多くある。力学では、このカテゴリーは「不安定平衡」と呼ばれる（キーワードは「平衡」で、これは動きがないということだ。平衡とは天秤《てんびん》の両端にある二つのものが「等しい重さ」であることを意味する）。熱力学では、これは「拘束平衡」状態にある閉鎖系というカテゴリーだ。この場合にも、平衡は動きの欠如を意味する。

別の例を挙げよう。薄い仕切りで二つの区画に分割された閉鎖系（カプセル）だ。何も動かない。どちらの区画にも空気が入っており、一方の区画の圧力は、もう一方の区画の圧力よりも高い。そこでは何も流れない。それが平衡で、この場合、拘束平衡だ。

平衡状態を拘束しているのが薄い仕切りだ。この仕切りには、いつどの部分に亀裂が入り、空気が漏れ始めるかは誰にもわからない。亀裂が入る時と場所は、亀裂形状という物理的現象における自由だ。この例では、自由は無限で、亀裂はいつ、どこに、どのような形と大きさで発生してもおかしくない。この特別な種類の自由は、「偶然」という呼び名でのほうがよく知られている。仕切りのある閉鎖系の実験が行なわれている場所の前の通りを、大型トラックがたまたま走り抜ける場合がそうだ。そのどれ一つとして、反例が主張することを支持していない。なぜかと言えば、できたばかりの亀裂を通って空気が流れ始めるときには、第二法則に従って、高い圧力のほうから低い圧力のほうへ力が働くので、そのように流れるからだ。

皮肉にも、丘の上で均衡を保っているボールについての主張は、なおさら間違っている。なぜなら、ボールを丘の上に維持するには、途切れない仕事が必要だからで、その仕事は、環境からその系（ボール）へと入ってこざるをえない。曲芸師は懸命になって、棒の上端にボールをとどめようとする。ボールは絶えずどこかしらの方向へ動いており、わずかながら常に落ちている。曲芸師は棒の位置をずらして調整し、ボールを絶えず元の高さまで押し上げる。曲芸師は、内部が不安定平衡の状態にある閉鎖系（ボール）に仕事を伝達し続ける環境の一部だ。

もし読者のみなさんがこの曲芸をしたことがなければ、同じ曲芸の、これ以上ないほど馴染み深いバージョンを考えてみよう。立っている人は誰もが、逆さにした振り子であり、棒のてっぺんのボールのようなものだ。その人の重心がそのボールに相当し、棒は重心から地面についた足までの距離にあたる。その人が転倒しないのは、体が傾き始めると、足と踵《かかと》と母指《ぼし》球《きゅう》〔足の裏の親指の付け根にあるふくらんだ部分〕が提供する上向きの力によって瞬間的に体を元に戻しているからだ。足が体を押し上げ続けているので、体は、垂直で一見すると不動の姿勢を保つことができる。

この絶え間ない仕事が見過ごされるのは、ほとんどの人は直立不動の姿勢で過ごす時間があまりないからだ。人に直立を強制するのは一種の拷問だ。囚人の睡眠を奪うのが一種の拷問である理由も、同じように物理で説明できる〔目覚めているためには、筋肉を休みなく使い続ける必要があるため〕。睡眠を奪うというのは、旧ソ連で行なわれた、拷問による訊問《じんもん》の科学的方法であり、ソヴィエト圏のいたるところで秘密警察が採用していた。ドイツ映画『善き人のためのソナタ』(二〇〇六年)で、それが正確に描かれている。

第3章　階層制

流れや動きが見られる場所や、かつて流れていたものの痕跡が見られる場所には、必ず階層制《ヒエラルキー》が存在する。この現象は、いっしょに流れているものであれ、静止しているものであれ、少数の大きなものと多数の小さなものから成る。階層制は、その物理的起源が問われないときには、複雑性、ネットワーク、乱流、不平等、多様性などと呼ばれることが多い。

階層制は、自由や規模の経済、そして、流動系が利用可能な有限のスペースへのアクセスを高めるために行なうように思える配置の「選択」が、目に見えるかたちで表れたものだ。階層的な系は、科学では著しく多様な領域を網羅する。本章では、その知識体系の根幹を、二つの概念に絞って概説する。

階層的な流れの多様性は、人間に観察可能なこの上なく幅広い範囲に及ぶ、というのが第一の概念だ。その範囲には、あらゆる大きさ、スケール、生物、無生物、人造のもの、そうでないもの、定常なもの、時間に依存したものなどが含まれる。これからいくつか例を挙げるので、それらが見るからに異なる知識の領域に属することに注意してほしい。

雨が降ると、地面に細流ができ、それがじつに馴染み深い「樹状」の配置をとるのには驚かされる。樹状の細流は自由に流れ、形を変える。その樹状の配置は生きている。より楽に流れ、斜面からより速く水を排出できるように、配置を変え続ける。科学者は、この進化する流動構造を、多様性、マルチスケール、樹枝状、フラクタルなど、さまざまな名前で呼ぶ。彼らは勇気を出して、それを階層制と呼ぶべきだ。

環境と連続し、分かちがたく結びついて繁栄する生きた流動系という、命あるもの全体を、流れは満たし、潤し、特徴づける。この自然の傾向は、明白で否定のしようがなく、繰り返し現れる。流れは自らを階層的に配置するので、大きな流れが支流のおかげで流れる。その逆も正しく、大きな流れが支流の水を排出し、支流をみなまとめ、それらと一つになって流れるからこそ、支流の流れも可能になる。動きの調和は階層的で、その階層制は自然に生じる。階層制は生命にとっても、全体の性能にとっても、ためになる。

階層制は、私たちの目にするもの、すなわち、少数の大きなものが多数の小さなものといっしょに流れることを表すのにふさわしい言葉だ。階層制に比べると、複雑な、あるいは込み入ったという言葉は、語るものが少ない。なぜなら、complex（複雑な）という言葉は、もともと撚《よ》り合わせられた、という意味だからだ〔一四五ページ参照〕。「マルチスケール」や「多様性」

という言葉もふさわしくない。それらは、線画の中のさまざまな大きさの部分や、袋の中に放り込まれたさまざまな大きさのボールなどを示唆する。「単一、少数、多数」というアリストテレスの定義した政治体制についての言葉でさえ、この物理的現象を捉えていない。なぜなら、現実には多数のものはいつも小さく、低速で短い距離を動き、少数のものはいつも大きく、高速で長い距離を動くからだ。

階層制が自然に起源を持つことを見て取るのに、わざわざ河川や河川流域を思い浮かべるまでもない。スポーツのチームでプレイしている選手は、どの瞬間にも階層制を理解して活用している。私はバスケットボールの選手時代、コーチが新しい選手たちをコートに送り出すとすぐに階層制が生じるのを観察してきた。どの選手もその階層制を理解し、チームのために活用する。最初の試合のあとには、どの選手がもっと頻繁にボールを回してもらうべきかを、チームの全員が理解している。その選手は、シュートがうまかったり、ゴールの下にそびえたつほど背が高かったりするからだ。一平面領域（コート）から一点（ゴール）へのボールのアクセスには、階層制は適している。それと同じ物理的な理由から、一平面領域（河川流域）から一点（河口）への雨水のアクセスにも、階層制は適している。

私は研究生活に入って以後は、新設の委員会も、それと同じように自然かつ自発的に、自らを階層的に構成するところを目にしてきた。最初の議論のあとには、誰がビジョンを設定し、誰が討論を主導し、その委員会に出席するときには誰と手を組むと得かを、全員が理解する。革命を起こそうとしている人がいたら、一つ助言をしておこう。もし他人と異なるビジョンを持っていたら、委員会に加わってはならない。自分で委員会を結成するといい。

デューク大学で私が所属する学科では、階層制と「多様性」が自然に、人知れず出現した。それは、絵に描いたような古き良き時代のことだった。その階層制と多様性は、上からの命令の結果ではなかった。ただし、上からの命令は絶えなかったが。階層制と多様性が現れたのは、斬新なアイデアを追求したり、学生たちの生活を方向づけてそれに権利を与えたりするうえでの自由のおかげだった。私たちは、出身も肌の色もパスポートも関係ない、一流のスポーツチームに似ていた。新しい選手でも、プレイの仕方を心得ていれば、プレイできた。多様性が実現すると、才能や能力の階層制も現れ、それが全体のためになった。これこそ、古き良き時代の優れた大学のデザインだ。

階層制がなければ、人類は言語や宗教、科学、書籍、軍隊、政府、大学、図書館の書架、食料雑貨店の棚を持つようには進化していなかっただろう。hierarchy（階層制）という単語は、「高位聖職者」を意味するギリシア語の単語に由来する。高位聖職者は、誰に聞いても善良な人だろう。あいにく、階層制はフランス革命後に、否定的な解釈を与えられてしまった。当時、古い体制（封建制度）における社会的流動性の欠如と富の偏在が不平等と同一視され、*Liberté, égalité, fraternité*！（自由、平等、友愛！）というスローガンの下で負のイメージが不滅のものとなった。

égalité（平等）は、同様の諸革命によって一夜のうちに制度化され、翌朝には魔法のように、古い階層制の代わりに新しい階層制が現れた。ウィキペディアでも同じことが起こった。ウィキペディアは当初、どんなボランティアも新しいポスターを貼り、古いポスターを訂正できる壁のようなものだった。ところがこの執筆活動はたちまち、少数の編集者と大勢の荒らし《トロール》から成る匿名の階層制の下に構成し直された。彼らは、「権威」を持って執筆したり、新しいボランティアが書いたことを削除したり、驚くべきことに、同じ少数の情報源に由来する刊行物を引用したりする。だから、その階層制の成員が誰か、私たちは想像できるようになってきた。

次章では、動きにおける不均一性が不平等を意味しないことを見る。不均一性は、自由であるがゆえに自然に進化する流動構造の中には、単一の大きさが見つからないことを意味する。単一の大きさが欠如しているのは、それが自然の一部ではないからだ。肺や河川流域、都市交通、その他を見てほしい。そのすべてで、少数の大きい流れと多数の小さな流れがいっしょに流れており、だからこそ、肺は動物のデザイン、河川流域は地球物理学的な流動構造、都市交通は人間の社会的構成の構造でありながら、同じように見えるのだ。

流れているもの全体は、*liberté*（自由）を与えられれば、階層的な不均一性を帯び、その不均一性のおかげで、全体のあらゆる器官が、可能なかぎりうまく、楽に、経済的に流れる（生きる）ことができる。自由があれば、それぞれの器官が *égalité*（平等）になれる。より楽で、長く、安全な生を追求するために、変化し、協働し、貢献し、結びつくことへの平等なアクセスを持てる。

階層制は、流動する地表と生きている世界の自然なデザインにとって不可欠の要素だ。自然界の流れは、時の経過とともに進化し、より大きなアクセスを求めて、しだいに楽に流れるようになる。それらの流れは、ひたすら改善するこの特性を、流動デザインを生み出すこと、すなわち、自由に進化する配置をとることを通して獲得する。既存のデザイン（文字どおり、図）は、より楽に流れる新しいデザインに取って代わられる。このように頭の中で眺めてみると、生物学における進化の筋書きや、河川流域と気候の出現や、人間の動きの効率化に向けたテクノロジーの進化をすべてまとめることができる。

私たちを社会として結びつける流れも、階層的な流動の配置を生み出す、同じ自然の傾向を示す。商品と知識（科学、教育、ニュースなど）は、持っている者から、求めている者へと、一方向に流れる。商品も知識も、求める者に力を与えるからだ。商品や知識を受け取る者は、動きだし、新しい領域が目の前に拓け、より自由で豊かになる。そのような河川流域の両端がともに、商品も知識も持ち合わせていたら、流れは止まる。新しくないものは移動しない。

流動はより楽な流動につながる。この心的イメージの中に、世界地図を網羅するあらゆる流動系に見られる階層制が宿っている。これらの流動構造は、一点から一平面領域への樹状の流れと一平面領域から一点への樹状の流れがすべて重なり合い、流れて地球を網羅するもののいっさいを維持する、マルチスケールの網を形成する。その一例が、実際に測定とデータ収集が行なわれたあらゆる河川流域における流路の大きさと数の階層制だ。私たちはコンストラクタル法則を使い、大きな流路に注ぐ支流の数がおよそ四本になるはずだと推定した。[*1] この予測は、ホートンが示した、河川にまつわる数の経験的相関関係と一致する。ホートンによれば、観察された支流の数は、三本から五本の範囲に収まるという。[*2]

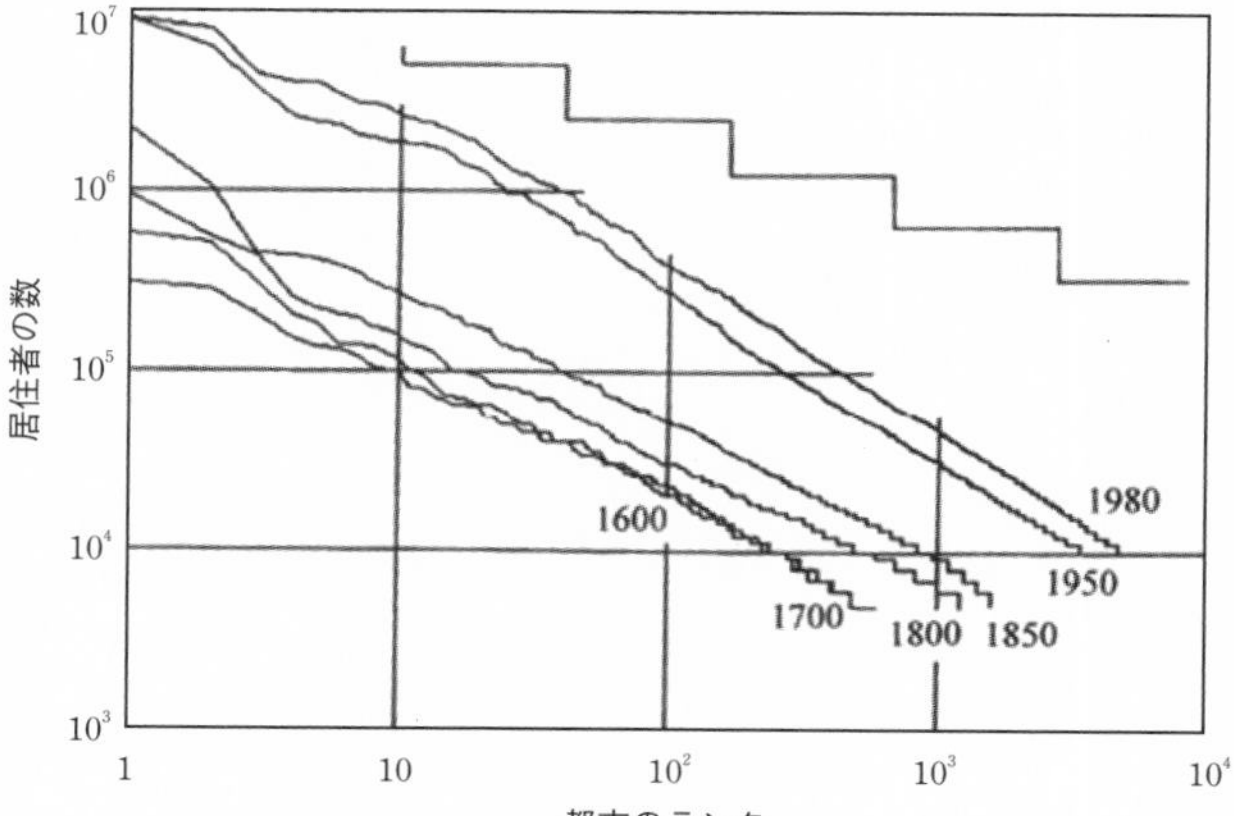

図 3.1　近代以降のヨーロッパの都市の、大きさによるランキング

別の明白な階層制の例が、大陸のような広範な領域における、同じ大きさの都市の数だ（図3・1）。定住地の大きさとランクの関係を対数グラフに記すと、ほぼ直線状に分布することがわかる。傾きが $-½$ から -1 の範囲に収まるこの直線は、「ジップ分布」として知られており、一点を有限の一平面領域や一立体領域と結びつける自然の流動系の事実上すべてで経験的に（つまり、観察によって）見られる。図3・1の右下がりの線は、地表を覆う二つの平面領域構成体のそれぞれ（小さいものと大きいもの）の個体群間の流動アクセスを認識することによって、すでに予測されている。[*3] 平面領域構成体（図3・2の白い部分）のそれぞれに、流れを交換する集団が二つある。その一帯に住む人々と、定住地（村、町、都市）に住む人々であり、黒い

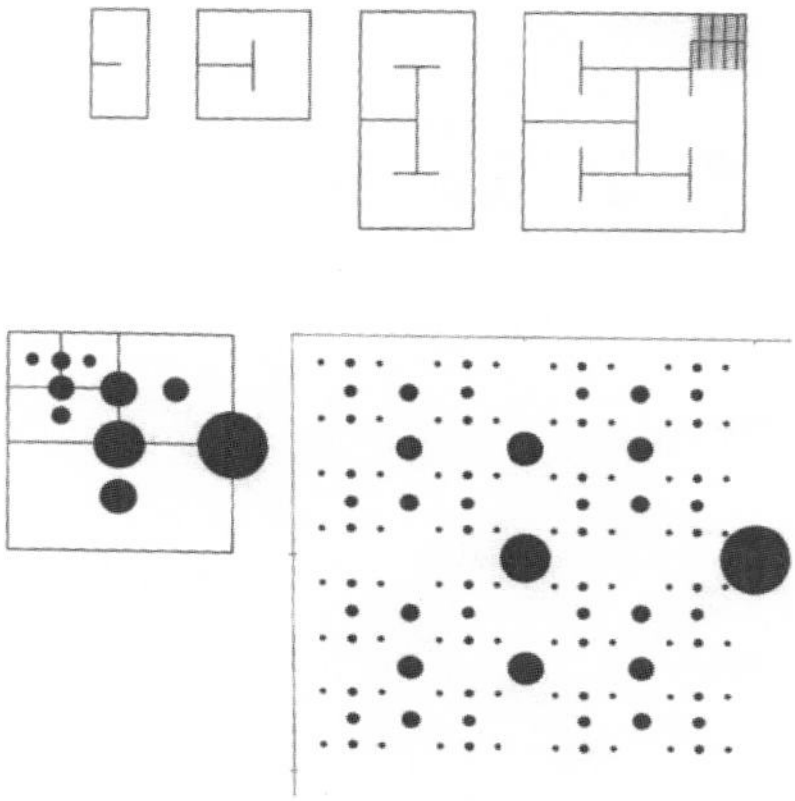

図 3.2　複数のランクの都市や大学で埋まる地表
階層的に組み立てられた平面領域というタペストリーを成す。

インクを撒き散らかしたかのように表されている。本章の中で、のちほどこの図３・２に立ち戻ることにする。

グラフの直線が平行を保ちながら時の経過とともに上方に移動するという事実も予測されている。これは、イノベーション、アイデア、テクノロジーの進化の結果であり、それは、イノベーションなどのおかげで、その一帯に住む人々が、定住地に住む人々のますます多くと流動によるやりとり（たとえば、生産や交易）を達成できるようになるからだ。これも、過去四世紀にわたる、大きさとランクの分布の歴史と一致している（図３・１参照）。

森林の樹木の大きさと数も階層的だ。図３・３では、大きさとランクを表す右下がりの線は、大地から風への水の流れを林床全体が促進するように、さまざまな大きさの樹冠を林床に配置することで推定されたものだ。そうした配置の二つの例（正三角形と正方形）を、図の右上に示してある。大きさとランクを表す線の傾きと切片は、配置の種類とは関係ない。重要なのは、マルチスケールの林冠の配置における階層制であり、その階層制を持つように林床を樹木で埋めれば、領域全体からの上方への水の流量が高まる。このような自由な進化の全体論的な見方から、森林における樹木の、一見するとランダムで多様なスケールも、大きさとランクのデータの配列も予測することができた。[*4]

社会は「生きた」流動系で、私たちが知っているもののうちで最も複雑かつ不可解かもしれ

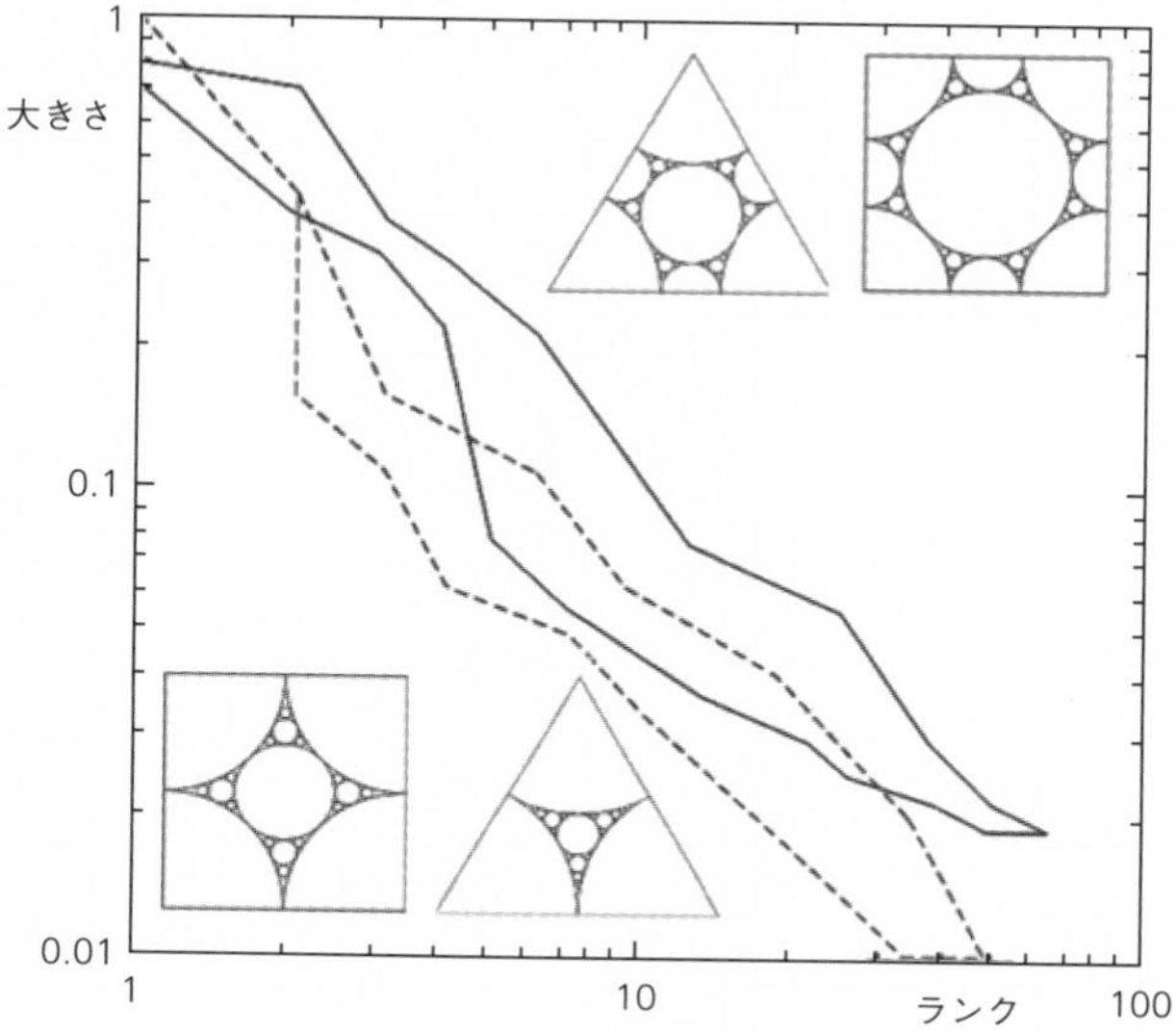

図 3.3　コンストラクタル法則に基づいた林床のデザインにおける、樹冠の大きさとランクの分布。この分布は、林床に配置される、マルチスケールの樹冠のパターン（たとえば正三角形や正方形）には関係ない。パターンはデザインでも進化でもない。

ない。それは、構成（デザイン）、階層制、形の移り変わりの時間的方向性を伴う、流動系の重なり——流動系の巨大なマルチスケール・システム——だ。それは、進化が展示されている実験室と言える。社会を理解するのが困難を極めるのは、私たち、すなわちそれを解明しようとする私たちの頭脳が小さく、その流動系の深奥に位置しているからだ。私たちの一人ひとりは、言わば、肺の中にある一個の肺胞や、乱流の流れる河川の中の一つの渦、深い森の中にある木の枝に生えた葉の一本の葉脈のようなものにすぎない。そのような、ランクの面で厖大な数の個体の地位とまったく同じ、無に等しい立場からは、全体像——肺や河川流域や森林——を見て取って説明するのは至難の業《わざ》だ。

以上が階層制に関する第一の概念だ。階層制は、私たちにとって最も重要な場所である社会の中も含め、いたるところに存在する。社会的構成については、このあとの二つの章で掘り下げることにする。

階層制に関する第二の概念は、あらゆる階層制は自然に生じるものの、そのすべてが人間の目に見えるわけではない、というものだ。デザインのせいで目に見えないものや、手が届かず、頭に浮かばないものもある。

社会には、その両方の種類の階層制がある。目につく場所にあって、誰もが知っているものもあれば、ほとんどの人の目に映らず、少数の人にしか知られていないものもある。*5 社会動学という分野では、後者は「闇ネットワーク」や「マフィア」として知られている。それらは科学的な概念であり、侮蔑語ではない。よく目につくものの例には、ヨーロッパのような有限の領域における都市——その大きさと数——の分布がある（図3・1）。フランスには、パリという大きな都市が一つと、その他に多くの人間の定住地があり、後者は明らかに小さく、数が多い。これは、記録がとられるようになって以来ずっと当てはまる。図3・1に見られる右下がりの傾向を予測するには、以下のように流動の進化を利用する。

居住者が多くの流れ（学生、農産物、木材、鳥獣の肉、鉱物など）を生み出す平面領域要素A_1を想定してほしい。それらの流れの流量はA_1の大きさに比例する。その流量は、A_1内に存在する人間の密集地（図3・2に示した黒丸）を維持する。この密集地は、居住者数はN_1で、生産の流れはA_1と種類が異なる（教育、知識、サービス、装置など）。平面領域A_1から人間の密集地N_1へ流れるものと、N_1からA_1へ流れるものは、均衡状態にある。カギは、どちらの種類（一平面領域から一点へと、一点から一平面領域へ）の流量も、A_1の大きさに比例している点であり、これは、人間の密集地N_1の大きさが、この密集した定住地に割り振られた平面領域A_1の大きさと比例していなければならないことを意味する。

人間の定住地のN_1から、平面領域A_1に分散しているそれぞれの個人への流れは、財や聡明な個人、書籍、科学などから成る。この事例における人間の密集地は都市あるいは大学のキャンパスであり、[*6] 平面領域A_1は、密集した人間の定住地が貢献する領域だ。地表における都市の配置は、地球を網羅する、一帯から都市への逆方向の流れから成る平面領域構成体を反映している。

地表における人間の動きの分布は、図3・2の上段に示した、平面領域構成体をまとめる自然の構成だ。河川流域という平面領域の構成要素は、その領域に端を発する大きな流れに水を供給するが、それと同じように、個々の平面領域要素は、その要素の境界上にある人間の密集地に届く流れを維持する。したがって、境界上の人間の密集地は、その領域要素の大きさに比例する。もしその人間の密集地が大学ならば、大学（その大学で生み出される新しいアイデアの流れ）の大きさは、大学が貢献する流動領域の大きさに比例する。地表は、階層的にランク付けされた定住地で網羅される。なぜなら、その平面領域構成体は、多くの大きさを持っており、階層的に組み立てられているからだ。社会の流れと河川流域の類似性は、次章でさらに探究する。

学究の世界は、ある領域の個体群と同じで、私たちの生涯に起こる流動階層制の進化を研究する実験室だ。私は数年前、目に見えるものと見えないものという、社会における二種類の流動階層制の共存を実証した。そのときに利用したのが、自分がいちばんよく知っている社会、すなわち学究の世界だった。[*5] 白日の下にさらされている階層制の一例として、私は、科学文献の被引用回数に基づく世界ランキングを使った。目に見えない階層制には、国立のアカデミーの会員数に基づくランキングを使った。

マルチスケールの河川流域や人口や森林についてコンストラクタル法則が予測したことは、同じ地球上の人間の流れのデザインにも当てはまる。科学と教育は、大学へ続く学生と教授の道の脈管構造を自然に流れる。各大学は、地球全体と結びついており、全地球によって維持され、供給を受け、汲み出されているのだ。

古い大学が最初の流路を掘り、それが今ではより大きな不変の流路となって、人間の居住する地表を潤している。「より大きな」というのは、教室により多くの人が出入りしているという意味ではない。より大きくなったのは、より創造力のある人の流れだ。より創造力がある人が、大きな流路を成し、斬新なアイデアを生み出す天賦の才能——強い欲求——を持っている特別な人々を引きつける。そうした人は門下生を育て、彼らが新しいアイデアを生み出して、地球上のさらに遠くへ、そして未来へと運ぶ。[*7] 地球の教育の流動構造に組み込まれた記憶は、しだいに数を増す学生たちの役に立つ。

たとえばハーヴァード大学という一つの泉から、多くの水滴が豊饒な大地に飛び散る。アメリカの大学制度の歴史は、以下のようになる。ハーヴァード大学からの水滴がイェール大学を生み、今度はこれら二つの泉が、プリンストン大学やペンシルヴェニア大学やコロンビア大学を誕生させた。これらの大学はみな、ボストンからフィラデルフィアまで、地図上で完璧な直線を成して並んでいる。その直線は今やアメリカの大学教育という大木の幹になっており、この大木は全世界の羨望《せんぼう》の的だ。この幹から、新しい、より専門化した接《つ》ぎ枝が伸びている。たとえば、工学志向や医学志向の大学だ。

たしかに、長い歴史を持つ家族はみな、硬直してしまった決まり事を持っているものだ。それでも、その一家が自由に物を問う文化を教えれば、その家庭から新しい頭脳の流れが現れ、世の中や現状に疑問を投げかける。その新しい流れが大地を潤す。これは朗報だ。これこそ、私がずっと観察してきたことだ。たとえば最近、刊行物の数がますます膨れ上がってきていることに、それが見られる。被引用回数が多い著者は世界各地にいるが、その多くは、世界を保ち、潤し、肥やす大学の流動系という幹の上で教育を受けたのだ。

この理論的展望が、大学の階層制は大幅に変わるはずがないという予測につながった。[*6] それと同じ揺るぎなさと予測可能性が、バスケットボールの選手権で優勝する大学の階層制の特徴にもなっている。[*8] この種の階層制は、河川流域の流路の階層制と同じように永続的だ。その事実は誰の目にも届く所に、堂々とさらされている。これは自然な現象であり、それは、地球という流動系全体に求められているからだ。なにしろ地球上では、厖大な数の人間が同じこと、すなわち、より楽で自由な動きと暮らしのために、生活における物理的変化を追求しているの

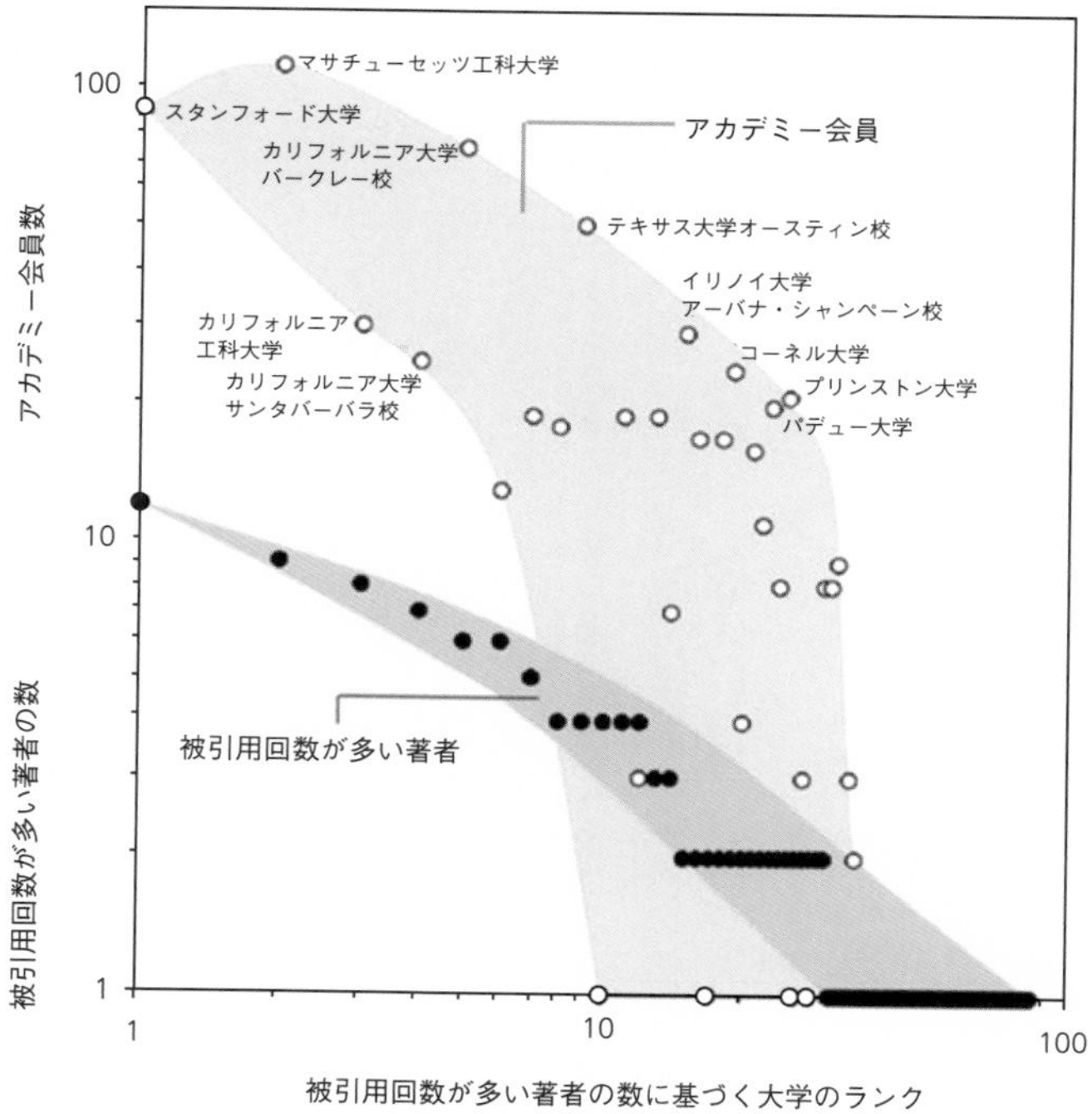

図 3.4　この図には、右下がりのデータの帯が 2 本ある。なぜなら、各大学が 2 つの観点から表されているからだ。その 2 つは縦軸に刻まれている。横軸は、被引用回数が多い著者の数に基づく大学のランキングを示している。それらの著者の数は、縦軸の下半分に示されている。具体的には、ランキングは次の順で始まる。スタンフォード大学、マサチューセッツ工科大学、カリフォルニア工科大学……。縦軸の上半分は、各大学に属する、アカデミー会員数を示している。データの 2 つの帯は著しく異なる。

だから。[*9]

大学のランキングが揺るぎないのは、大学の名声が、その大学を有名にしているアイデアを生み出す個人の階層制と、事実上同じ階層制を持つという現実を反映しているからだ。被引用回数が多い著者は、自然と階層制を成す。なぜなら彼らの階層制は、非常に大勢の研究者や専門家の努力と選択の結果だからだ。ところが、なかには引用する文献を示し合わせて決める人々もいる。良いアイデアを盗用し、出典を明記しない人間は、なおさら多い（第11章参照）。被引用回数が多い著者の階層制は、アイデアの流れのノードや領域（基本的構成体）の指標だ。被引用回数が多い著者の階層制は、図3・4の下のほうに示してある。そこでは、ほぼ直線状の帯が、被引用回数が多い著者の一覧に載る著者を各大学が何人抱えているかに基づく大学ランキングを表している。ここでぜひとも注意してもらいたいのだが、この下側のデータの帯は、ほぼ一直線であり、図3・1と図3・3で目にしたのと同じ傾きを持っている。

あらゆる流動構造が進化し、改善しているとはいえ、目に見えない所に隠されているものもある。隠されているのは、個人的な結びつきや、当事者が誰を知っているかや、闇ネットワークの安泰と永続のために誰が当事者を必要としているかに基づいて参加者が決まる流路だ。アイデアの流れの明快さ（図3・4の下側の帯）と、同じ流動スペースに浸透している闇ネットワークの違いはここにある。私は、工学分野における刊行からこの例を引いた。[*5] なぜなら、それは自分が最もよく知っている分野だからだ。他の分野の科学者も、アイデア生成と国立のアカデミーへのアクセスに関する自分たちの階層制を調べれば、類似の例をいくつも構築できる。さらに、これらの数値は年ごとにわずかに変動するが、現れ出てくるこれら二つのパターンはあまりに異なるので、この変動は無視できる。

「工学」の全領域の被引用回数が多い著者の一覧（二〇〇九年二月、世界のあらゆる国の、この領域の全学問分野の、生きている人も亡くなった人も含む）には、全世界で二五三人の名前が載った。技術アカデミーの会員（アメリカのみ）は二四四〇人を数えた。一対一〇という両者の比率は、アカデミー会員の大半が頻繁には引用されていないことを意味する。

実際の違いはなおさら著しい。比較の基準を揃《そろ》えるために、私はまず、アメリカ以外で活動している研究者八〇人を、被引用回数が多い著者二五三人から除いた。次に、亡くなったことを知っていた、被引用回数が多い著者二人も一覧から外した（全米技術アカデミーは、会員が亡くなるとただちに名前を削除する）。控えめではあったが、これらの補正を行なうと、被引用回数が多い著者の数は一七一人に減った。続いて、全米技術アカデミー会員のうち、外国の機関で勤務している一九七人を差し引くと、残りは二二四三人になった。こうしてたどり着いた、被引用回数が多い著者一七一人とアカデミー会員二二四三人を比較すると、比率は一対一三となる。さらに、被引用回数が多い著者の約三分の一（実際には六〇人）しか全米技術アカデミーの会員になっていないので、この六〇人は、アカデミーの二二四三人の会員のうち、二・七パーセントという、衝撃的なまでに少ない割合にしかならない。

図3・4の二本の帯が見せる際立った相違は、白日の下にさらされている、被引用回数が多い著者のリストへの流れとは違い、全米技術アカデミーへの道筋は目に見えないという事実を反映している。文献の中でアイデアを利用し、引用することで、日々、被引用回数が多い著者に投票する厖大な数の研究者は、アカデミーに属しておらず、会員候補者を指名できず、アイデアを生み出す人に投票できないのだ。

こうした研究結果は、さまざまなものに広く当てはまる。「ネイチャー」誌や「サイエンス」誌での論文掲載の難しさに至る全過程も含め、科学という職業における昇進や名誉や相互評価の全段階は、ここで全米技術アカデミーへの流れを明らかにしたのと同じやり方で解析することができる。相互評価は犯人ではない。相互評価のシステムは二〇年前に崩壊した。電子出版物が氾濫し、それに伴って出版過程が不透明になったからだ。相互評価のシステムは、従来の論文発表の方法とともに崩れ去った。かつては、独創的な著者による独創的なアイデアの所有権が尊重され、保護されていたものだ(第11章参照)。

コンストラクタル法則に完全に一致するのだが、ある階層的な流動構造が崩れると、別の階層的な流動構造がそれに取って代わる。必ずそうなる。それが進化というものだ。今日、正直な評価がなされなくなり、引用されることを目指す世界的な競争が起こっており、引用制度を狡猾に歪める行為が横行している。[*10〜17] それも、政府に促されたナショナリズムに突き動かされて行なわれている事例が増加している。[*18〜19] これが、闇ネットワークという森林の自然な形成につながった。その闇ネットワークとは、正当な根拠もないまま、ことあるごとに互いの論文を引用する著者（共著者ではない）の目に見えないグループという、引用カルテルだ。[*19〜21]

このような物理現象に直面した私たちにとっての課題は、西洋の科学の伝統が持つ貴重で高潔な特徴を守り、成果主義とアイデアの出所を徹底的に擁護することだ。それでは、どうしたらいいのか？ 何もする必要はない。ただし、若い人々にひと言だけ助言がある。科学で身を立てたい人は、早々に選択をし、それを貫くことだ。創造的な科学者ならば、良いアイデアを多く思いつき、発表するので、正当な「被引用回数が多い」ことが尊ばれる世界が活躍の場となる。物理学者ルートヴィッヒ・ボルツマンの言葉を手掛かりにしよう。彼はこう書いている。「自分は陰謀よりも積分のほうが得意だと思っている」（一八七六年にヘンリエッテ・フォン・アイゲントラーに宛てた手紙より）。

要約すれば、今日の知識「業界」における階層制は、より良く、より楽な生活を送りたいという普遍的な衝動の表れであり、その生活は、現代社会では富という尺度で測定される。お金、あるいは目的を持って消費される燃料が、どれだけ暮らし向きが良いかの物理的尺度なのだ。

大学の階層制は、優れた大学に群がる教授と学生の生活と富のためになる。これは自然であり、だからこそ大学の階層制が現れ、その階層制は揺るぎなく、ほとんど変化しない。大学の階層制の中には、同じような主題を追求する研究者の闇ネットワークがある。こちらには科学の、そちらには医学の、どこか別の場所には工学の闇ネットワークといった具合だ。これらは国立のアカデミーであり、部内者には知られており、部内者のためになる。

学究の世界の階層制は、チームスポーツの場合と同じように流れる。サッカーの競技場やバスケットボールのコートでは、一流選手は少数で、それに準じる選手は多数いる。学究の世界と同様で、スポーツでも「準一流」の人がより多くの反則を犯し、不正を働く。それを隠すのが非常に得意な人もいて、反則や不正や剽窃《ひょうせつ》は犠牲者の生活とキャリアを脅かすにもかかわらず、そうした行為から恩恵を受けている。学究の世界では、自分もエリート層の一員であってしかるべきだと信じている人間が、より多くの不正を働き、同業者の原稿に対して敵意に満ちた匿名の批評を多く書く。彼らは、仲間の一人である批評家が、真に独創的な研究をこき下ろす書評を書くと、表に出てくる。

芸術批評！ そんなものが職業と言えるのか？ 私は、彼らの讃辞を乞い、自らを彼らの手に委《ゆだ》ねるだけでも、我々画家は愚かだと思っているのに！ なんたる恥さらしか！

そもそも彼らが我々の作品について語ることさえ、受け容れるべきなのか？

エドガー・ドガ

というわけで、以上が第二の概念だ。階層制は、流動系が一平面領域あるいは一立体領域で自由に形を変えているときに現れるが、多くの階層制はあまりに大きく、遠く、不明瞭なので、私たちの頭に浮かばない。

自然界の階層制には物理的な基盤があることが最近しだいに明らかになってきたおかげで、以前には気づかれなかった多くの現象が続々とまとまりを見せている。コンストラクタル法則が網羅する、よく知られた生物と無生物の例（動物の移動、河川流域、乱流など）に加えて、伝統的に固体力学の範疇に含められていたものの例も今では見つかる。断面が六角形の玄武岩柱《げんぶがんちゅう》が自然に生まれるのは、最大「エネルギー」放出という原理が働いているからだ。[*22] 固体に亀裂が入るのも同じ原理に基づいている。[*23~25] 湿気を奪う風の下で土壌に亀裂が走るのは、質量流動を増進し、乾燥を加速する、進化するデザインというコンストラクタル現象だ。[*26] 塵埃《じんあい》粒子が集まってクラスターや樹枝状になるのも、同じ原理の結果であることが証明された。その効果は、進化する配置のデザインを通して、引きつけ合う静電気力を、より迅速に解放することだ。[*27]

進化する階層制の一覧は長くなる一方で、そこにはさらに、宇宙空間に浮かんでいる物体の例が加わる。[*28] 階層制は、降着《こうちゃく》〔宇宙空間で高密度の中心天体にガスや塵が重力で引き寄せられ、降り積もること〕と、衝突による破砕という二つの現象を通して現れる。熱力学の観点から眺めると、宇宙空間の物体は、近隣の物体どうしの重力のおかげで内部張力が働いている状態の系を形成する。この系は、動いたり内部の配置を変えたりすることで、自由に進化する。物体どうしが合体してより大きな物体になり、物体どうしが衝突して（破砕によって）、張力と、衝突から生じる運動エネルギーを散逸させ、その過程で系全体の物体間の重力を減らす。この現象はいくつかの筋書きの下で天体力学で研究されてきており、諸惑星と小惑星帯の形成過程の基礎を成すと認識されている。[*29]

降着を通して、あらゆる尺度で大きさが増す。とはいえ自然現象によって、物体が大きさを増すだけではなく、階層制も出現する。根本的な疑問は、そもそもなぜ階層制が現れるのか、そして、なぜ同一の（増大する）大きさの物体が均一に分布することがありえないのか、だ。何が階層制をもたらすのか？　重力の作用だけでは、宇宙における物体の大きさの階層制は説明できない。重力に加えて、降着のあいだに起こる流動の配置全体の自然な進化も作用しており、そのため、張力軽減へ向かう系の流れと進化が促進される。

宇宙空間に同一の物体が均一に浮かんでいる系を考えてほしい（図3・5）。互いに引きつけ合う力が、この系を内部張力が働く状態に保っている。時の経過とともに、集合体の形成を通してその張力は緩和される。二つの物体は、両者の質量の積に比例し、距離の二乗に反比例する力で引きつけ合う。物体の形状と相対的な動きは考慮に入れない。空間は当初、不動で均一に分布する、大きさ（m）が画一な物体で埋め尽くされているとしよう。隣接する二つの物体どうしの間隔（r）はどこでも同じだ。このように浮かんでいる場合は、均一体積等方性張力状態（state of uniform volumetric and isotropic tension）だ。

小さい物体が合体してより大きな物体となる過程は、内部張力によって推進され、その内部張力は、合体の結果、減少する。動きのない（つまり、死んだ）状態は、張力がまったくなく、完全に合体しており、個々の物体がすべて一つの大きな物体にまとまっていることを特徴とす

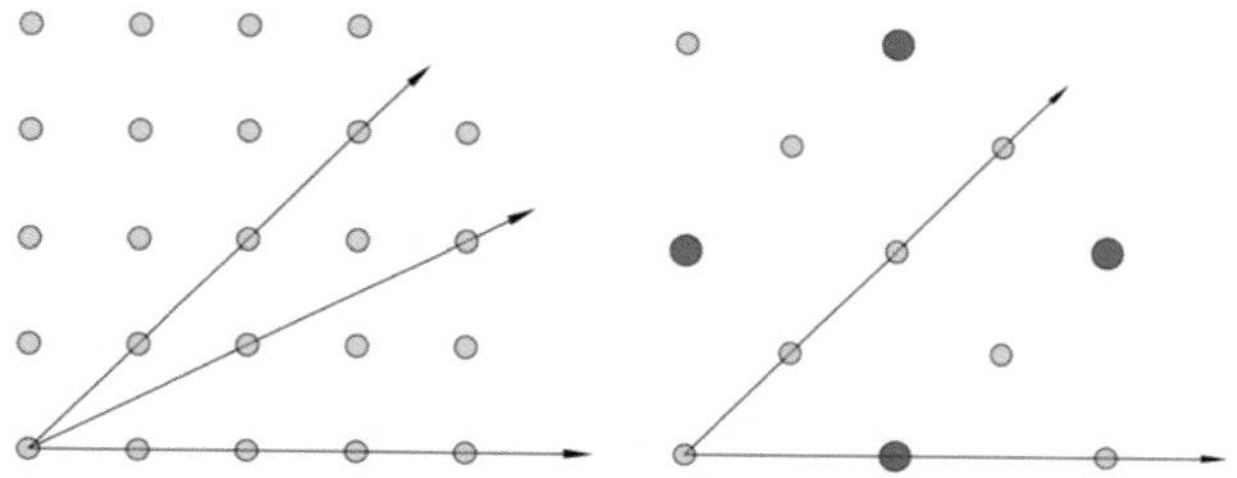

図 3.5　等しい大きさの物体が、宇宙空間の一平面に等間隔で浮かんでおり（左側）、内部張力が均一に分布した系を形成している。左下の隅を中心として、系の４分の１だけが示されている。中心にある物体に作用する力は、その物体から見て半径方向に働く力の合力となる。物体は互いに引きつけ合い、より大きな物体が生じ、系の内部張力が減少する。これには時間がかかる。もし物体が不均一に合体し、少数の大きな物体のあいだに多数の小さな物体が点在するようになれば（右側）、元の系（左側）が、等しい大きさのより大きな物体が等間隔で浮かんでいる状態になるときよりも、速く内部張力が減少する。

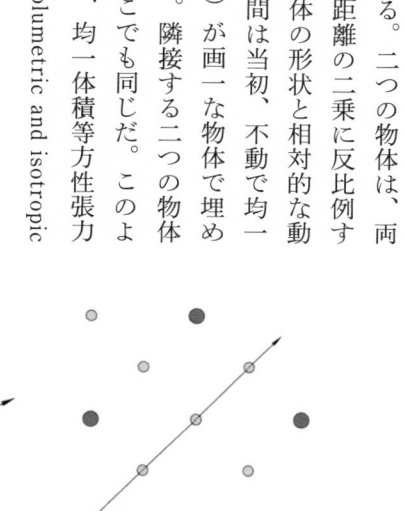

る。熱力学の用語を使えば、系は孤立しており、内部張力が働く当初の状態から、張力も動きもない最終状態へと向かう内部変化（質量流動）を示す、ということだ。

この現象は、系の死ではない。系が死ぬとき、それを観察する人は誰も残っていないだろう。この現象は、その最終状態への途上にある系の生だ。系は、単一の大きさで等間隔に散らばる物体が合体を通して大きくなりながら進化するはずか、それとも、少数の大きな物体と、それらの大きな物体に吸収される多数の小さな物体から成る、階層的で不均質の、進化するデザインのはずか？　私たちは高校レベルの数学を使い、浮かんでいる物体は、不均一に、階層的に合体するときのほうが、近隣の物体へアクセスしやすく、速く合体することを示した[*28]（図3・5右参照）。

自然なのは階層制であり、均一性ではない。これは、物理学の原理や、いたるところにある、自由に進化する流動系についてのあらゆる観察結果と一致している。不均一な合体への自然な傾向は、キッチンで視覚化することができる（図3・6）。

圧縮されたときに移動して接触する自由のある、多数の細粒が詰まった立体領域の一点に力をかけて圧力を引き起こしたときにも、階層制が現れる。投射物が土や砂に衝突したときに、この現象が起こる。その立体領域は、形を変える計り知れない自由を持った流動系だ。なぜなら、その領域を構成する粒子には、自らを並べ替えて、事実上無限の数の配置をとる自由があるからだ。それにもかかわらず、衝突によって生じる配置は、最も強く圧縮された粒子が、まるで、しっかりとした円柱状に固まったかのように樹状になり、その枝が、一点にかかった衝撃力を立体領域全体に拡げる（図3・7）。

私は以前、この固体の階層的配列と、骨と骨格の起源とを結びつけた。[*30~31] その後、思いついたのだが、一点に衝撃を与えられた立体領域は、頑丈な「骨」の階層制によってばかりではなく、力の階層制によっても突然満たされるのだ。

図3・7の幹と大枝にかかる圧縮力は、小さな枝にかかる圧縮力よりも大きい。立体領域は衝撃を受けると、階層的に分配された力で満たされる。力は、図3・5や図3・6におけるものと同じ物理的原理のせいで、このように分配さ

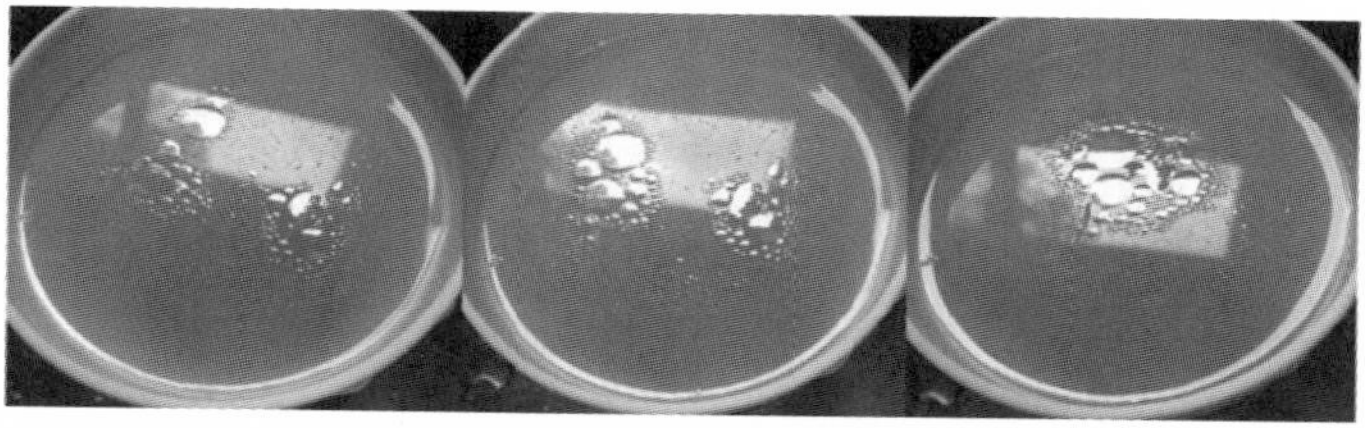

図3.6　水に魚油を垂らすと、階層的な合体という現象が見て取れる。表面張力のせいで、水の最上層は張力の働く二次元の系となる。系が自由であることは、水面の魚油の配置から窺える。魚油は合体し、張力は減少し、その結果として階層制が生じる。階層制は時間がたつにつれて際立つ。3枚の写真は、約20分の経過を捉えたもの。

れざるをえない。圧縮された立体領域は、階層制をとるほうが、新しい平衡状態に速く到達する。

宇宙はマルチスケールの力が階層制を成して満たしているが、図3・7は、それらの力の共通起源の役割を果たす、おおもとの力にまつわる謎を解く手掛かりとなる。衝撃を受けた一点を立体領域と結びつける樹状構造は、物理学における深い謎の一つの答えとなる。スタンフォード大学の物理学者ヘレン・クインによれば、[*32~33] 宇宙には四つの基本的な力があるという。重力（みなさんは座っている椅子へと下向きに引っ張られているのを感じる）、電磁力（椅子を形作る原子をまとめている）、強い相互作用の力（原子核を一つにまとめている）、弱い相互作用の力（放射性崩壊の原因となる）だ。物理学者はこれらの力

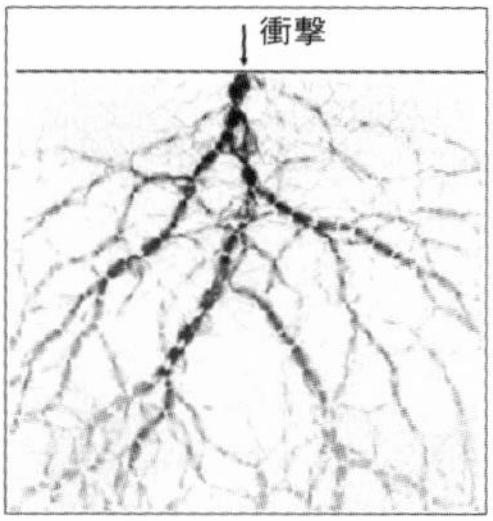

図3.7　骨、骨格、樹木の根、その他の頑丈な構成要素の自然な出現
生きた組織あるいは土壌に力が突然加わると、その運動量は力が加わった点から全立体領域へと、高応力を伝える粒子の自発的な樹状配列によって伝達される。生きた系は、応力の流れのための流動系だ。コンストラクタル法則に従うその傾向は、高応力が伝わる流路に沿って、機械的強度を割り振る（より強くし、より多くの物質を配する）。こうして強化されたものが、骨や腱や骨格、樹木の根や細根になる（写真はデューク大学物理学科のR. P. ベーリンガー教授提供）。

を統一しようと、長年努力している。

何が新しいアイデアかと言えば、それは、力の階層制は生じるべくして生じた、マルチスケールの階層制は天地創造の始まりのずっとあとまで存続するはずだ、ということだ。それは、独自の力の樹状構造の樹冠で圧縮された細粒と同じ現象なのだ。

この新しい結びつきから導かれ、物事の予測を可能にするアイデアは他にもある。小さな力が宿る立体領域の構成要素（土壌、宇宙）は、大きな力が宿る立体領域の構成要素よりも数が多いはずであるというのも、その一つだ。マルチスケールの立体領域構成要素の数における階層制が存在するという予測は、検証可能だ。もっとも、その存在は明白だと思うが。重要なのは、宇宙の樹状構造の階層制であり、それは自然に発生する。なぜなら、自由は宇宙を特徴づける根本的な属性だからだ。

ところで、微小のもの（粒子や亜原子粒子）という言葉を使わなくても、宇宙空間を絶えず満たす階層的な力の、流動する樹状構造を説明することができる。天体望遠鏡で撮影した写真を見れば、宇宙を流れる物体の階層制（それは、図3・7によく似ているが、これはけっして偶然ではない）や、幹から末端の糸状の部分まで、分岐を繰り返す流れから成る樹状構造という配置も見て取れる。宇宙全体が、相互連結した樹状の、流動する階層構造なのだ。

第4章　不平等

階層制は不平等と認識されることが多く、これは、文明社会の成員である私たちに分断をもたらすものという印象を与えている。[*1] 以下のような主張がよくなされる。富の増大に伴って富の不平等は増大せざるをえない、なぜなら富の増大への貢献は不均一だからだ。つまり、富裕な人のほうが多く貢献するということだ。不平等を減らすためには再分配の方策が必要だが、そうした方策は、富裕な人が富を生み出す動機を削ぐ。そこからこの議論は、より多くの富とより高度な平等との平衡状態という結論に至る。この原理的説明はすべて記述的であり、予測的ではなく、したがって、不平等を縮小する処方箋にしても同じだ。だから、本章で提示する理論的（予測的）手順は時宜を得ている。

富の分配は不均一であることが見込まれてしかるべきだ。なぜならそれは、生きた社会を流動するあらゆる流れの、進化する動きと密接に関連しているからだ。[*2] 一部の人が不平等と認識するものを、変化する自由を持つ動きで満ちている構成の中の階層制と認識する人もいる。地表での人間の動きが階層的なかたちをとるというのは、自然に起こる現象だ。階層制は不可避で、取り除くことはできない。それは以下の理由による。

個体から個体へと（「拡散」によって）伝達される動きは、樹状の流路流動と同様、遍在する。拡散による流動は、同一の平面領域上にある樹状の流路のあいだで起こる。拡散と流路は、湿った土手における浸透と河川の流路の場合と同じで、手と手袋さながら、分かちがたく結びついている。浸透は手袋にあたり、樹状の流路は手や指にあたる。このようにして、すべては一体となって進化し、流れる。

人々とその所有物、乗り物、通信の階層的な動きは、物理的な現実であり、明白で測定可能だ。この物理的現実は、人間の定住地や交易、都市生活、経済、ビジネス、富、政府などよりもはるかに昔から知られている。何が新しいかと言えば、この現実が、物理学に基づいて予測可能であることだ。

物理学は、そのさまざまな法則で私たち全員を感心させる。それらの法則は少数で、厳密で、普遍的に当てはまり、想像しうるかぎりの状況と流動系に対して有効だ。経済学は、物理学のように、もっと厳密で予測的な科学になりうるか？[*3~8] 科学者たちは長年、経済の根底にある物理学を見極める必要性を認識してきた。[*9~13] こうして発展したのが、経済物理学として知られる分野だ。[*14] ところが、社会の中だけではなくあらゆる場所でデザイン進化に向かう傾向を説明できるような物理学の法則を突き止める必要性に気づく人はいなかった。

コンストラクタル法則に基づく近年の研究で、経済活動が社会のあらゆる流れの動きと密接に関連していることが明らかになった。[*3〜5] 一国の国内における年間の経済活動（GDP、すなわち国内総生産）は、その国で目的を持って年間に消費される燃料の量として測定される物理的な動きに比例する（図4・1）。なぜかと言えば、図1・5で示したとおり、燃料は力を生み出し、力はあらゆる動きの原動力となり、動きは力を散逸させるからだ。

経済活動が盛んになれば、燃料の消費は増え、減ることはない。図4・1のグラフでは、すべての点が右上がりに並んでいる。この進化する側面は、図4・2では時間の経過に沿って示されたデータによって裏づけられている。効率の改善（中段の右下がりの折れ線）は、燃料消費の減少ではなく増大につながった。この改善は、流動デザインにおける障害物の除去に似ている。そして障害物は、いったん取り除かれると忘れ去られる。障害物のない新しいデザインは流れが良くなり、その結果、時を経ても存続する。そのデザインは、受け容れられるのだ。

この結果は、「ジェヴォンズのパラドックス」として知られる経済学の古い謎の答えになる。[*15] これは、一九世紀に先進諸国で石炭消費の効率が上がると、じつは石炭その他の資源の「節約」につながらず、消費量が増加した、という謎だ。図4・2を見るとわかるように、世界の発電テクノロジーが効率的になったため、一九九〇年以降、GDP当たりのエネルギー消費量が減

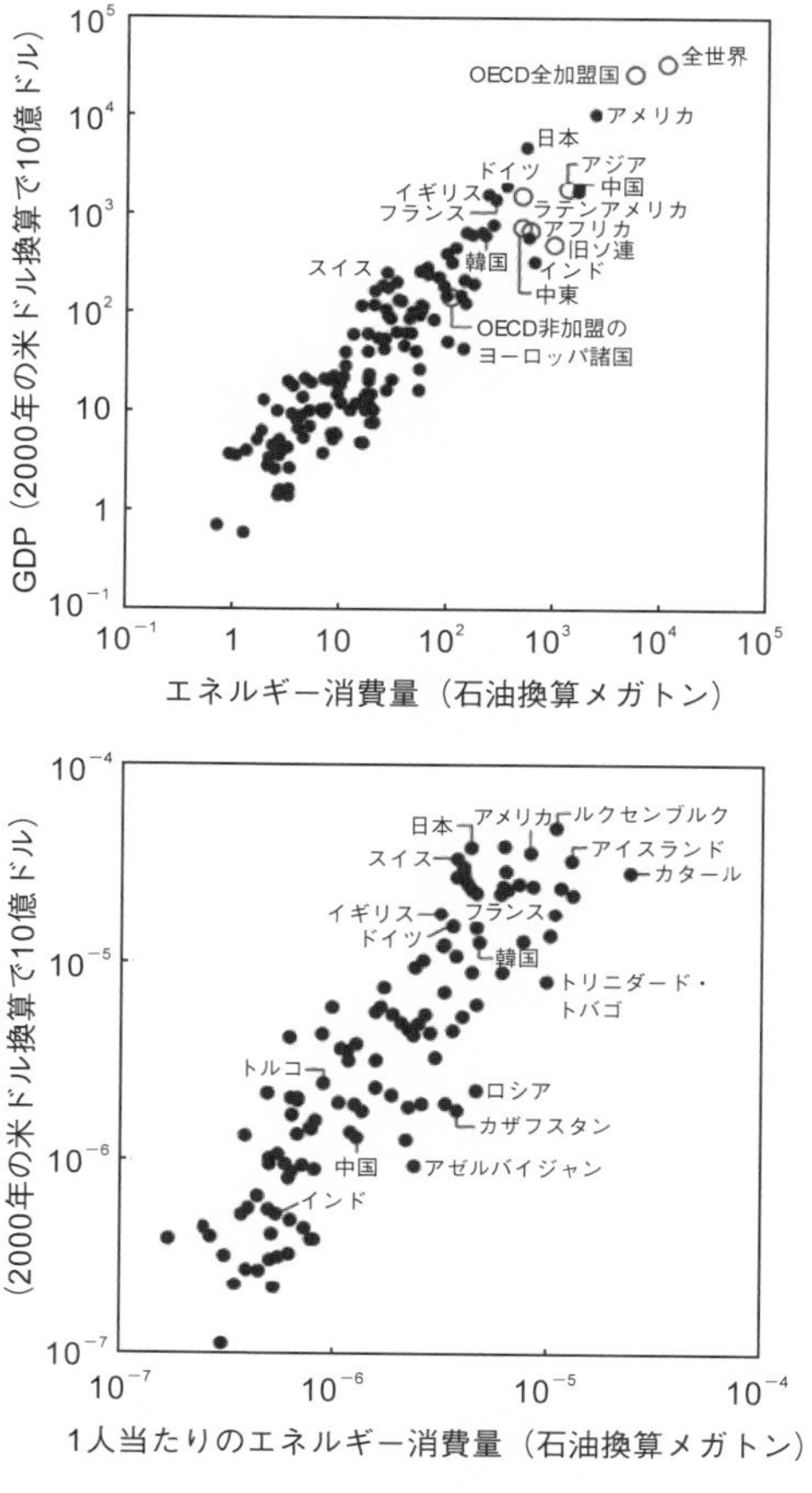

図 4.1　全世界の地域や国の国内総生産と年間の燃料消費量の関係
総量（上）と1人当たり（下）。データは国際エネルギー機関より。2006年分（＊33）。より新しい報告（＊26, ＊34）は、人間関連のエネルギー消費が、全世界で均一ではないことを示している。

少しているのにもかかわらず、世界のエネルギー消費量と世界の一人当たりのエネルギー消費量は増加し続けている。

先に進む前に、ここで一歩戻ることにしよう。ここで提示している物理学と経済学の統合には、使われる用語の明確な定義が求められる。言葉は重要だから。

「動き」とは、地表の一点から別の一点への、物質の位置の変化を意味する。動きは実質的に水平方向に起こる。動きは、動かされる質量（M）と移動距離（L）が大きいほど増す。動きの物理的な尺度は、質量と移動距離の積 ML で、それに使われるエネルギー（燃料、食物）、すなわち、その動きを引き起こすのに費やされた仕事量も ML だ。最小の細流の水から、大河を流れる水や、長大で幅の

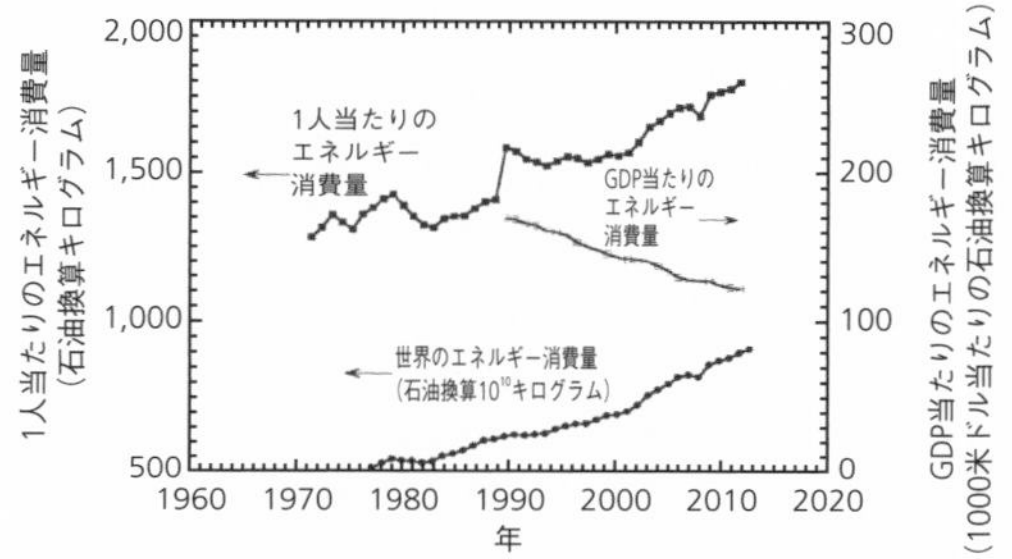

図 4.2　1971年以降の燃料エネルギーの消費と富における進化の 3 つの見方
左側には、年間の世界のエネルギー消費量（下の折れ線）と1人当たりのエネルギー消費量（上の折れ線）が、右側にはGDP当たりのエネルギー消費量（中の折れ線）が示してある。単位は1000ドル当たりの石油換算キログラムで、2011年の国際購買力平価に保たれている。
IEA Statistics © OECD / IEA 2014 - IEA, 2016とThe World Bank Development Indicators, World Bank, 2016より（＊35）。

広い幹線道路を走るトラックまで、動きは識別可能なあらゆるスケールで存在する。

MLという動きの物理的尺度は、その動きを引き起こすのに費やされる仕事量だ。仕事量は移動者が克服する水平方向の力Fと移動距離Lの積FLとなる。積FLは、MLに比例する。なぜならFは、水中であれ、陸上であれ、空中であれ、動きが起こるあらゆる環境でMに比例するからだ。[*3] この所見には、ほどなく立ち戻る。

動きの物理的尺度は他にもある。その動きを引き起こすために費やされた仕事を生み出すときに使われた燃料（化石燃料、再生可能エネルギー、食物）の量もその一つだ。この尺度は、最初の二つの尺度と比例している。消費される燃料の量は、その量の燃料に含まれる有効エネルギー（「エクセルギー」と呼ばれる）の量に比例する。[*16] 費やされるエクセルギーは、動きのあいだに生み出されて消費される仕事量に比例する。燃料から仕事を生み出すエネルギー変換機械が可逆的に稼働する理論的極限では、費やされるエクセルギーは、動きのあいだに生み出されて消費される仕事量に等しい。実際の機械では、生み出される仕事量は、消費される燃料のエクセルギー量のかなりの割合になる。重要なのは、スケール解析という方法によれば、[*17] 仕事量と燃料のエクセルギーが同じスケールを持っている、つまり、桁数が同じだという点だ。

ようするに、動きが大きいというのは、費やされる仕事量が多いことであり、費やされる仕事量が多いというのは、消費される燃料が多いということだ。動きは、移動に抵抗する力に逆ら移動と定義される（図1・5）。

「富」はよく使われる用語で、価値ある（目的のある）物質的資源の利用可能性を意味する。経済主体が所有する価値ある資産の尺度だ。カギは「価値ある」という単語で、本章では「価値」の物理的意味と尺度に的《まと》を絞る。経済学という学問分野では、富は図4・1の縦軸でのように、米ドルで記述される。コンストラクタル理論は過去二〇年間に、一つの人間の集団あるいは領域の年間の富が、その集団によって、あるいはその領域で、年間に生み出される有効エネルギー（あるいは仕事量や動き）に、実質的に比例することを示した。この発見は図4・1と図4・2に要約してあり、経験的な性質を持っている。それは事実だ。

同じ国の中においてさえ、移動しづらい場所（たとえば、山の中の村々）には、移動しやすくアクセスの良い場所（たとえば、平地の村々）よりも、富が少ない。経済学と物理学は、同じコインの裏表なのだ。

この発見は、科学にとって画期的だ。それは、富の経済学的概念が物理的基盤を持っていることを意味し、富は仕事量や、消費された燃料や、燃料と食物と仕事によって生み出された動きとして測定可能なのだ。これこそ、経済学と物理学の統合だ。富と動きが等価であるというのは、広い意味で正しく、図4・1のグラフに分散したデータがそれを示している。例外はあるし、その等価性が進化することは疑いようがない。なぜなら富と燃料消費は時の経過とともに増加しており、グラフの黒丸は斜めの配列に沿って上へと（その一方向にだけ）移動しているからだ。

図4・1と図4・2に示された配列が持つ進化する性質には、時間に依存した多くの影響が含まれる。そのなかには、新しい燃料（化石燃料や再生可能エネルギー）の発見や新しい発電テクノロジーの導入、再生可能エネルギーの導入や脱炭素化、政府が定める規則や規制、国際貿易協定といった国家のエネルギー政策がある。次章で、個々のイノベーションと広範な富とのつながりを見てほしい。そのような複雑なものによって、図4・1と図4・2の幅広い解釈がなおさら強調され、それはけっきょく、「富」という用語を物理学の用語と具体的な尺度（有効エネルギー、仕事量、動き）に変換することを意味する。

「不均一な分配」は、一つの人間の集団あるいは領域に均一に分配されていない動き（あるいは燃料消費、仕事量、富）の物理的発生を説明するために、ここでは記述的に使われている。そのような現象の発生という自然の側面は、階層制として広く認識されている。少数の大きなものと多数の小さなものがいっしょに動き、流れ、生きているのだ。[*2〜3] [*18〜19] 私たちはこれを、河川流域やさまざまな動物の個体群（食物連鎖）、社会的構成、都市の街路、幹線道路、グローバルな航空交通、商業で目にする。

「不平等」は、地球上での動きの不均一な階層的分布を言い換えたものだ。この言い換えは、燃料消費と富という、動きの二つの等価な尺度を指すときに、よく行なわれる。不平等は、公正さや共感、富へのアクセスの欠如という、否定的な含意がある。ところがこの含意は、階層制の自然な起源と真っ向から矛盾する。階層制は動きの自由が起源なのだから。階層制の起源は、自由が全体に提供する、流動構造の形を変える自由と流れを解放する自由への平等なアクセスにある。

階層制の起源は平等なアクセスと自由にあるとはいえ、不平等と不公正という否定的な含意は軽視するわけにはいかない。なぜなら、何が公正か、あるいは不公正かは、見る人次第だからだ。それは自然な感覚で、隣人どうしでも一〇〇パーセント違いうる。ロシアにはこんな言い伝えがある。ある村に、二人の貧しい人が隣り合って暮らしていた。一人はヤギを一頭持っており、もう一人は一頭も持っていなかった。持っていないほうの人がもう一人を妬《ねた》んで、そのヤギを殺してしまった。二人とも不公正に感じたが、その感覚は同じではなかったわけだ。

公正さについてはよく語られるが、その言葉を口にする各人の個人的な先入観が、そこにはたっぷり込められている。だから、分断をもたらす。公正さという言葉（英語の justice は、正当・適正であるという特性を指すラテン語の *justus* に由来する。「適合させる」という意味の adjust という単語からそれが窺われる）には、政治家が意図している意味はない。私は、個人の感覚に取って代わるような高い次元の感覚を指すほどまでに公正という言葉を持ち上げるつもりはない。

あらゆる個人に取って代わるものは、社会的構成という。社会的構成は自然に発生する。それは、各個人が自分たちのあいだで「公正さ」を取引し、ついに全員が、自らが暮らす領域内で、ある生活の流れのデザインに至る（そしてそれに合意する）からではない。ほとんどの人は、何事に関しても意見を問われることはない。自分の財布と足で投票する。みな個人主義的であり、人々が結びつくのは、それが各自のためになるからだ。何が各自のためになるかと言えば、それはアクセスであり、生きていくうえで大切なありとあらゆるかたちで楽に流れることだ。

何であれかまわないから、地球上での動きを考えてほしい。ごく単純に言うと、地表での動きは、その動きを引き起こすのに消費される燃料の量で測定できる。消費される燃料は FL／η に比例する。ただし、F は移動者が克服する抵抗の水平力、L は移動距離、η は移動者を駆動するエンジンのエネルギー変換効率だ。図1・4と図1・5によれば、エンジンの効率 η は「仕事の出力／熱の入力」という割合であり、「仕事の出力／燃料消費量」という割合に比例することになる。

地球上のあらゆる環境（水中、陸上、空中）における移動の物理的特性に従えば[*3][*20]、水平力 F は（桁数という意味で）rMg に等しい。ただし、g は重力加速度、M は水平に動く質量、r はその動きが起こる環境を反映させるための無次元係数だ（泳ぎでは $r \sim 1$ に、走行では $0.1 < r < 1$ に、飛行では $r \sim 0.1$ になる）。

同時に、規模の経済という物理的現象（第2章）は、大きいエンジンほど必ず効率的になることを示している。これは、効率ηが、エンジンの大きさMとともに、たとえばM^{α}という割合で、増加するという意味だ。ただし、指数αは1未満の正の数であり、η（M）はしだいに緩やかに上昇する曲線となる。テクノロジーが成熟すると、デザインの変更による効率の改善は著しく鈍り（第10章）、ηの上昇は頭打ちになり、その結果、αは1を下回る。その一例（α～¼）が、図2・4に示した蒸気タービン動力装置の進化だ。

ようするに、地球上でMという質量をLという距離だけ動かすあいだに消費される燃料の量は、$M^{1-\alpha}L$に比例する。ただし、（1－α）という数値は、αが1未満の正の数なので、1未満となる。

次に、さまざまな大きさ（$M_0<M_1<M_2$……）の、数も異なる移動者が網羅する広い領域（たとえば、国）を考えてほしい。領域内での動きはモジュール方式の（コンストラクタル法則に基づく）流動構造（図3・2参照）で、大きな構成体のそれぞれが多数（n個）の小さな構成体から成る。この構成を示す例が、$n=4$とする図4・3で、これは、あらゆる大きさの河川流域の理論的構成の場合と同じ、4倍に基づく構造になっている。[*21] 他の構成の規則（$n=2$や3や6）を採用しても、のちほど図4・4と図4・5で見るように、実質的に同じ結論に至る。

最小の構成体は一辺がL_1の正方形だ。そこには四人の小さな移動者（M_0）がいて、積み荷を一人の大きな移動者（M_1）に供給し、M_1は$L_1 \times L_1$の平面領域から出ていく。そうした平面領域がN_1個あって、全領域を形成している。移動者M_1はL_1と同程度の距離を移動する。移動者M_0はそれぞれ、L_1／2と同程度の距離を移動する。次のもっと大きいスケールには、大きさM_1の移動者が四人いて、積み荷を一人の移動者（M_2）に供給し、M_2は$L_2 \times L_2$の領域から出ていく。ただし$L_2 = 2L_1$である。この国に収まる、$L_2 \times L_2$の大きさの平面領域はN_2個ある。より大きな構成体へと向かうこの構成の規則は明白で、$L_{i+1} = 2L_i$であり、$N_{i+1} = N_i/n$で、$M_{i+1} = nM_i$だ。

消費された全燃料（すなわち、富）は、

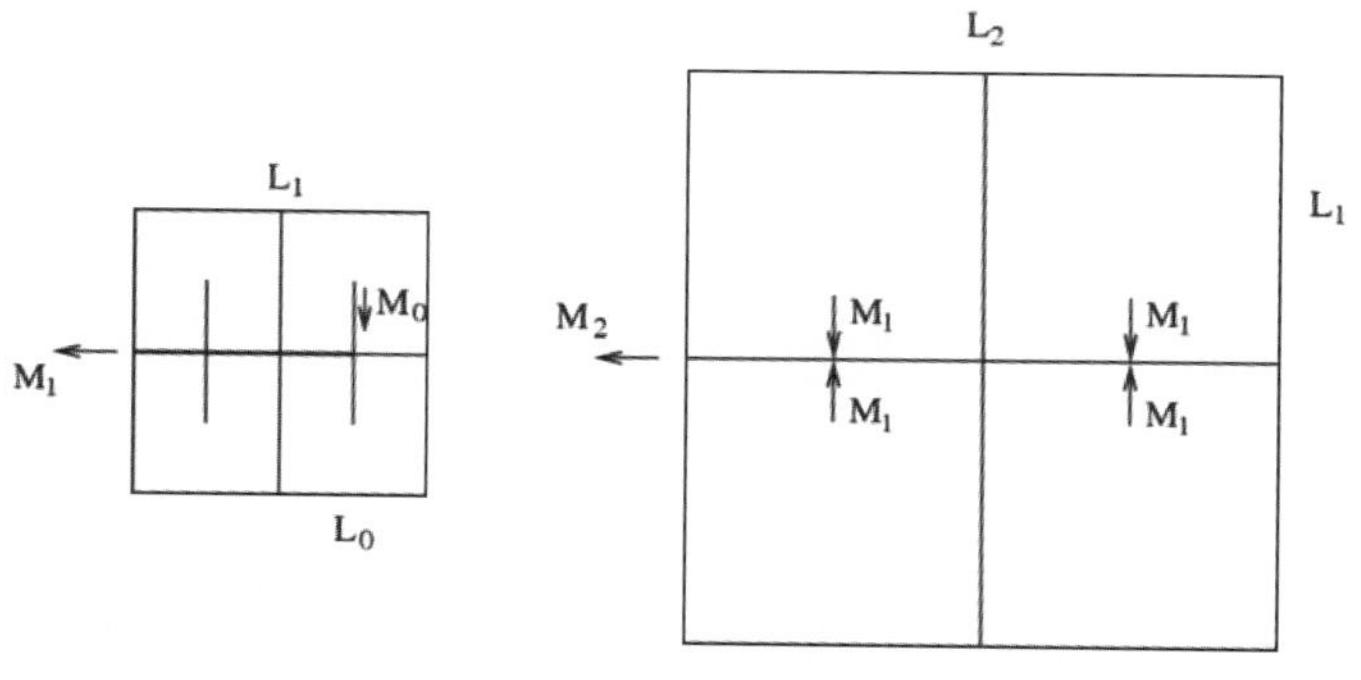

図 4.3　4 倍に基づいて形成され、しだいに大きさを増す一連の構成体で表した平面領域における動き。

$$W_k = N_1[M_1^{1-\alpha}L_1 + nM_0^{1-\alpha}L_0] + \cdots + N_k[M_k^{1-\alpha}L_k + nM_{k-1}^{1-\alpha}L_{k-1}]$$

という和W_kに比例する。ただし、kは構成のレベルの数。図4・3には、構成のレベルは二つしか示されていない。すなわち、$k=1$と$k=2$だ。構成の規則を考慮すると、この領域の動きの合計W_kは、

$$W_k = fN_1M_0^{1-\alpha}L_0(\gamma^k - 1)/(\gamma - 1)$$

となる。ただし、$\gamma = 2n^{-\alpha}$で、$f = \frac{1}{2}n^{2-\alpha} + n$である。この解析の詳細は、本章の原注＊2で見ることができる。

W_kという和は、あらゆるスケール、すなわちk段階の構成レベルのすべてで相互連結された構成体での動きの合計を表している。この合計も、図4・1で見たとおり、富の合計に比例する。同一の領域では、移動者の数P_kは（多数の小さなものから少数の大きなものへという順で数えると）、

$$P_k = n^{k-1} + n^{k-2} + \cdots + n + 1 = (n^k - 1)/(n - 1)$$

となる。

次に、動きの合計W_kがP_kという個体群に均等に分配されているかどうかを問う。平面領域構成体は、最小のものから最大のものへと、順に1、2、……kと番号をつけられている。jという構成体の大きさのレベルで表される中程度の大きさを想像してほしい。M_jとそれ未満の大きさの移動者が、このレベルに属している。それらの動きの合計

$$W_j = f N_1 M_0^{1-\alpha} L_0 (\gamma^j - 1)/(\gamma - 1)$$

は、全体の一部（ε）、すなわち

$$\varepsilon = W_j/W_k = (\gamma^j - 1)/(\gamma^k - 1),\ (0 < \varepsilon < 1)$$

を表している。動きの一部（ε）を引き起こす、全個体群の一部（β）は、

$$\beta = P_j/P_k = n^{k-j}(n^j - 1)/(n^k - 1),\ (0 < \beta < 1)$$

となる。

大きさjの構成体は、全個体群をP_jと（$P_k - P_j$）という二つの集団に分割する。これら二つの集団のあいだで動きの合計が等分されれば、すなわち、$W_j = ½ W_k$あるいは$\varepsilon = ½$ならば、$\varepsilon = W_j W_k = ½$を使い、小さな移動者（構成体1、2、……$j$）と大きな移動者（$j + 1$、……$k$）の二つの集団のあいだで動き（富）を等分する大きさjの構成体を決定できる。

全個体群のうち、動きの少ない個体群に含まれる割合は、計算で求めたjを$\beta = P_j P_k$に代入することで得られる。こうして得られた割合は、図4・4の縦軸では$\beta_{½}$と名づけてある。下付き数字の½は、二つの個体集団での動きの等分を示している。図4・4は、$n = 4$と$n = 2$と仮定し、指数αを¼前後で変化させて描いてある。パレート[*22]とその後数世代に及ぶ経済学者たちが見て取ったように、動きの少ない個体群は、あまり富裕ではなく、全個体群の八〇パーセントを占めると思われる。これは、図4・4につながったモデルと解析が以下の事実を示していることを意味する。すなわち、0・8のような$\beta_{½}$の固定値には、たとえば、$k = 2$あるいは3ならば$n = 2$といった関係がnとkのあいだにはあるに違いない、という事実だ。動き（富）の不均一な分配は、経済が発展するにつれて、すなわち、大きさが一定である全領域のしだいに小さな隙間まで網羅するべく経済の流動構造が複雑になるにつれて、より顕著になる。

多くの人が、平面領域における社会の階層的な動きに気づいていない。だから、誰にとっても馴染みがある、河川流域における水の動きが参考になる。一九三〇年代以来、河川流域の河川と支流の階層制は、地球物理学で詳細に記録され、ホートン[*23]やメルトン[*24]やハック[*25]にちなんで名づけられた経験則（不適当にも、「法則」と呼ばれている）にまとめられている。最も有名なのが、流れの数についてのホートンの法則で、多くの河川流域での流路の計数と測定に基づいている。測定から浮かび上がったその経験則は、大きな川に注ぎ込む支流の数は3から5の範囲に収まるというものだ。河川流域のモデルは、この数に一定値を代入する。ただし、普遍的な（整数の）支流の数を持つ実世界の河川流

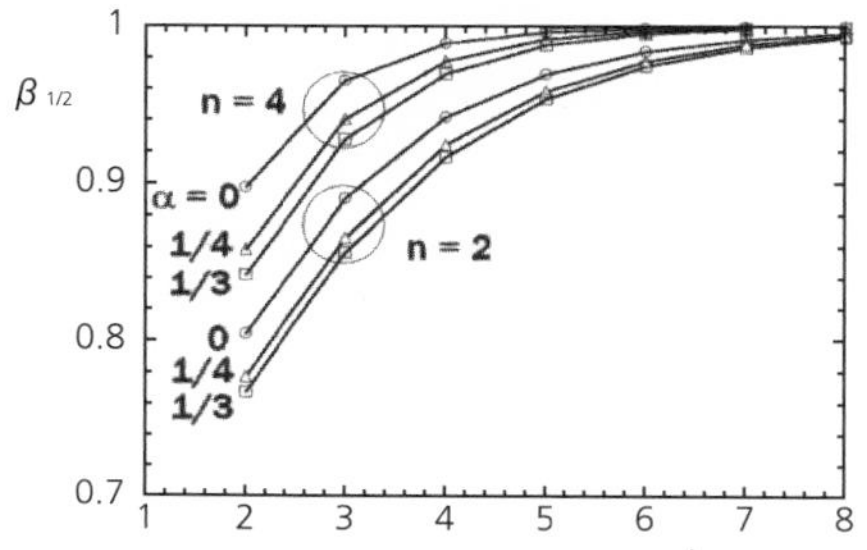

図4.4　動き（富）は、移動者のあいだで不均一に分配される。富の合計は、富裕な集団とそうでない集団で等分される。全個体群 n の中で富裕でない人の占める割合は、$\beta_{1/2}$ と n や k との関係で示される。富裕でない集団は、富裕な集団よりも全個体群に占める割合がはるかに大きい。6本の折れ線の左端付近は、規模の経済の指数 α の効果をはっきり示している。富の不平等な分配は、複雑性（n と k）が増し、動きが領域を網羅する程度が上がるにしたがって、際立つ。

域はないのだが。

私たちは、次のようにして、階層的な動きという自然現象の見方を一つ打ち出すことができる。すなわち、どの流路も2本の完全に同じ支流を持つ、叉状《さじょう》のデザイン（$n=2$、図4・5）で一定領域を網羅する河川流域を想定するのだ。一つの流路における動き（水の流量）は、支流における動きと等しい。続いて、以下のように推論する。

（i）もしその平面領域が3本の流路だけによって網羅されているなら、その構造はY字形で、構成のレベルは1（$k=1$）だ。大きな流路における動きは、残る2本の流路における動きに等しく、したがって、$\beta_{1/2}=2/3$となる。

（ii）もしその河川流域に7本の流路があれば、その構造はより複雑で（$k=2$）、大きな流路における流れは、残る6本の流路における流れに等しく、$\beta_{1/2}=6/7$となる。

（iii）もし構造がさらに複雑で、15本の流路があれば、$k=3$で、$\beta_{1/2}=14/15$となる。

（i）から（iii）までを見ていくと、不平等の尺度（$\beta_{1/2}$）がパレートの観察した80パーセントよりもさらに上のレベルに達するには、ほどほどの複雑さ（$k=2$あるいは3）しか必要ないことがわかる。この結論は、2倍（図4・5上段）と4倍（図4・3）にしていくことに基づ

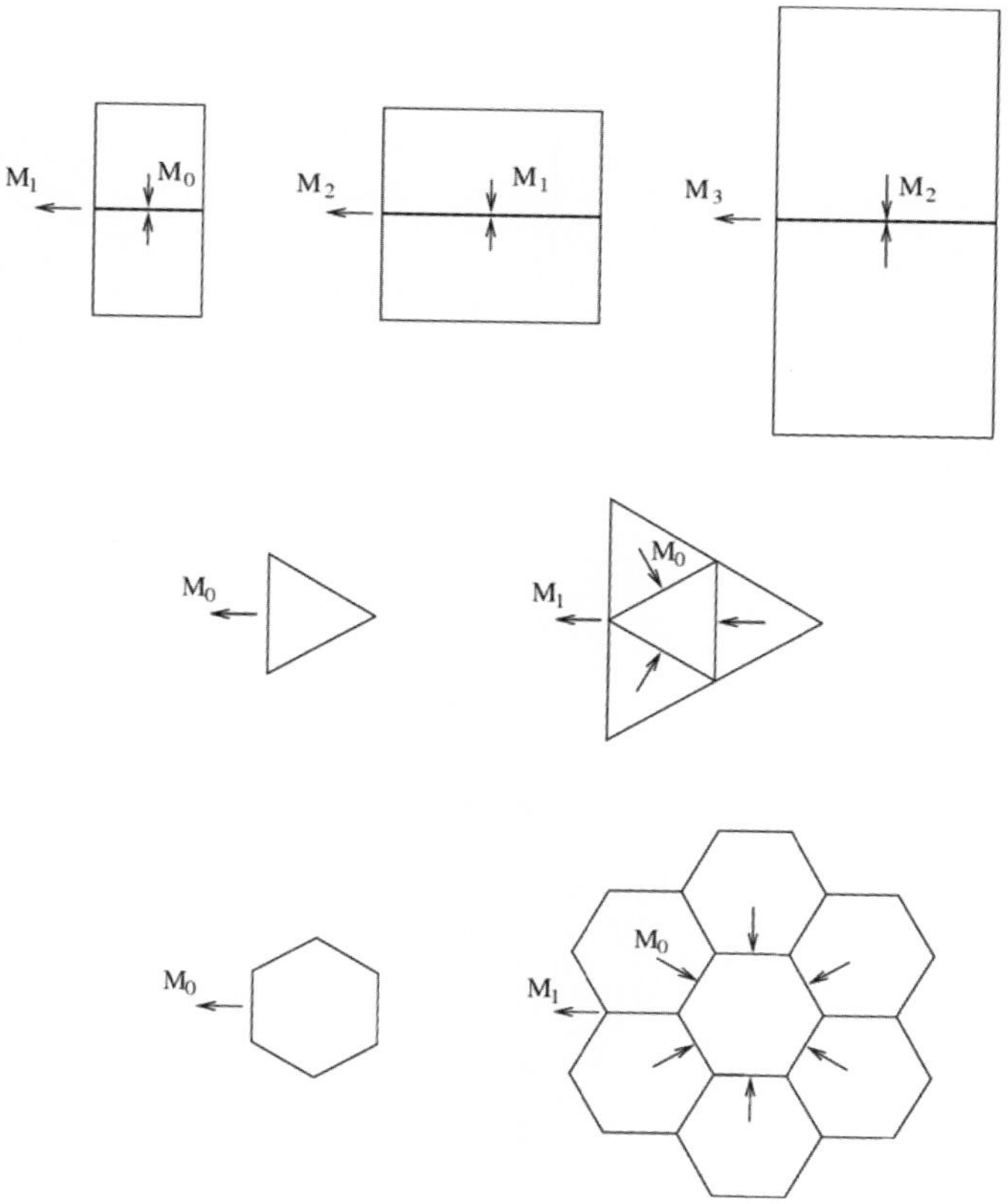

図 4.5　それぞれ 2 倍、3 倍、6 倍という割合の増加で構成される平面領域での動き

く構成の場合にも同じだ。図４・５の中段と下段には、３倍と６倍にしていくことに基づく、別の構成が示してある。

図４・３と図４・５のモデルの中で構築された構成のスケールには、有限の上限と下限がある。有限性は、コンストラクタル法則が捉えている、進化するデザイン現象に本来備わっている特徴だ。コンストラクタル法則の定義（二五ページ参照）では「有限大」という言葉が使われており、それによって、無限小のものも無限大のものも除外される。河川流域では、下限は、最初の細流に水を供給する二つの山地の斜面から成る領域であり、上限は、山地と海岸線のあいだの、下り斜面領域だ。都市のデザインでは、下限と上限はそれぞれ、一軒の家が占める平面領域（徒歩で網羅できる）と都市という平面領域（一つ以上の乗り物で網羅できる）だ。

そこで、「不平等」は自然界における進化という普遍的現象の一部である、というのが主要な結論となる。この物理的な基盤を踏まえ、図４・１と図４・２に示されたデータを再検討しよう。そうすれば、得るものがある。それらのデータが、経済学と物理学の統合の出発点の役割を果たしたのだから。

第一に、図４・１では、すべての黒丸（人口集団）が上方へと向かっている。これは今や図４・６によって実証されている。この図は、図４・１のデータのうち、裕福な部分に的《まと》を絞り、二〇〇六年から二〇一四年にかけて、データが上方に移動したことを示している。この移動は一貫して上向きであり、二種類ある。中国やトルコのような発展を続ける国は、斜め右上に向かって移動した。一方、先進国は左上に向かって移動した。後者の国々は、さらに富裕になったばかりでなく、燃料消費量の単位当たりの移動量を増やすことによって、さらに効率的にもなったのだ。

図4・6によって次のような面が新たに明らかになった。すなわち、進化するデザインは、より多くの動きに向かう傾向が、その動きを可能にするより効率的なテクノロジーへと向かう傾向と密接に関連するようにできている、という面だ。これでジェヴォンズのパラドックスが解明できる。これら二つの傾向は、ともにコンストラクタル法則の表れであり、それは、この組み合わせが、より楽な動きとより大きなアク

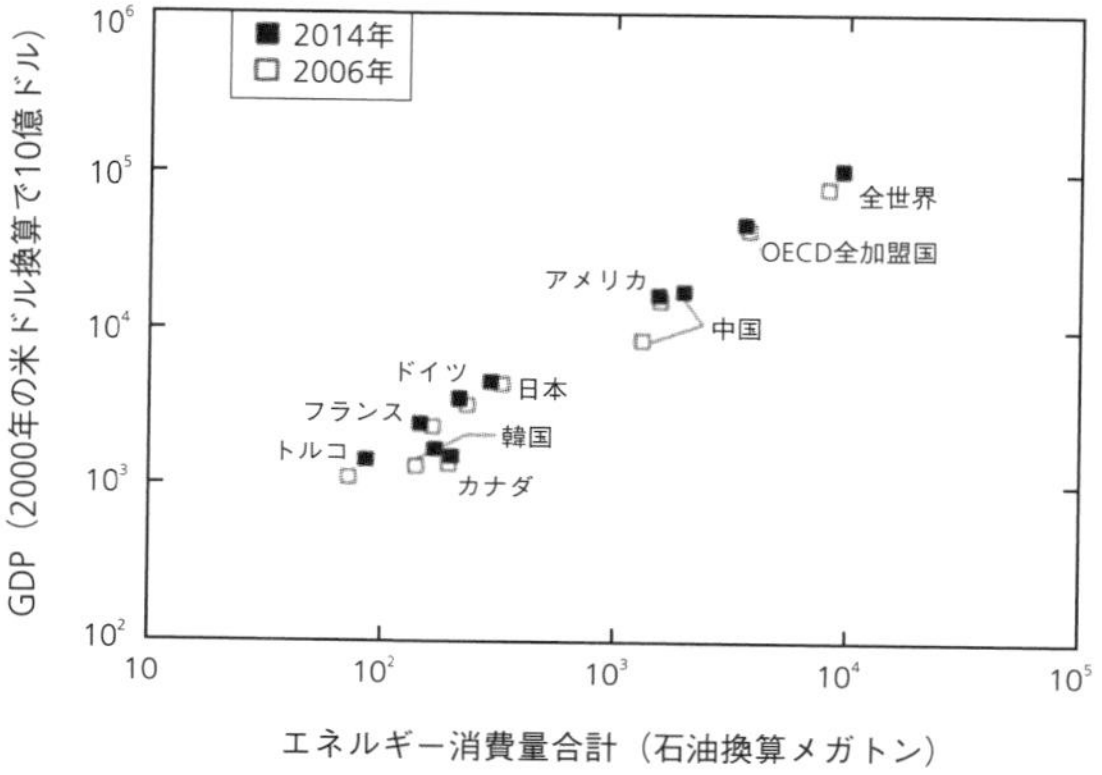

図 4.6　2006年から2014年にかけての、図 4.1のデータの上方移動（＊26, ＊33〜35）

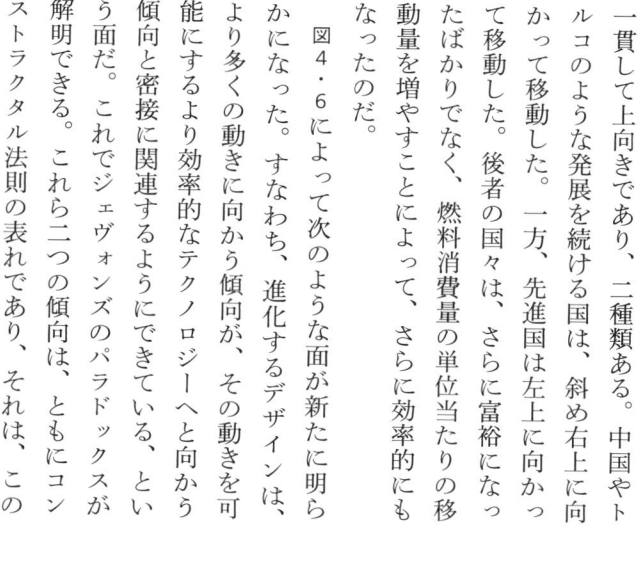

セスのためになるからだ。

第二に、世界銀行のデータ[*26]は、富の不均一な分配が自然に起こることのさらなる裏付けを提供してくれる。図4・7の縦軸には、人口の特定の割合（β）ごとの年収合計の占有率（ε）が示されている。図4・7と図4・4の比較は必ずしも正確ではない。なぜなら、収入（図4・7）は富（図4・1）と厳密には同じではないからだ。とはいえ、その比較は定性的には有効で、収入がいたるところで不平等に分配されていることを示している。分配を示す折れ線グラフは右下に向かって膨らんでいる。その結果、今検討している理論は、収入分配の不平等を表す折れ線の出現も予測している。この折れ線は、一世紀にわたって経験的に認められてきた。

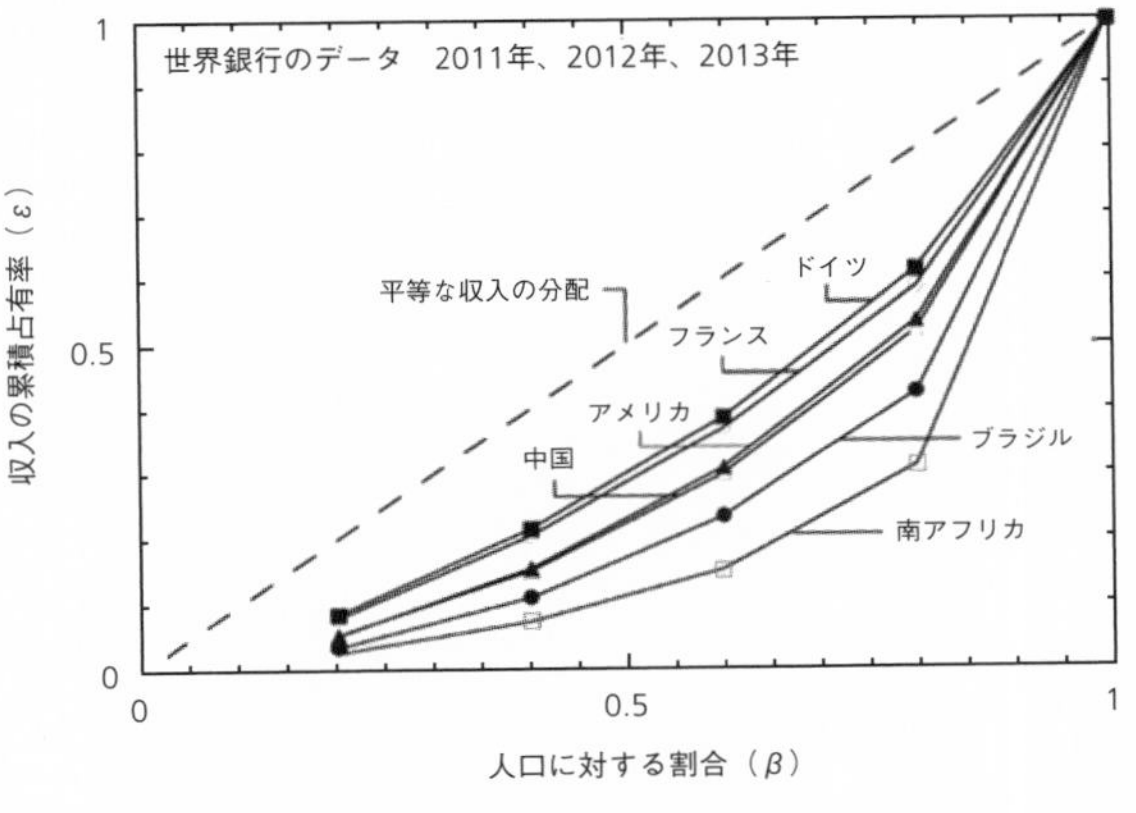

図 4.7　人口に対する割合（β）が保持する収入の累積占有率（ε）
参考文献（＊26）から転載したデータ

図4・7の対角線は、富が平等に分配されている国に呼応する。言い換えれば、$\varepsilon = \beta$、あるいは、たとえば人口の四〇パーセントが富の四〇パーセントを所有しているということだ。そのような分配は、有史以前（古代よりもはるか以前）のデザインで、当時、狩猟者や採集者が居住していた平面領域の構成要素はどれも、自立した、人口がまばらで、つながりのない居住地であり、社会的構成も、役畜《えきちく》も、道路も、互いを結びつける交易も欠いていた。たしかに平等が行き渡っていたが、貧しさもいたるところで見られた。

図4・7の対角線によって表されている有史以前のデザインには、他にも意味合いがある。物理的な動きが欠如していたため、貧困状態だっただけではなく、環境への影響もなかった。貧しかったので、「環境」も認識されなかった（思い出してほしい。動きとは影響を与えること、すなわち、環境を押しのけることを意味する）。有史以前の人間は、環境を「守る」ことはしていなかった。そんなことに関心はなく、むしろその逆のことをしていた。初期の人間は、他のあらゆる動物と同じで、「ニッチ構築」に取り組んでいた。彼らは生来、自分の「ニッチ」を形成する志向を持っており、環境を変えたり利用したりして、自らの人生を楽にし、長く生き延びようとした。

今日の先進社会では、地球上でも最貧のさまざまな生活集団の特徴であるように見える「平等」と環境への「敬意」をノスタルジックに思い出しながら、平等と環境という両方の特色を擁護している人がいる。マルクス主義は一五〇年にわたって平等を擁護し、集団生活を広めてきた。だが、階層制の欠如と環境への影響の欠如という特色はともに、ほとんど動きがなく、深刻な貧困や飢えや短命の人間の集団によく見受けられるというのが物理的な現実だ。

図4・7はさらに、発展した国々の収入分配のほうが比較的直線に近い折れ線になることを示している。つまり、収入がいくらか平等に分配されているということだ。この新たな側面は、「物理学としての経済学」理論を社会的構成の領域へと拡張する（第5章）ようにという、いわば招待状だ。あらゆる分配は自然に起こっているが、その「不平等」の程度は、本章で提示してきた理論には、これまでのところ出てきていないデザインの特徴（たとえば、慈善活動や課税）で調整できる。

課税の物理的影響を感じ取れるようになるためには、河川流域をメタファーとして考えてほしい。川に相当するものを作るには、自然には発生しない場所に流路を配置し、力（燃料）を費やして、それらの流路に流れ（たとえば貨物）を通す必要がある。この人工的なデザインは自然のデザインに加えて発生し、先進国（富裕な国）でしか現れない。そうした国では蓄えられた力（銀行に貯蓄されたお金として知られている）があって、それを費やすことができる。人工的なのが、人間が建設した水門付きの運河であり、それが自然の河川どうしを結び、従来は乾燥していた河川間の領域を潤す。新たな交通が起こるためには、力を費やして運河を建設し、維持し、水門のシステムを操作しなければならない。

以前には流路が存在していなかった場所に新たに流路を建設する例は他にも多数あり、さまざまな名前で知られている。私にとっていちばん胸が躍るのは、自発的行為だ。世界の一流大学には、カーネギーやデューク、ヴァンダービルト、ロックフェラーといった個人が資金を提供した。今やこれらの大学は、若者のための、人工的な流路の恒久的な工場（組み立てライン）となっている。若者たちは、それがなければ知識も得られず、動くこともできず、進歩もせず、富裕にもなれず、行き詰まってしまうだろう。私はアフリカなどの遠い場所に教えに行き、学生たちに私の世界に加わる機会を与えるたびに、巨額の寄付をした偉人たちのことを思う。

物理的な観点から動きの有益な効果を明らかにしてくれる流路として、フランス南西部のミディ運河や、イギリスとアメリカ北東部のさまざまな運河、そして、スエズ運河やパナマ運河が挙げられる。人々は運河のことを、交通を容易にするものとしか考えない傾向がある。それは理解できるが、それでは運河という新しいデザインと結びついている、動きと富の増加が見えなくなってしまう。運河が建設された場所に住む人々は、土地が乾燥していて、大きな流れとまったくつながっていなかったときと比べて、たちまち（一足飛びに）繁栄する。地球全体が豊かになるのは、一点で動きが解放されるからだ（第5章のイノベーションを参照）。

STEM（科学、テクノロジー、工学、数学）教育の促進は、自然には生じないところに流路を建設する好例だ。それよりもはるかに数が多く、効果的で、長続きするのが、個人によってひっそりと建設されているさまざまな流路だ。流路が増えるのは良いことであり、流路は数が多いほど良い。流路が増えるとともに、生きた社会の構造がますます回復力に富み、豊かになる。

この理論の筋道をさらにたどっていくための、別の出発点としては、多くの大きさの有限領域で、あらゆるレベルで人口が増加しているという観察結果がある。これは、富と動きの分布における不均衡に、時間に依存した側面を導入する。人口増加はジェヴォンズのパラドックスの根底にある物理的現象にも寄与しているかもしれない。なぜなら、燃料消費の増加は、人口増加が引き起こす燃料需要の増加と関連しているからだ。その逆も正しい。なぜなら、燃料消費が増加すれば（つまり、力が増えれば）、人間生活のグローバルな流動系は、S字カーブをたどる歴史と未来に一致するかたちで増加し、拡がるからだ。[*27] S字カーブ現象は、一点から一平面領域への流れがみな、遅・速・遅という三つの連続した段階を経ながら、領域に拡がっていくことを意味する。だから、世界人口も燃料消費も動き（たとえば、アメリカにおける自動車の年間走行距離）も、増加が頭打ちになっているのだ。それらは無限に増え続けることはできない。

燃料は、無目的にではなく目的を持って、賢く消費される。なぜそれがわかるのか？ 図4・4と図4・7に示された包括的な折れ線の背後には、人間の動きの実際の流れの道筋が隠されている。それらの道筋は、流れる者により楽なアクセスを提供するために、絶えず形を変えている。地球上で人間と財が移動する道筋を、(より経済的にするために)進化させ、改善する傾向は、地球物理学的な経済学の対象だ。[*28~30] この傾向は、「節減の法則」としても知られている。それは、地球上のどこに経路を定め、どこに積み下ろしをする場所を建設するかという、人間による決定を支配している。

図4・8の例では、MとQという二つの定点のあいだで、陸と海を通って財が運ばれる。船の荷の積み下ろしをする地点は、海岸線上のどこにでも動かせるが、MとQのあいだの動きが最も経済的になる場所に落ち着く。MとQを結ぶ線は、屈折光線のような折れ線になる。なぜなら、単位当たり、陸上輸送は海上輸送よ

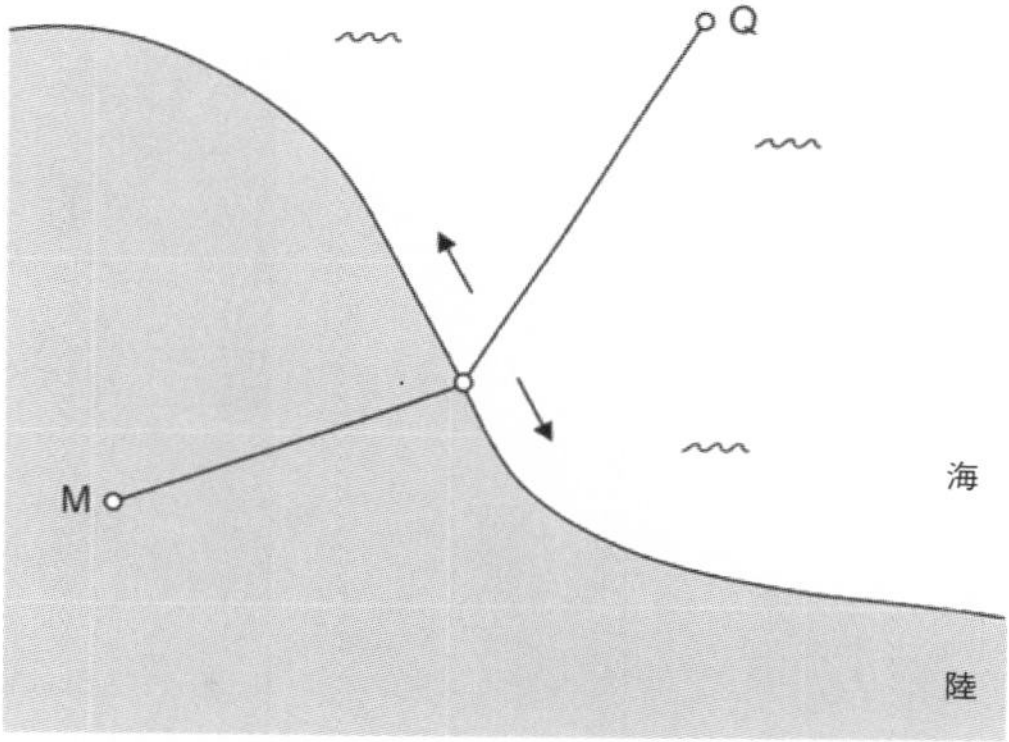

図4.8　海(Q)から陸(M)へと財が移動する折れ曲がった道筋
港は、岸での積み下ろしが経済的な地点に自然に出現する。「港」の出現前は、海岸のどの地点も、海から陸へ、陸から海へと財を運ぶ人の考慮の対象となった。

りも高価だからだ。

海岸に港が出現するのは自然であり、それによって陸から海へ、そして逆に海から陸への流れが促進される。港は、流れや商業、経済、富が増大するあいだは発展する。港は自然に出現するというのは、都市はたまたま複数の交易路の交点にあったから発展したという見方と矛盾する。だが、その見方は間違っている。交易は、交易路が定まる前からMとQのあいだで行なわれていた。自然に誕生したのは、既存の経路の交点ではなく、単屈折の経路だ。そして、折れ曲がる場所は、進化する流動デザインの普遍的な傾向の表れだ。

二重屈折も発生する。図4・9は、ハワイとニューオーリンズという二点間の輸送費削減に向かう傾向を示している。この傾向が、財を海

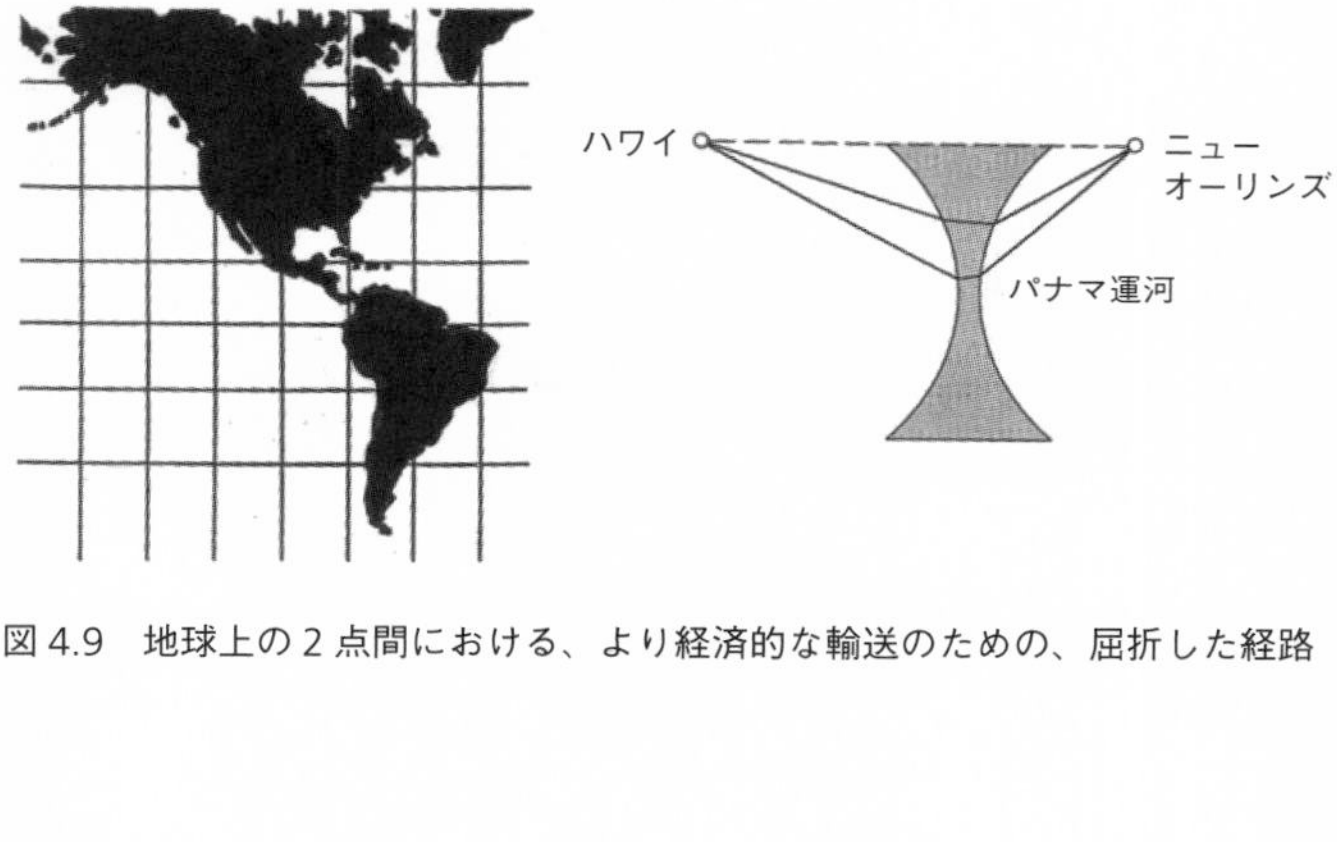

図 4.9　地球上の２点間における、より経済的な輸送のための、屈折した経路

上だけではなく陸上も輸送しなければならないときの経路の屈折の原因となる。*[31] 一点から一点への経路の折れ線は、経済学における屈折の法則であり、コンストラクタル法則の表れだ。

そのような経路が束となり、さまざまな点（配達者と収集者）を大小の領域（厖大な数の個人消費者、生産者）と結びつける樹状の道筋を形成する。局地的なものであれ地球規模のものであれ、私たちの経済の樹状構造は、全世界の人間が移動する、図4・9やその他すべての道筋を生み出した、同じ地球規模の傾向によって生じる。

より楽な流動のための屈折した道筋は、どこを見ても見つかる。とくに、人間のスケールではそうで、このスケールは世界地図に記すことができるものよりもはるかに小さい。古代のピラミッドのような石積みの構築物の建造（図4・10）では、それぞれの石が屈折した道筋をたどる。水平方向は、滑らせればいいので、動きが楽だ。すでに積み上げた石の上に載せることによって斜面を動かすのには、もっと骨が折れる。屈折角（α）は自由に変えられるが、エジプトから中央アメリカまで、すべてのピラミッドでその角度は同じだ。*[32] そうなっているのは、それが、より楽で大きいアクセスの提供に向かって自由に進化する、あらゆる流動デザインの普遍的傾向の表れだからだ。

経済、地球物理学的現象、生物の系、無生物の系のどれにおいても、基本的には、進化は同じ物理学の基盤の上で起こる。進化は、識別可能な時間方向の中で流動構造に起こるさまざまな変化の、一つの名前なのだ。グローバルな流動を促進するデザインの変化は採用され、存続する。それは翌日まで生き延び、さらに良くなる。進化という現象は、経済の中で明白だ。

分業の出現と貨幣の発明は、交換される財の流動を促進するうえで劇的な変化であり、自然界における交換と比べて、非常に大きな変化だった。アメリカで単一の通貨が採用され、その後、ユーロ圏でも単一の通貨が採用されたことも、同じメッセージを伝えている。識字能力や英語、ラテン文字、自由貿易協定、インターネットの普及は、動きの増大につながった。

進化は物理学と経済学をまとめ、進化の物理法則を地球上の社会的構成と動きという現象にまで及ばせる。不平等は自然である（つまり、物理的現象である）という事実には、西洋社会

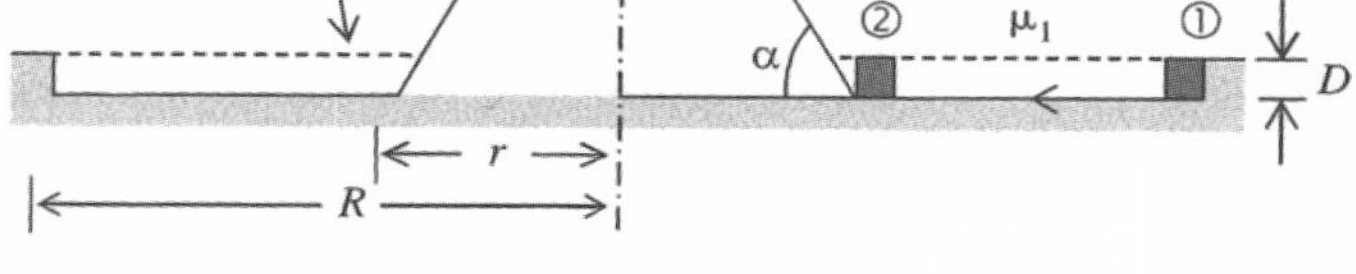

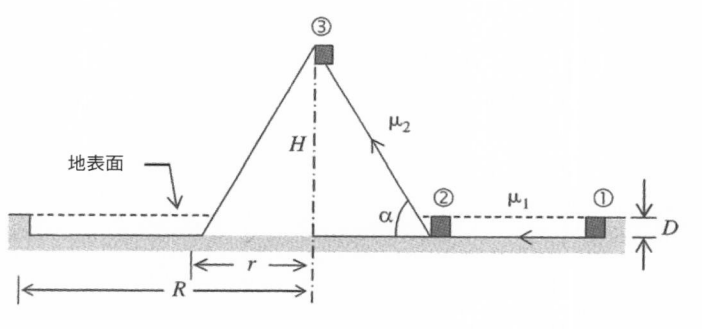

図 4.10　一定の勾配でのピラミッドの建設
どの石も、屈折した光線のような道筋をたどる。石の全体的な移動に必要な努力を最小にするためだ。

と資本主義の未来や、階級間の憎しみや戦争の回避にとって、幅広い意味合いがある。

不平等が減れば嫉妬や憎しみや暴力が減り、平和が増すかもしれないが、不平等をなくすことは不可能だ。したがって、残された道は、自然に生まれ、今日まで西洋社会に力を与えてきた自然の法則の継続、すなわち、労働倫理、慈善、成果主義、権威に対する疑問、法の支配、変化、階層制、そして何より、自由を維持することだ。

第5章　社会的構成とイノベーション

社会的構成はなぜ自然に生まれるのか？　社会の成員の動きが増すと、社会的構成はなぜ進化するのか？　社会の大きさが増すと、なぜ構成はより階層的になり、人が居住する領域における動きの分布の不均一性が増大するのか？

これまでの章は、これらの疑問に物理学の観点から取り組む力を与えてくれた。カギを握っているのは、変化する自由がある場合、社会的構成と呼ばれる現象は普遍的な物理現象である「規模の経済」に根差している、という概念だ。単位質量を大量にまとめて動かすほうが、一単位だけ動かすよりも、単位当たりに必要とされる力は少なくて済む。変化する自由と、競合する変化の選択肢のなかから選ぶ自由は不可欠だ。

物理的な側面が非常に重要なのは、人間の生活はあまりに複雑なので予測不可能だと多くの人が信じているからだ。たしかに、単一の人物の個々の行為を予測することはできない。ブラウン運動も、単一の分子の振る舞いを予測するには、あまりに複雑だ。だが、社会全体（巨視的なもの）は独自の行動をとり、それは予測可能なのだ。社会の動き、ブラウン運動、河川流域の振る舞い、疫病の拡がりは予測できる。物理学のコンストラクタル法則は、それらすべてを網羅する。

自由は、移動者が流れへのアクセスを増し、流動を促進する変化を選ぶことを可能にする。生命は動きであり、生きる（時の流れの中で存続する）ために、あらゆる個体は、道筋やリズムの形を変えることで、環境の中をより楽に動いていきたいという衝動を持っている。その結果、個体が結びつき、構成を持つ。輸送では、単位当たりの貨物に消費される燃料は、小さな車両よりも大きな車両のほうが少ない。動物の移動では、移動する動物の単位質量当たりに食べられる食物は、アンテロープよりもゾウのほうが少ない。この物理的現象は測定可能で、動物のデザインや動力装置の進化の多くの研究で示される。それらの研究は、流動系が大きくなるほど効率が増すことを示している（第2章参照）。

本章では、二つの著しく異なるモデルを使って、結合（構成を持つこと）という自然現象を説明する。[*1] モデルの一つは無生物で、いくつかの構成の規則によって生じる河川流域だ（二一三ページの図9・2参照）。もう一方のモデルも水の流れについてのものだが、生物によるもので、一平面領域に拡がる人間の定住地での、温水の生産と供給だ。

ここでの疑問は、社会的構成という現象を物理学の基盤の上に置くことができるかどうか、だ。この疑問がきっかけとなり、物理学の中で新しい学問領域が拡がりつつあり、群衆力学、経済学、都市のデザイン、文化の進化で進歩が見られる。本章の原注＊1の中で論評したり、これまでの章で引用したりした物理学の文献は、たとえば規模の経済や収穫逓減、富の分配、階層制、生活空間、物理的現象としての進化といった、社会的領域と以前は結びつけられていた現象や「実体のないもの」に、物理的な基盤が存在することを示している。

社会的構成の物理的基盤に行き着くには、これまでの章の中核を成す教えをおさらいしておくといいだろう。抵抗する環境に逆らうかたちで動くように強制されないかぎり、何一つ動かない。その強制は力に由来する。力は「エンジン」の中で消費される燃料や食物に由来する。エンジンは自然のものもあれば、人造のものもある。動きは、自由を与えられれば、流れるものへのより楽で大きなアクセスを提供する構造に向かって進化する。

さらに、有限の平面領域の上や、有限の立体領域の中では、進化した流動構造は樹状で階層的になり、少数の大きな流路と多数の小さな流路がいっしょに流れ、流動系全体（河川流域、肺、雪の結晶、都市、航空交通など）を潤す。第4章では、社会における燃料の年間消費量が富の年間の尺度に比例することを見た。領域の中の動きは階層的で、動きは消費された燃料の物理的結果なので、燃料の消費も地球上に不均一で階層的に分布する。最後に、消費される燃料は富に比例するので、物理学からの避けようのない結論は、次のようになる。流動し、自由に形を変える生きた世界の中では、富も階層的に（「不平等に」）分布せざるをえない。

この物理理論から導かれる予測は、有史以来の文明における観察結果と一致している。階層制と富の不平等は「自ずと生じる」もので、不平等を完全になくそうとする取り組みは、いかなるものであれ短命に終わり、よくても微々たる成功しか収められず、悪くすれば暴力に満ちた凶悪なものになる。河川流域には物理的な基盤があり、その物理的特性のおかげで、いつも階層的な構造が出現する。同様に、流動し、繁栄する社会は際立って階層的だ。

注意――今書いたことは、不平等を減らそうとしても意味はないというふうに誤解してはならない。どんな社会も、自然にそれを試みる。なぜならそれは、平和や、生活や、全体の存続のためになるからだ。物理学からのメッセージは、不平等をなくすことは不可能である、というものだ。あらゆる個人や社会は、可能なことと不可能なことの違いを知っていたほうが優《まさ》る。その違いは、第10章でさらに探究する。何を試みるべきで、何を試みるべきではないかをわきまえているほうが、誰にとっても有利だ。この違いが、当人の未来を想像し、デザインし、実現させるカギだ。

社会的構成の物理的基盤を発見するための手掛かりは、図4・7に示されている。その図では、収入の不平等は対角線と六本の折れ線のそれぞれとの隔たりで表されている。南アフリカが、不平等を減らすために熱心に取り組んでいないという印象を与えることには興味をそそられる。ただ、この印象は間違っている。この印象の正当性を確認するには、次のように問うといい。あらゆる社会集団がより均一な富の分配に向かって行動しているか？　もし答えがイエスなら、それが制御された不平等を伴う社会的構成の物理的基盤となる。そのような社会的構成は、たまたま今日の人間社会の決定的な特徴となっている。

先ほどの疑問に取り組むには、生物のものであれ無生物のものであれ、人間が作ったわけでも維持しているわけでもない河川流域その他の「脈管」構造に見られるような、社会的構成が完全に欠如したデザインを、出発点として参照するといい。

河川流域は自由に進化する流動構造だ。すでに見たように、河川流域は、あらゆる大きさの流域に当てはまる構成の規則に従う。たとえば、もととなる流路1つにつき4つの支流（M_1）がある（平均すると$n=4$）といった規則だ。この構成は、図4・3に概略が描いてあり、この図では、4本の支流のそれぞれが、正方形の基本的な構成要素に由来する。

河川流域では、動きはその領域に及ぶ水の流量として表される。図5・1は、動きの合計に占める割合（ε）と、全体の河道の数に占める割合の関係を示している。

図4・7と比べると、河川流域における動きの分布は、はなはだしく不均一だ。図5・1では、ε—βの折れ線はみな、右下の隅に密集している。この無生物の流動構造の階層制は極端だ。繁栄している社会では、状況は異なるかもしれない。

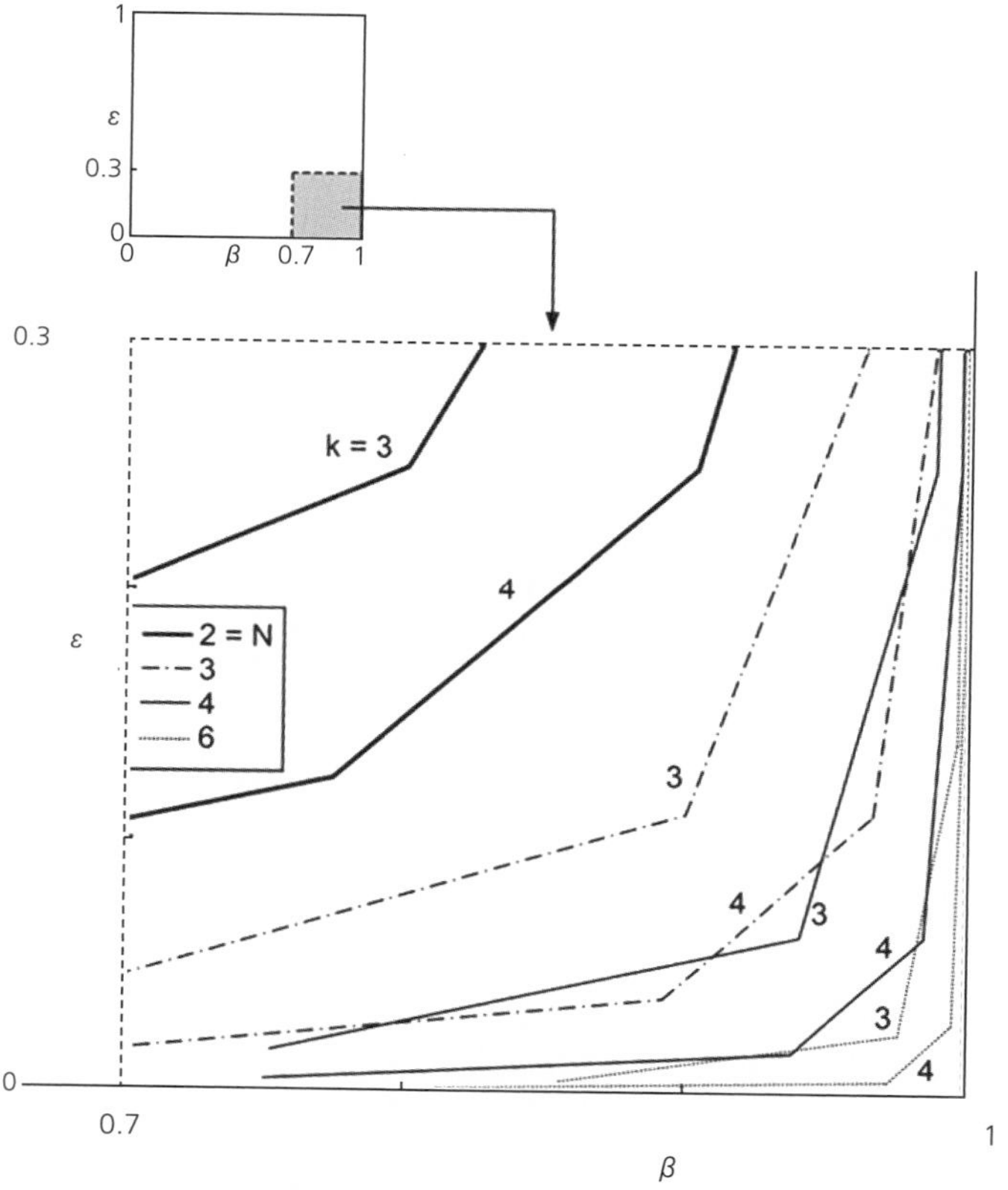

図 5.1　図 4.3 の河川流域における流量（ε）と流路の数に占める割合（β）の階層的な分布。このグラフは、ほとんどの流路（大きな β）は、流れの合計のほんの一部（小さな ε）しか占めないことを示している。

そもそもなぜ社会には構成が現れるのか？　社会的構成の歴史を通して、人間の集団に行き渡る流れの均一な分配から遠ざかる進化は、以下の（a）と（b）の妥協の産物だ。（a）は、元の流れの生成で、その流れは大きいときのほうが無駄が少ない（規模の経済のおかげだ）。（b）は、源泉から使用者への輸送経路で、経路が長くなるほど無駄が増える。（a）と（b）の両方の損失は物理的な意味でのもので、有効エネルギー（エクセルギー、ジュール）の減失量、あるいは燃料や食物の無駄（キログラム）で測定できる。どちらの損失も、人間の集団のあらゆる成員に到達する元の流れの大きさとともに増える。ただし、（a）のほうが（b）よりもゆっくり増加する。

人間界における、「一つのサイズですべて間に合わせる」状態から階層制への進化は、人間の動き（生命）を高める一つのものの生産と拡がりによって予測できる。たとえば、火の制御と採用によって可能になったものだ。温水の利用を考えてほしい。温水は、より良質な食物、より多量の食物（食物の保存）、住みか（暖房）、衛生、健康、その他、文明生活にとってきわめて重要な要素のいっさいに不可欠だ。

当初、図5・2の左下のデザインにおけるように、水は一つの定住地の居住者のために、一つの器で温められた。円形の平面領域構成体が、一つの定住地の領域になっている。円の中央の点が定住地で、温水の源泉だ。単位時間当たりに一つの定住地で使われる温水の量をm_1とする。温水の利用は、薪の燃焼と同様、人間の集団の中で均一に分布していた。

時の経過とともに利用者は、全員に温水を放射状に送り届ける中央の給湯装置の周りにクラスターを形成した。近代以降の供給は、しだいに複雑な階層制をとるようになってきており、一つの大きな給湯センターと多くの小規模で同等の周辺の利用者のあいだに、供給の中間ノードが挟まっている。いったいなぜ、このようなことが起こったのか？

複雑な階層制は、図5・3の樹状の流れとして捉えれば理解しやすい。時の経過とともに、社会が進歩し、各自の温水使用量（m_1あるいは$\tilde{m}$）が増し、その集団に加わる人の数が増えるにつれ、その複雑性は高まる。図5・2と図5・3の縦軸には、横軸に示された温水の単位量を生産するあいだの熱損失（あるいは燃料の無駄遣い）が記されている。こうした損失は、水を温めるあいだと、供給経路で発生する。横軸の$\tilde{m}$の値（無次元）は、単位時間当たりに一人が必要とする温水の量m_1と比例する。これらの図の背後にある解析の詳細は、本章の原注＊1で読むことができる。

文明が発展するにつれ、一人の人間が使う温水の量は増える。図5・2と図5・3では、時間の流れは左から右へと向かっている。時の経過とともに、利用者のクラスターのための中央給湯装置で温水を生産して供給することが可能になる。人々に供給する温水の単位量当たりの燃料の無駄（$\tilde{q}$）を減らすためには、利用者と給湯装置の配置を、均一（$N=1$）から、より長い配給経路を持つ、より大きなクラスター（N＝3、6……）へと段階的に進化させなければならない。図5・2を左から右へとたどると、それが見て取れる。温水の生産と供給は、均一から構成へ、すなわち不均一に向かって、進化させなければならない。

図5・2には、利用者三人、六人、一二人、二七人のクラスターに放射状に温水を供給する様子が示してある。図5・3には、利用者一二人、二七人、四八人のクラスターのための樹状の供給デザインが示してある。利用者一二人のクラスターは、どちらの図にも描かれているが、デザインが異なる。供給経路は、図5・2では放射状だが、図5・3では樹状になっている。より経済的なデザインは樹状であり、階層的だ。

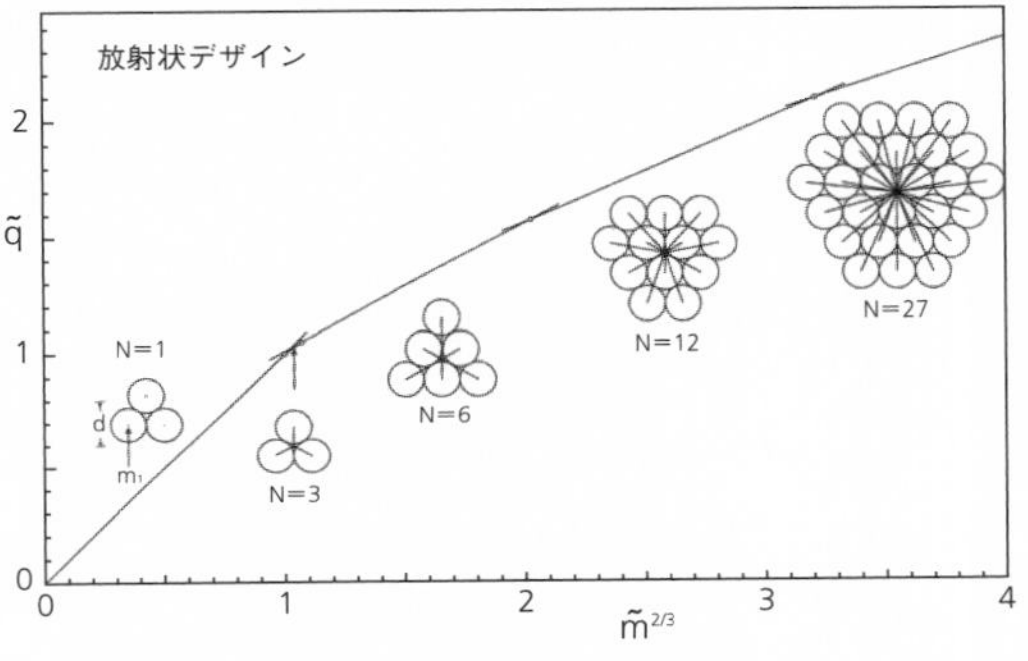

図5.2　利用者1人当たりの熱損失と時間（$\tilde{q}$、縦軸）と1人当たりの温水の使用量（$\tilde{m}$、横軸）の関係。左から右へと（つまり、時の経過とともに）、構成は個人による温水の生産と使用（N=1）から、中央の1つの給湯装置によって温水が放射状に供給される3人と6人の利用者のクラスターへと進化する。時の経過とともに、より良い構成と性能へと向かう、流動構造の段階的な変化に注意。

温水利用の進化を示すために使われたモデルは、社会的構成の自然な発生にまつわる二つのきわめて重要な特徴を明らかにしてくれる。第一の特徴は、集団の全成員の需要を満たす、より効率的な生産者の周りでまとまりたい、合体したいという衝動だ。このようなまとまりは、階層制の出現の始まりであり、一つの大きいもの（給湯センター）と、その周りに、小さいけれど対等なものが多数存在している。

第二の特徴は、中心の一つの大きなものと、周辺の多くの小さくて対等のものとのあいだに、供給の中間ノードがある、より複雑な階層制の登場だ。より複雑な階層制は、樹状の流れとして図示してある。時の経過とともに社会がより発展し、$\tilde{m}$がしだいに増え（図5・2と図5・3の横軸上では右方向への移動）、構成に加わ

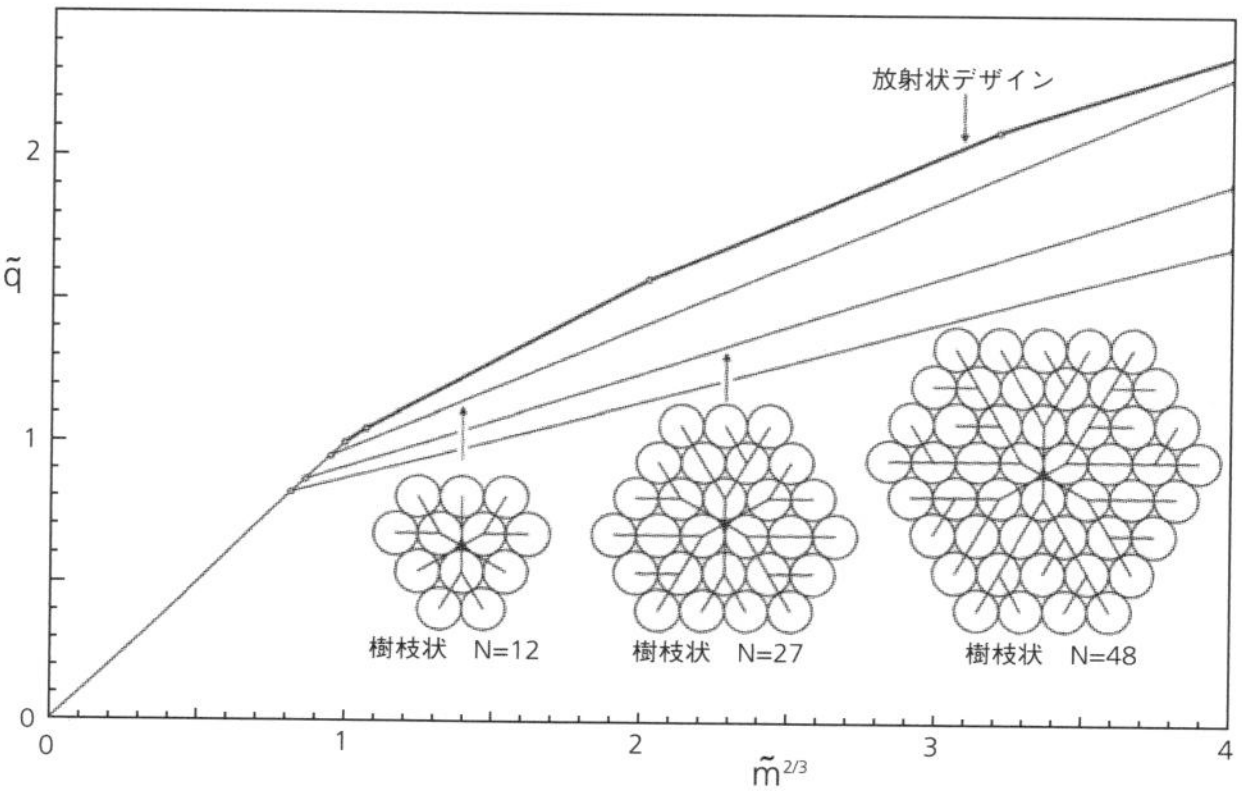

図5.3　この図は、図5.2に概略を描いた進化の延長だ。デザインを放射状（図5.2）から樹枝状に変えることで得られる有益な効果に注意。

る人の数が増加するにつれ、階層制の複雑性は増していく。

こうして、図5・4に行き着く。この図は、人間の集団に対する価値あるもの（温水）の不均一な分配を示している。そして、図4・7を思い起こさせる。三本の折れ線は、図5・3に示した三つの樹枝状デザインに呼応している。横軸には、分配の全流路数に占める割合が、0から1まで記されている。縦軸は、その割合（β）に呼応する、全流量に占める割合（ε）が記されている。三本の折れ線は、河川流域についての図5・1とちょうど同じように、右下向きに膨らんでいる。そして、構成された流動系の複雑性が増すにつれて、下に移動する。

この傾向は、河川流域が示す傾向と一致する。ただし、人造のデザインの折れ線（図5・

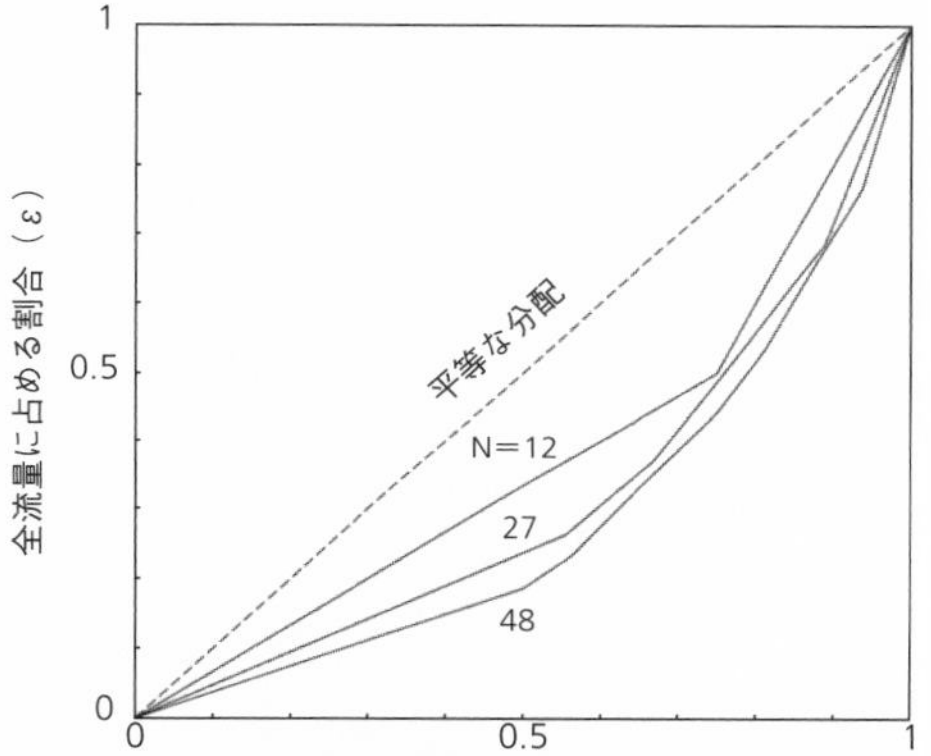

図 5.4　人間の集団に行き渡る温水の流れの階層的な分配と、しだいに増大する集団の大きさ N の影響。この図と図 5.1 の特徴の類似に注意。

4）は、河川流域の $\varepsilon-\beta$ の折れ線（図5・1）よりもずっと上に位置する。したがって、次の結論が導かれる。社会的構成が存在するときのほうが、不平等性がはるかに低い。

共産主義時代のように、自然の階層的な流路が破壊され、あらゆる場所で、大きさが画一の人工的なデザインに取って代わられたときにさえ、不平等は発生する。その理由を知るためには、図5・5に示された流れについて考えてほしい。なぜなら、その図のデザインよりも平等主義のものは存在しないからだ。正方形の領域にはまったく同じ構成要素が並んでおり、大きさが画一の流路でそれらが結ばれている。各構成要素の中心は、小さな白丸で示してある。どの中心も、近隣の中心と同じ量の流れの入力を（図5・5の平面と垂直に、上方から）受け、その流れは、図4・3で河川流域に降る、均一な雨の入力 M_0 に相当する。個々の入力はすべての構成要素から集められ、正方形の領域の一隅から一つの流れとなって排出される。

ただし、平等の概念は、対等な個体や、個体どうしを結ぶ対等なつながりと混同してはならない。図5・5では、大きさが画一のつながりが、$n \times n$ 個体から成る完璧な正方形の格子を形成する。$n=2$ と3と10という三つの大きさの領域が示されている。$n=3$ と10と20の場合のノード間の流量を計算するために、流量はその流れを推進するノード間の差に比例すると仮定した（流体流動の場合に使われる圧力差や高低差に似ている）。$n \to \infty$ という極限で、正方形の領域は拡散によって潤される。拡散係数（物理的尺度）は全領域で同じ値であり、全領域

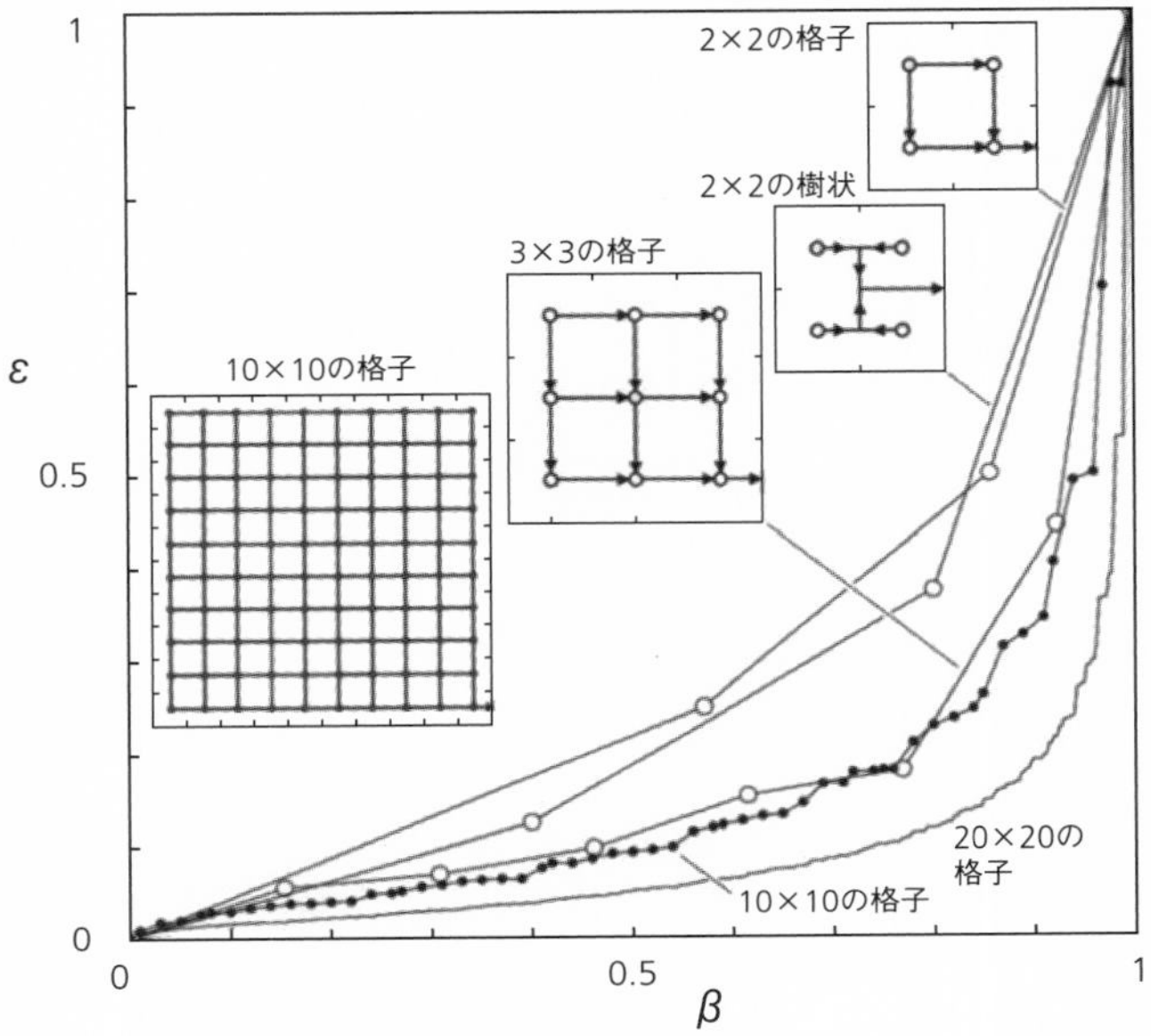

図 5.5　同じ数の居住者、同じ量の入力、同じ数の流路は、一平面領域と一点のあいだの流れがある領域内で、同じ流量で潤されるわけではない。$n \times n$ の正方形の格子で結ばれた領域における、全流量に占める割合（ε）と全個体数に占める割合（β）の関係。この平面領域における流れの分配の不平等は、個体群の大きさが増すにつれて、より顕著になる。

から排出される流れは、平原に降る雨のように、領域のあらゆる点で均一に生成される。

私たちは、隣り合うノード間の個々の流量を計算したあと、図5・5に示したε—βの折れ線を描いた。[*1] 正方形の領域から排出口までの流れは、均一な格子の中に不均一に分布している。ほとんどの流量合計（$\varepsilon=1$）は、$\beta=1$近くで、流路の小集団に集中している。地理的に言うと、その集団は、大きな流れのための排出口の役割を果たす、集約部分の近くにたまたま位置する個体から成る。

こうして私たちは、「単一サイズ」のデザインが人工的に押しつけられたときにさえ、不平等が存続することを発見した。地理が、この極端なデザインにおける不平等の原因だ。源泉あるいはシンクの近くに位置する「対等の人」が大きな恩恵を受ける。これが、ポスト共産主義時代のロシアにおける寡頭《かとう》政治誕生の物理的基盤だ。

人間の居住する領域におけるイノベーションという事象の拡がりは、不平等を制御する絶妙な方法だ。イノベーションは、ある個人が、自分の制御する流路を開く機会を捉えたときに起こる。これは、初めてバルブを開いたり、スイッチを入れたりするのと似ている。この局地的なデザインの変更により、解放された流路はより多くの流れを引きつける。流れが増えれば、イノベーションを起こした人は前より富裕になる（図4・1）。そして、ここが絶妙なところなのだが、イノベーションというこの単一の行為によって、領域全体の流れも増進される。居住者全員が、この単一のイノベーションのおかげで、より富裕になる。イノベーションがない場合よりも、富の分配がより平等になるのだ（図5・6）。

この変化とその結果をはっきりさせるために、図5・5の最上部と、図5・6の右下の隅にも示された2×2の格子に分配される流れについて考えてほしい。これは紙と鉛筆を使って解析できる。人から人への流路がどれもまったく同じときには、それらの流路を通る流れは、不均一に分配される。まったく同じ流路とは、どの流路でも流動抵抗が同じということだ。ただし、「抵抗」とは、ノード間の差（圧力、電圧、高低など）と、その差に推進される流れ（流体流動、電流、河川の水など）との割合を言う。

流路が一つ開くと何が起こるか？　ある流路の抵抗が、このイノベーションが起こる前の値の半分に減ったとしよう。図5・6には、この変化が起こりうる二つの位置が示してある。どちらで変化が起こっても、富のε—β分配はより平等になり、座標平面に右上がりの対角線を引けば、それに近づく。それはなぜかと言うと、流量が最大ではなかった流路の流れの増加を、そのイノベーションが引き起こすからだ。

不平等の制御に与えるイノベーションの効果は、自由や教育、科学、テクノロジー、ノウハウを広める論拠、そしてとりわけ、問いを投げかけ、危険を冒す精神を広める論拠となる。デザインへのこうした付加物は、領域のうちでも、従来は流動しておらず、イノベーションを生

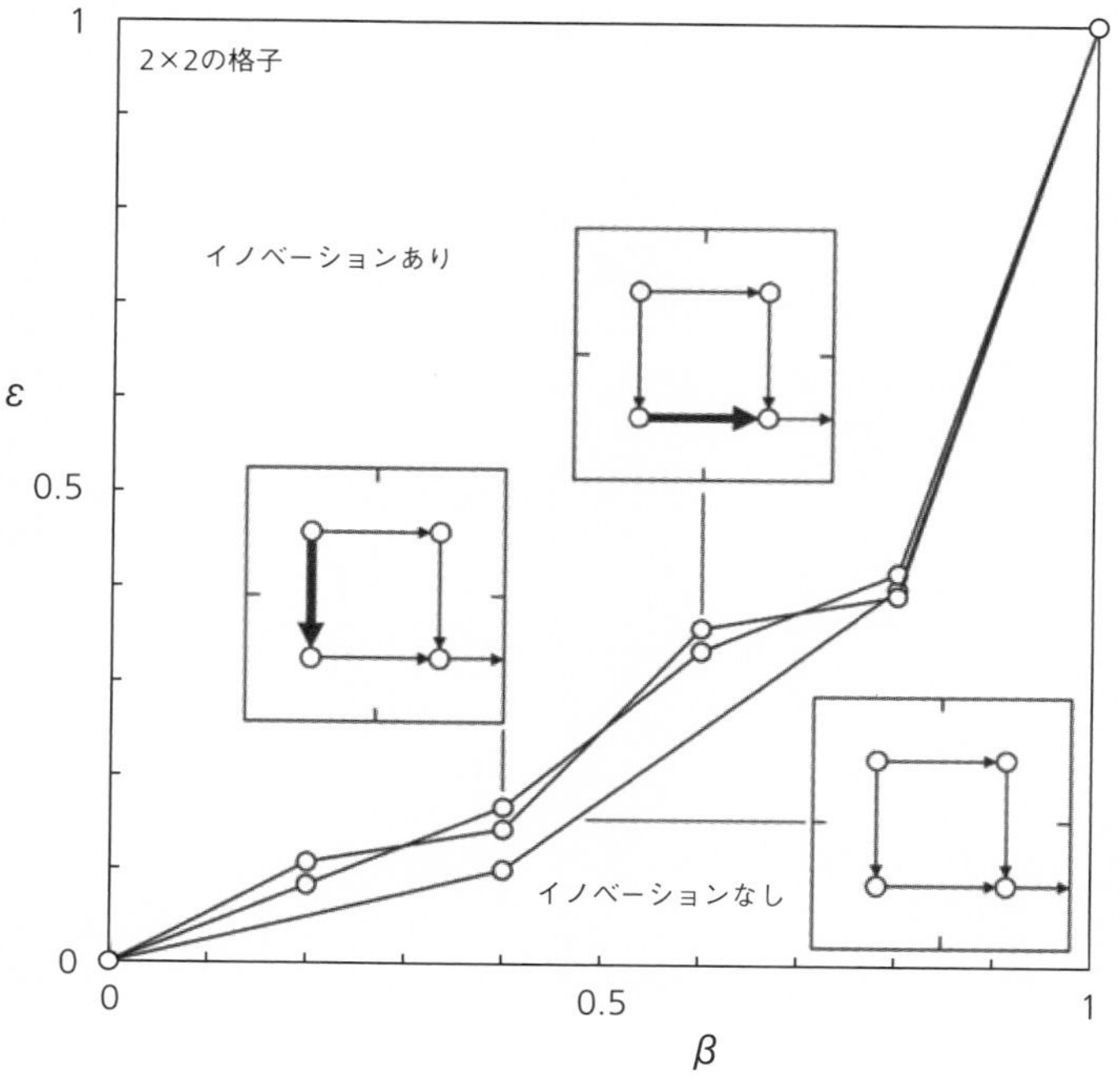

図 5.6　この図を図 5.5 と比較してほしい。単一のイノベーションは、流れを楽にし、イノベーションが起こった場所へより多くの流れ（富）を引きつける、局地的なデザインの変更だ。その結果、領域全体の流れの分配が、より平等になる。

み出す場所としては知られていなかった遠隔の小区画へと、流れを拡げる。

ようするに、社会的構成は多くの要因に依存しており、そうした要因の多くは無形と考えられている。動き（あるいは富）の不平等は、地理と密接に結びついている。すなわち、人が居住する平面領域を流れるものはすべて、一平面領域から一点へ、あるいは、一点から一平面領域へと流れるという物理的現実と、結びついているのだ。そこに住む人間の集団の成員が、たとえ対等で、平等に結ばれていてもなお、たまたま源泉あるいはシンクの近くに居住する人は必ず、辺縁に住む成員よりも大きな流れへのアクセスが得られる。これこそが、構成の物理的基盤であり、それは人間の社会的構成ばかりでなく、動物の構成にもはっきり見られる。構成は、全体の利益のために生まれ、進化する。

人間の社会では、「源泉」の近くに誰が住むかは、まったくの偶然ではない。発明や創造的な思考は、それらがすでに何度も起こった場所で、さらに起こる傾向がある。こうして、発展した国や社会や領域は、近隣の領域から抜きん出る。最近の歴史からの例は、このあとに箇条書きで示す。前の段落で述べたことは、より大きなスケールでも当てはまる。発展した領域は、その中や近くの人々にとって、「源泉」と吸引力の役割を果たす。ところでこれは、人間の移住の物理的原因であり、人間の移住を止めることができない理由でもある。

人々を平等にし、個人間の流れを平等にする唯一の方法は、領域全体に排出口を均一に分布させることだ。言い換えれば、地図上のすべてのノードが、近隣のノードと同じ流れを受けたり出したりできるようにすることだ。これは、構成のない社会的構成であり、狩猟採集時代と同じように、どの小屋も、遠く離れた隣人と結ばれておらず、自力で生き延びることになる（図5・7）。だが、その時代が戻ってくることはない。進化の時間の矢〔時間の不可逆的な方向性〕（図5・2と図5・3の横軸で左から右へと向かう）のせいだ。人間の力、動き、知識、構成は、比較的最近の、蒸気動力の黎明《れいめい》期と比べてさえ、途方もなく、不可逆的に進化してきた。

たとえ単一の大きさの源泉と流路が一平面領域に均一に分布していたとしてさえ、階層制と不平等は存続するだろう。一つのデザイン変更（一つのイノベーション）が起こって、流域の一か所で流れが局地的に解放されたときには、領域全体で複雑な流動構造全体の効率が増す。これこそが、個別に起こるものであるイノベーションが社会全体にとって有益である理由の物理的な基盤だ。それは浸透性があり、価値があり、必須なのだ。

今日私たちが知っている世界は、個々に各地で起こって発明者と社会を豊かにしたイノベーションに由来する。その例は無数にあるが、以下にほんのいくつか挙げておく。

- イギリスにおける蒸気動力の発明。そのおかげで発明者のボールトンとワットは裕福になり、大英帝国全体が一九世紀の世界で最も強く豊かになった。

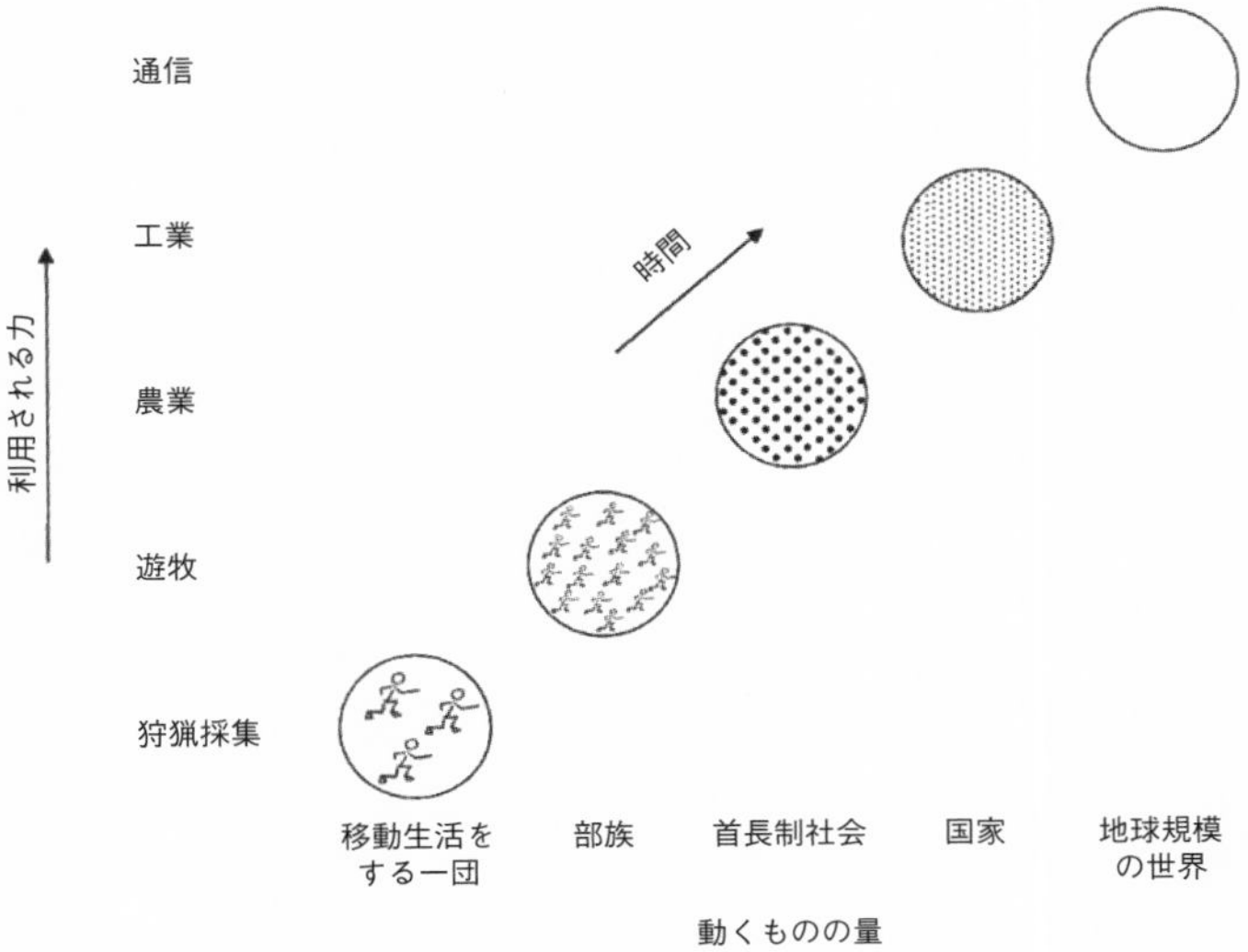

図 5.7　人間の社会的構成の進化するデザインは、もっと馴染み深い、さまざまな名称で知られている。時の経過とともに、構成を持つ成員が網羅する領域は、移動生活をする一団、部族、首長制社会から、国家や今日の地球規模の世界へと拡大する。そうなったのは、その拡大と同時に、力の生産と使用が、消費される力によって推進される物理的な流れの大きさを特徴づける他の尺度とともに増大したからだ。そうした尺度には、生存、生活水準、燃料消費量、温水、交通、国内総生産、富、豊かさ、進歩などがある。

- 広大な領域に行き渡る電力の供給の発明（ニコラ・テスラ、ウェスティングハウス・エレクトリック社）。これは、電力を生み出した蒸気動力よりも、なおさら大きな影響を及ぼした。
- 一九〇二年のウィリス・キャリアによる空調装置の発明。そのおかげで、高温多湿の熱帯や赤道域での経済活動が活性化した。
- 中華人民共和国の経済の、西側世界に向けた開放。そのおかげで、西側世界の活発で確立された経済の流動構造が、共産主義によって生み出された経済の荒れ地に入り込むことが可能になった。
- コミュニケーション分野における、とどまるところを知らない発明（活字、製本、タイプライター、コンピューター、iPhone など）。そのおかげで、発明がなされた場所と領域全体の社会の流れが解放された。

イノベーションを起こすというのは、才能を持っているということであり、だからこそイノベーションと才能は、社会の中で価値がある。価値の物理的特性は、社会が誕生したころから、talent（才能）という言葉の中に表されていた。talent はギリシア語の名詞 *talanton*（ラテン語では *talentum*）に由来し、もともとは、金や銀などの重量といった、測定可能な貴重なものの重さを量るための秤《はかり》や天秤《てんびん》を意味した。ギリシア語とラテン語のどちらでも、この単語の意味は多様化し、そのなかにはお金の単位や硬貨も含まれ、それがローマ帝国と、そこから生まれた西洋文明に広まった。

イノベーションに目を向け、それが人間の流れを、まず局地的に、やがて地球全体で解放することを考えると、社会がどう流れ、進化し、社会の未来がどこにあるかを、意外なかたちで頭に思い描く機会が得られる。イノベーションは地球上の時空の中でほぼランダムに起こる。それぞれのイノベーションは、点灯して周囲の領域の小区画を照らす明かりのようなものだ。「ほぼランダムに」と言ったのは、どの社会にも、人々が集中していてイノベーションが起こる場所があるからだ。アメリカでは、マサチューセッツ工科大学やデューク大学のようなコミュニティがそれに当たる。

イノベーションを起こす人が多い国は、クリスマスツリーのように、より多くの明かりに覆われている。イノベーションが盛んな社会ほど、光に照らし出される領域が明るく、人々がより啓蒙《けいもう》されている。これが、啓蒙の物理的な基盤であり、それは社会的構成の起源と同じだ。[*2] イノベーションは、社会における進化の源泉なのだ。イノベーションを起こす人が歴史を作る。

流れを解放するイノベーションの光によって覆われて啓蒙された社会が収まるのと同じ心的イメージに、脳のデザインと流れもうまく収まる。大脳皮質は厖大な数の神経細胞《ニューロン》に覆われている。個々のニューロンは、皮質上で他の何万ものニューロンと接続している。それぞれの箇所で、それぞれの接続——新しい概念、アイデア、ビジョン——が皮質全体を照らすが、その光は同期しておらず、ランダムに光る。より多く、より頻繁に光るのが、啓蒙された頭脳だ。ライターで弁護士のエフラット・リヴィニは、社会的構成という物理的現象の意外な結果を、次のように要約している。[*2]

「一人の人間が知識あるいは認識によって『啓蒙』されると、その人の脳のシナプスに新しい接続が生まれ、それが強化される。それまで実現していなかった多数の接続がそれに続き、思考の流れがさらに進化する。私たちは、多くのアイデアに出合って関心を抱くほど、啓蒙された思索家になる可能性が高まる。物理的なたとえを使えば、川の流れが木に妨げられていると、粘り強く創造的な人間は、イノベーションや見識に行き着く。彼らは思考とその応用によって、どうにかしてその木を取り除くわけだ。すると、皮質の接続が増し、より多くのアイデアが流れる。それによって、彼らの人生ばかりでなく、私たち全員が共有している世界も改善される見込みがおおいにある」

第6章　複雑性

自然は白日の下にさらされており、その説明——物理学と呼ばれる——は簡潔で、単純で、明瞭で、絶えず改善している。とはいえ、混乱が蔓延《まんえん》している。複雑性や、熱力学の第二法則のような厄介な概念に関しては、とくにそうだ。本章では、一歩下がって、自然が提供する背景の中で、これらの概念（意味と定義）を眺めてみることにする。

私たちの周りじゅうで識別可能なのは巨視的なものであって、微小のものや統計、粒子、亜原子粒子ではない。還元主義的な道筋をたどった人々は、巨視的現象や形、図、写真、彫刻、動画を見過ごしてしまった。これまでの章では、自然や私たちが最もよく知っている現象が巨視的で、多様で、マルチスケールで、複雑で、形を変え、進化していることを示した。

複雑性とは何か？　複雑性は自由にとてもよく似ている。誰もが知っているが、それが何かを言える人はほとんどいないのだ。複雑なものは、入り組んだものやランダムなものと混同されることが多い。以下を読めば、その違いを見て取り、区別することができる。

自然界における複雑性と構成と進化は、専門用語ではなく学問分野として追究したときに、最も大きな力を発揮し、有用だ。各学問分野には、厳密な用語、規則、原理、有用性がある。なぜこれが重要なのか？　それを理解するために、今日の進化するデザインである情報、知識、進化、変化、時間の矢、パターン、構成、図、複雑性、フラクタル次元、物体、アイコン、モデル、経験主義、理論、無秩序、熱力学第二法則などの物理学を支える、中心的概念と用語を見直してみよう。この道筋を進めば、情報は知識ではなく、フラクタル次元は複雑性の尺度ではなく、パターンは生きた流動構造ではないことがわかるだろう。知識の流れを促進する物理的手段としての配置は、時の経過とともに進化へと向かう自然の傾向の影響を受ける。

二〇世紀のあいだに、統計力学、量子力学、情報理論、コンピューター科学は、科学そのものから生命とは何かということまで、あらゆる事柄に関する科学的論議を変えた。高等教育を必要としない用語やイメージの代わりに、今日ではこの主題に関する正当性は、英語ではなく「科学的」な言語を話すことに由来するようだ。科学的に聞こえる言葉には、無秩序や不確実性、スケール、創発、カオス、無数の種類のエントロピー、そして何より、「情報」と情報のエントロピーについてのものがある。世間は専門用語を話さないから、この種の話を理解できる人はほとんどいない。その事実は、明らかに見過ごされている。

専門家の会話とは、なんと愉快だろう！　何一つ理解できないのに魅力的なのだから。

エドガー・ドガ

私は一七歳のとき、帰宅すると、獣医だった父親に次のように言った。解析幾何学の講義を受けていると頭痛がする、担当教授は込み入った「一般」方程式の話ばかりしていて、一つも図を描かないから、と。図のない幾何学など、想像できるだろうか？　すると父は言った。「その先生の抽象的な話のことなど考えるな。嫌な思いをさせられるようなことがあったら、無視してさっさと先へ進むといい」。父のお気に入りのメタファーは、狂犬病の犬だった。「狂犬病の犬など存在しないかのように振る舞い、脇を通り過ぎれば、噛《か》まれはしない」

こんな状況のままにする必要はない。群衆に加わり、行進に参加してはならない。いや、群衆に逆らって歩けば、なおいい（二六九ページ図11・1）。情報は知識ではないという所見から始めよう。コンピューターは知識ではない。なぜなら、コンピューターはそれを使ってより楽に動く（生きる）人間の拡張物にすぎないからだ。それは、多くの人工物の一つだ。その一方で、みなさん――その人工物とともにあるみなさん――は、知識だ。みなさんは知識であり、決定を下し（目的ある選択や変更をする）、その結果、みなさんやみなさんの属する集団は、より楽に、より長持ちする力で動く（生きる）。みなさんは、人間と機械が一体化した進化しつつある種の一個体だ。私も、進化しつつあるその種の一個体だ。

母語が英語ではない人は、英語を学ばざるをえない。そして、その学習の過程で、頻繁に辞書を調べる習慣が身につく。これは大きな強みであり、外国語の辞書を調べれば調べるほど、その強みは増大する。高等教育を必要としないキーワードのいくつかの意味を、以下に挙げておく。わが子にそれを教えるといい。辞書の中や言葉の意味の中、語源の中には宝がある。

「情報」は、幾何学やエネルギーや物理学のように普遍的な用語だ。多くの言語で、同じ単語で表される。information は、ラテン語の動詞 *informo*, *informare* に由来する。形を与える、形成する、形作るといった意味だ。英語では、何か語られたこと、ニュース、（スパイ行為における）諜報、事実、データ、文書、図形といった意味を持つ。今日では、情報はコンピューターに保存したり、コンピューターから取り出したりできるデータのことも意味する。だから「情報」という言葉は抽象的で、不明瞭で、洒落《しゃれ》ていて、高尚に聞こえる――情報理論、情報テクノロジー、情報セキュリティ、情報時代といった用例からわかるように。こうした専門用語の字面に惑わされないようにするためには、自分のコンピューターに、ずらっと並ぶ01や10はいったい何のためにあるのかを問うといい。それらは図や記号、すなわち、文字や数字、文書、直線、曲線、陰影、色、音（音符）などを作り出す命令だ。

いたるところで、現代語では情報は記号や信号を意味する。新聞の上端に、たとえば六月二三日ではなく六月二四日とあるのも、それだ。観察者であるみなさんが、その記号を見て何をすることに決めるかで、みなさんがどんな人間であるかが決まる。私が何をするかで、私という人間が決まる。私たちがすることは、物理的な変更であり、みなさんの動きや私の動きにおけるデザインの変更であり、時間的方向性を伴う変更なのだ。そうした変化は時間の流れの中で起こり、力を持つ、動的なものだ。それは行動であり、それが知識にほかならず、ただの情報と混同してはならない。

そのような情報は、エジプトの方尖塔《オベリスク》にたっぷり刻まれたが、何一つ意味せず、メッセージも、想像も、夢も、デザインも、変化も、行動も、いかなるものへの具現化も、まったくもたらさなかった。何千年にもわたってそのような状態であり続けたが、ある日ついに、ジャン＝フランソワ・シャンポリオンという無名の若者が、同時代人たちに、オベリスクに刻まれた言葉の読み方を教えた。みなさんが今日、古代エジプトの情報を読んで何をするかに、他の誰でもなくみなさん自身の姿が表れる。

知識を持っていながら、それを明確に表現する力を欠いているなら、そもそも何一つ考えを持っていないのに等しい。

ペリクレス

変化には時間的方向性があり、その時間の矢を進化と言う。デザインの変更を起こす能力は、地球上でより楽に、より遠くまで、より長いあいだ動くために形を変え、進化する、生きた系に不可欠な要素だ。動くものの「能力」は、多くの物理的要素から成る。変化する自由、ものを動かしたり流れの形を作り変えたりする力（ワット）、情報へのアクセス、動きを促進した過去の変化の記憶、有害な変化の記憶などが、時の経過とともに流動構成の向上につながる階段に並んでいる。これは行動であり、生物にも無生物にも、あらゆるものに当てはまる。知識は情報に基づいた行動であり、情報だけではない[*1]。

情報とその利用法は、以下のようになる。私が身の回りで目にするものを説明するために図、あるいは一連の図（進化するデザイン）を描くときには、線の位置や長さ、太さ、色、真っ直ぐか曲がっているかなどを知る必要がある（第7章参照）。図を描くには、自由が必要だ。優れた画家ほど多くの自由を自らに与える。

私は線描《せんびょう》を学んでいたときに、先生のパレットとアトリエの床が「乱雑」なのに興味をそそられた。だが、じつはそれは乱雑ではなかった。先生が絵を描く自分の手と心の周りに築き上げた最高の「生息場所《ニッチ》」であり、自分にとって最高の絵を描き、喜びが最高潮に達するためのものだった。そのニッチと、先生がカンバスに描き出すものが「情報」であり、両者は、想像と観察に由来するとともに、教育、文化、図書館、親、などと呼ばれる情報の保管所にも元をたどれる。

その保管所から、紙に描く私の図に行き着くためには、情報は移動し、流れ、伝達されなければならない。今日、その多くがデジタル方式で三つの段階を経て成し遂げられる。すなわち、観察された対象からデジタルコードへ、デジタルコードから私へ、私のデジタル情報から、物理的対象を描いた私の図へ、という三段階だ。コンピューターが登場する前にも、同じ三段階がずっと存在していた。「デジタル」という言葉を目や脳、書籍、教師、教育、訓練などで置き換えれば、誰でもそれがわかるだろう。

「デザイン」は、目的を持った計画、案、企画であり、結果を求める意図（狙い）だ。デザインは目的と性能を持つ完全な全体を生み出すための、部分や詳細、形、色の配置だ。

デザインは「パターン」ではない。流動するじつに多くのものの樹状構造（河川流域、肺、都市交通など）は、変化するデザインだ。なぜなら、それには目的（時間的方向性）があり、その目的とは、一点と一平面領域あるいは、一点と一立体領域のあいだの流れを促進することだ。それとは対照的に、パターンは静的で、規則的で、形や部分や要素の、変化のない配置だ。浴室の床のタイルや、結晶格子に閉じ込められた原子にはパターンがあるが、デザインはない。それらは熱力学によれば、「死んだ状態」にあることになる。それらには、流れも、変化も、形の移り変わりも、自由も、時間的方向性もなく、したがって、生命も進化もない。

「最適化（optimization）」は、選択をし、BではなくAという配置を、DではなくCというリズムを選び抜くことを意味する。このopt（選ぶ）という行動は、「選ぶ」という意味のラテン語の動詞*opto*, *optare*に由来する。それは、物事を変えて良くしたいという人間の衝動の表れだ。変化の方向は、ほとんどの場合は人間の良し悪しの判断から、自然に定まる。変化は、より良いものへと続く道を舗装するような選択をすることだ。そして、舗装されたその道が進化だ。

最適化は数学ではない。それは、自然界に見られる湾曲した物体の単純化した記述（「モデル」と呼ばれる自然の複製）である解析関数を見つけて、それからその関数の一次導関数を求め、それがゼロに等しくなるように定め、最終的にその方程式を解くという作業ではない。この作業はその関数の極値（頂上部分の極大値、あるいは谷底部分の極小値）を見つけることであり、それ以上の何物でもない。自分自身の生活をより良くするという目的を持って、二つか三つの有用で利用可能な具体的選択肢から選ぶこととは、まったく関係がない。

「構成」は、器官におけるように、流動する生きた構成要素がまとまった集団だ。構成は体系化された全体（「系」とも呼ばれる）であり、動く動物の体の中で、結びつけられていっしょに流れる器官や、集水域の河道とその湿った隙間、幹線道路上の乗り物の中でいっしょに動く部品だ。社会の中では、構成は、クラブや組合、政党、企業の経営幹部の組織構造、スポーツチーム、大学、政府といった、特定の目的（活動、動き）のために集まった、生きた集団だ。デザインは生きた構成であり、死んだパターンではない。

百聞は一見に如《し》かずと言う。だから、情報（記号、形）からデザインや構成まで、これらの概念はすべて、言葉で語られる前に、頭の中にイメージとして浮かぶ。だからこそまた、理解するべき最も重要なキーワードが「イメージ」なのだ。イメージはまず頭に浮かび、それから手を使って図として表される。

「図」は、目で識別し、頭で理解できるイメージだ。「理解する」とは、イメージの保存領域の密度をより高めて小さくし、検索をより高速にするように、脳の中でイメージを他のイメージと結びつけることを意味する。図の概念は、英語の design（デザイン）の語源である、イタリア語の *disegno* とフランス語の *dessin* に由来する。図にはきわめて重要な特徴が三つあり、それぞれが独立しており、互いに無関係だ。図の製作者は、どの特徴も他の二つとは別個に選べるという事実を証明できる。[*2]

（i）図には大きさがある。大小にかかわらず、大きさは枠や紙、カンバス、壁、コンピューター画面などの長さスケールで表される。図の製作者が画像の大きさを選ぶ。

（ii）図には、見る人に伝えられる意味（メッセージ）がある。そのメッセージは、受け取った人が受け取ったメッセージに基づいて行動し、それから変化を起こせば、知識となる。メッセージは、知っている人から知る必要のある人へと自然に拡がる。意味は一つ以上の特徴で表される。それらの特徴とは、形や構造や縦横比（プロポーション）と、見られる平面上での、これらの特徴すべての構成だ。

これらの特徴はそれぞれ別個のものだ。毛細血管の円形の断面は、血管が二股に分岐することや、細い血管が二本組み合わさって太い血管になることと混同してはならない。あらゆる特徴は、独特のかたちで構成されており、その結果、メッセージを明確に、曖昧さなどまったくなく伝える。今日、みなさんの顔の単純な線画は、二〇年前に描かれた図と同じ構成を見せるが、いくつかの特徴が異なる。図はみなさんの年齢とともに形を変えるが、メッセージは変わらない。それはみなさんの肖像なのだ。

（iii）図には繊細性（svelteness）がある。繊細性とは、メッセージ（ii）を伝えるために使われる線の相対的な細さの尺度だ。繊細性は無次元の数であり、次の式で定義される。

S_v＝図の外側の長さスケール／図の内側の長さスケール

スケールとは桁数という意味での大きさで、たとえば、一ミリメートルではなく一メートルという桁で比較できる長さのことだ。比較的細い線で描かれた図は、S_v の値が大きい（図6・1）。そのような図は繊細に見える。同じ図をもっと太いペンや筆で描いたり、品質が劣るコピー機でコピーしたりすると、S_v の値は小さくなる。そして、図は重々しく見える。元の線画を水彩で描き直すと、S_v の値はなおさら小さくなる。よくできた贋作《がんさく》も、本物とは S_v が違う。S_v の値は画家と、それぞれの筆や筆致ならではのもので、原作者と贋作者の違いが出る。たった一つの図についての考察さえ、これほど複雑だとは、驚くべきことだ！　とはいうものの、複雑性とは何なのか？

「複雑性」とは、カオスや乱流と似て、難しい概念だ。昔、人々の知識が今日よりずっと乏しかったころ、複雑性は困難や曖昧さや頭痛を

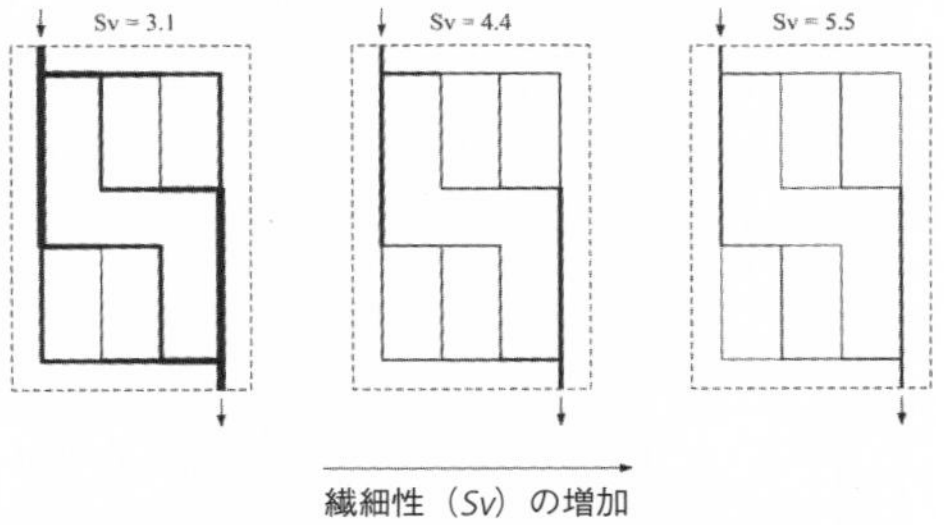

図6.1　この3つの図は、図柄は同じだが、線はしだいに細くなっていく。複雑な構造の繊細性という属性 S_v は、線の細さを示している。繊細性が増すにつれ、線は細くなり、図は鋭く、軽くなり、白い部分が増えるので、楽に呼吸しているような印象を与える。図のメッセージは変わらないが、「重量」が変わる。この図の流動構造の繊細性は、破線の長方形の面積の平方根を外側の長さスケールとし、流路（実線）で網羅された面積の平方根を内側の長さスケールとして計算してある。

意味し、それについてわざわざ頭を悩ます者はいなかった。もともとのラテン語が、敗北感をさらけ出している。complex（複雑な）という英単語（*cum*＋*plex* つまり、ねじれた形がいっしょになったもの）は、perplex（当惑させる）（完全に＋ねじれた）という、これまた敗北を語る単語と、同じラテン語の語源を持つ。

科学が進歩するにつれ、人々はそのような複雑性の中に構成とメッセージを見て取り始めた。思考がより鋭く、高度で、深くなると、複雑性の構成から理論が生まれた。その理論は観念的な考察であり、それを使って、観察された複雑性を予測する。複雑性は、いったん理解されるとわかりやすくなり、私たちはそれを構造、網、組織、デザイン、構成、その他、以前ほど人をまごつかせることのない多くの名前で呼ぶ。

乱流に関してもそうなった。乱流の科学は、一九世紀の曖昧さから進化し（レイノルズ[*3]のおかげで、流体流動という厄介な問題は、時間平均した記述を通して意図的に消し去られた）、一九七〇年代に乱流の「大スケール構造」へ、さらに、乱流の構造の進化へと進んだ。この進化はコンストラクタル法則から予測可能だ。[*4] たとえば、平たいジェットやプルーム〔一五ページの訳注参照〕は、図6・2のように、断面が円形の流れに必ず進化する。[*5] 逆は正しくない。円形のジェットとプルームは、断面が平たい流れには進化しないのだ。これは乱流と層流のジェットとプルームにも当てはまる。

複雑性についても同じようになるだろう。複雑性にまつわる言語は、大きさ（i）や構成（ii）や繊細性（iii）といった幾何学的に厳密な概念や、きっとその他の根本的な概念にも取って代わられるだろう。

私たちは、次のような言葉にしばしば出くわす。すなわち、物体（あるいは図）のフラクタル次元（D）は重要だ、なぜなら、形の複雑性とともに増大し、複雑性を定量的に説明できるからだ、というような言葉に。もしこれが正しかったなら、今ごろはもう、複雑性に即した、図のフラクタル次元のランキングを目にしていることだろう。なぜなら、新たに計算したDの値が際限なく文献に登場するのだから。フラクタル次元が複雑性の定量的記述に加えるものがあるかどうかは疑わしい。

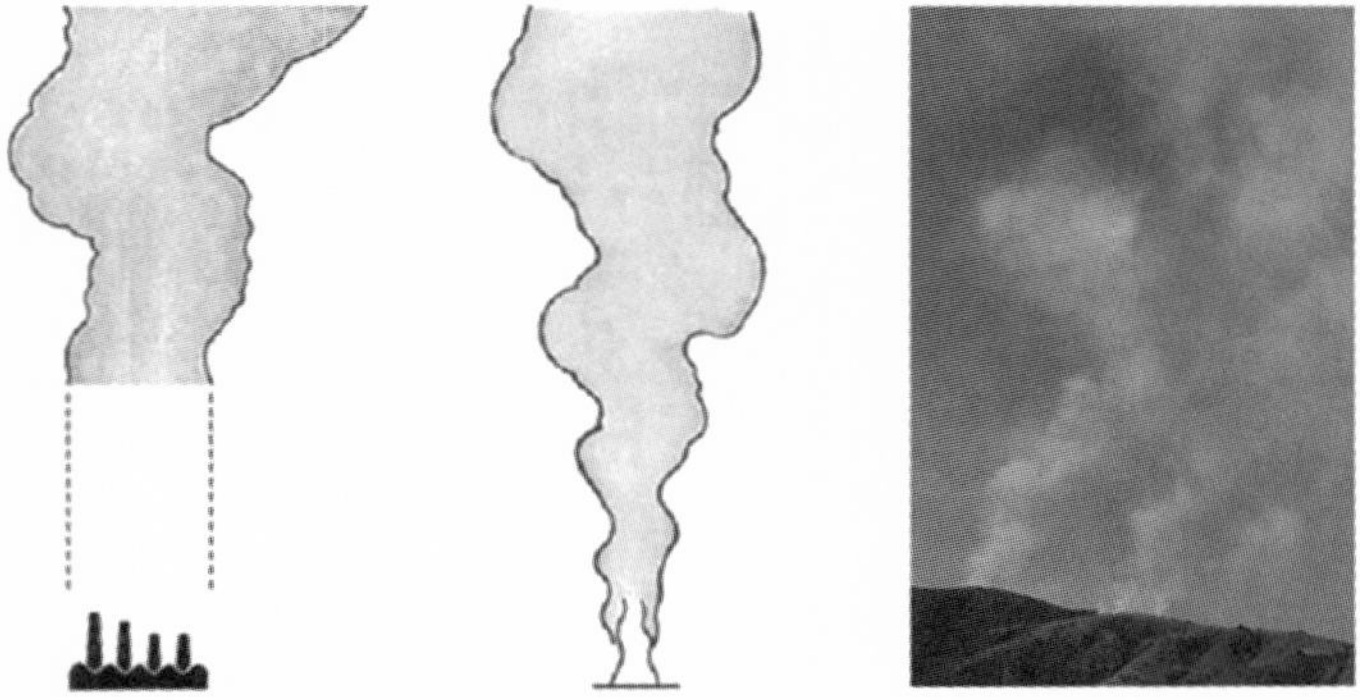

図 6.2　特定の高さを超えると、乱流のプルームはすべて断面が円形になる。一列に並んだ煙突から上がる平たいプルーム（左）、集中した火から上がる円形のプルーム（中）、山火事の上空のプルーム（右）。

図6・3に示した図について考えてほしい。直角二等辺三角形が、九〇度の角の二等分線によって等分されている。それがn回繰り返される。二等分線は、徐々に小さくなる鋸《のこぎり》の刃のようなギザギザを描く。それに、最初の三角形の左側の辺（L）を加える。ギザギザした線の長さの合計L_nは、

$$L_n = L + rL + r^2L + \cdots + r^nL = L(1 - rG/L)/(1 - r) \quad ただし \quad r = 2^{-1/2} = 0.707$$

Gは図で最短の二等分線で、$G = r^nL$である。$n \to \infty$という極限で、長さの合計$L_\infty = L/(1-r)$に近づく。実際の長さの合計L_nは、無次元のかたちで$\tilde{L}_n = 1 - r\varepsilon$と表すことができる。ただし$\tilde{L}_n = L_n/L_\infty$であり$\varepsilon = G/L < 1$である。

ギザギザの線のフラクタル次元（D）は、$\tilde{L}_n = \varepsilon^{1-D}$と定義される。ただし、$D$は$\varepsilon$と$r$で決まる。$\varepsilon \to 0$あるいは$n \to \infty$という極限で、$D$は無理数$D_\infty = 1 + r/\ln 10 = 1.3071$に近づく。$\varepsilon$が減少するにしたがって（あるいは$n$が増加するにしたがって）、$D$の値は$D_\infty$に上から近づく。たとえば$n = 2$のとき、$\varepsilon = 0.5$で$D \fallingdotseq 1.379$である。$n = 4$のときには、$D$の値は1.338まで減るが、依然として$D_\infty$を上回る。

これはみな、何を意味するのか？　それは、図6・3の図が、厳密に$\varepsilon \to 0$という極限で、す

なわち、構成アルゴリズムが無限回繰り返され、図に使われた二等分線の数が無限の場合に、「フラクタル物体」となることを意味する。図を描こうとする画家にとって、これはそのフラクタル物体が無限の複雑性を持つことを意味するだろう。ところで、フラクタル物体は描くことも目にすることも不可能であり、文献に出てくる「フラクタル物体」がフラクタルでないのも、この物理的な理由からだ。それらは一つとしてフラクタル物体ではない。フラクタル物体は自然界には存在しない。みな、ユークリッド幾何学のものだ（これは、マンデルブロその人による）[*6]。なぜなら、図を描くのに想定されるアルゴリズムは、図が描かれ、印刷され、眺められ、識別され、記憶され、議論されることが可能な程度まで巨視的な、小さな長さスケール

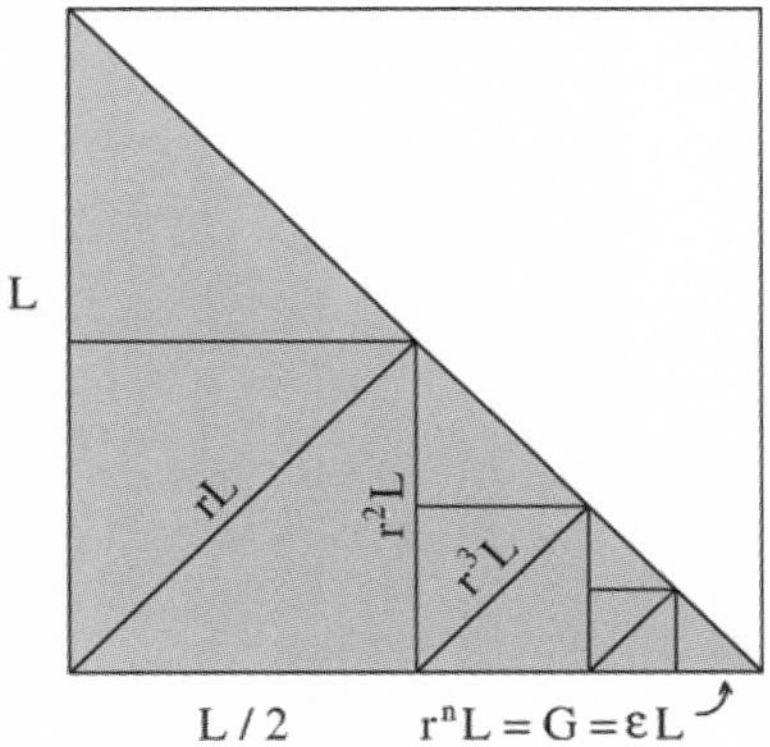

図 6.3　ギザギザの線の長さは、最短の二等分線（G）が短くなるにつれて増す

で意図的かつ恣意的に停止（切断）されるからだ。

図6・3を描くときに計算したフラクタル次元を、ここで見直してほしい。無限の複雑性を持つ図のフラクタル次元D_∞は1.3071となり、これは有限であって、無限ではない。第二に、有限の複雑性（有限のnとε）を持つユークリッド幾何学の図のDの値は、D_∞よりも大きい。図6・3で読者に見える図はすべて、明らかにフラクタルの図ほど複雑ではない。Dを計算すると、無限の複雑性を持つ図のフラクタル次元Dよりも大きい。Dが減ると、複雑性が増す。

フラクタル幾何学の文献で語られるフラクタル物体は、物体ではない。「物体」とは、見たり触れたりできるもの、または、行動、思考、感情が向けられる人あるいは物を意味する。英語のobject（物体）の元となるラテン語の単語*objectus*は、人の前に投げ出された物、人の前に現れた物を意味する（動詞*objicere*に由来する。*ob*は「〜の方へ」「〜に向かって」「〜の前に」を、*jacere*は「投げる」を意味する。ラテン語を基礎とするすべての言語と英語のjetという単語は、後者に元をたどれる）。

フラクタル物体は、「極限」での思考であるのがせいぜいで、サディ・カルノーの可逆的な熱機関と同様、けっして達成できず、けっして明白ではなく、けっして目にすることができない。自然界の一部ではないのだ。とはいえ、極限でのこれら二つの思考のあいだには大きな違いがある。可逆的な機関は、物理学（熱力学の法則）のおかげで頭に浮かぶのに対して、フラクタル物体は、数学の芸術家によって選ばれたアルゴリズムか、画家によって選ばれた絵の具と筆と同じぐらい恣意的だ。

数学者は何でも好きなことを言えるが、物理学者は少なくとも部分的には正気でなくてはならない。

ジョサイア・ウィラード・ギブズ

「アイコン」は、無数のはるかに複雑な図と同じメッセージを伝える単純な図だ。図を描くというのは、特定の規則の下で進化したコミュニケーションの手段だ。そうした規則がグラフィックデザインという分野を構成している。規則は、アイコンが人間の安全にかかわるときにははるかに厳しい。たとえば、交差点にある歩行者用の「横断」と「停止」の信号のデザイン（図6・4）は、交通法規に従わなければならない。これらの信号は、メッセージを視覚的に伝達するために利用可能なテクノロジーとともに進化した。

今日、歩いている人の画像（ピクトグラム）と、上げた手の画像（イデオグラム）あるいは立っている人の画像（ピクトグラム）が、それぞれ通りを横断するべきときと横断してはならないときを示すために、全世界で採用されている。上げた手がアイコンなのは、それが交通巡査の手の仕草を表しているからだ。これらの記号には典型的な大きさがあり、あまり大きき過ぎることも小さ過ぎることもない。たいていの状況でたいていの歩行者に役立つ大きさの範囲がある（図6・5）。大きいもののほうが見やすいが、作るのにお金がかかる。小さい信号は安価だが、見て理解するのが難しい。

信号の黄金比の形は、人間の二つの目でメッセージをスキャンする速度に対して重要な役割を果たす。[*7] 画像が、映画のスクリーンやコンピューターの画面や名刺のように黄金比の長方形になっているときのほうが、速くスキャンできる。二つの目は（観察される世界と同様）水平方向に並んでいるので、画像のスキャンは、垂直方向よりも水平方向のほうが一・五倍速い。同じ理由から、片目が見えない人は、二辺の比が三対二の長方形よりも、たとえば正方形のように円に近いもののほうが速く認識できる。こ

図6.4 「横断」と「停止」というメッセージを伝えるアイコンにおける、写実主義から単純性への進化。それぞれの信号が黄金長方形になっていることに注意。黄金長方形というのは、2辺の比が3:2か2:1か、黄金比1.618の長方形。

の物理的特性は動物にも、二つ目と一つ目の場合の両方で、同じように当てはまる。なぜなら、人間に当てはまるからだ。動物実験で人間について学べるのだから、人間の実験で動物について学ぶこともできるわけだ。

人は、手軽なものを好む。これは物理的・心理的現象であり、事実であり、無視できない。投資家のニーダーホッファーは、株価の自然なクラスタリングの中にそれを発見した。[*8] 株式市場の意思決定者たちは、取引し慣れている切りの良い数字で指値《さしね》注文や逆指値注文をする。ニーダーホッファーは、こうした数を「コンストラクタル」と呼んだ。その数の中に、切りの良い数に対する人間の好みが見て取れる。なぜなら、そのような数のほうが識別しやすく、覚えやすく、他の人々に速く伝えられるからだ。

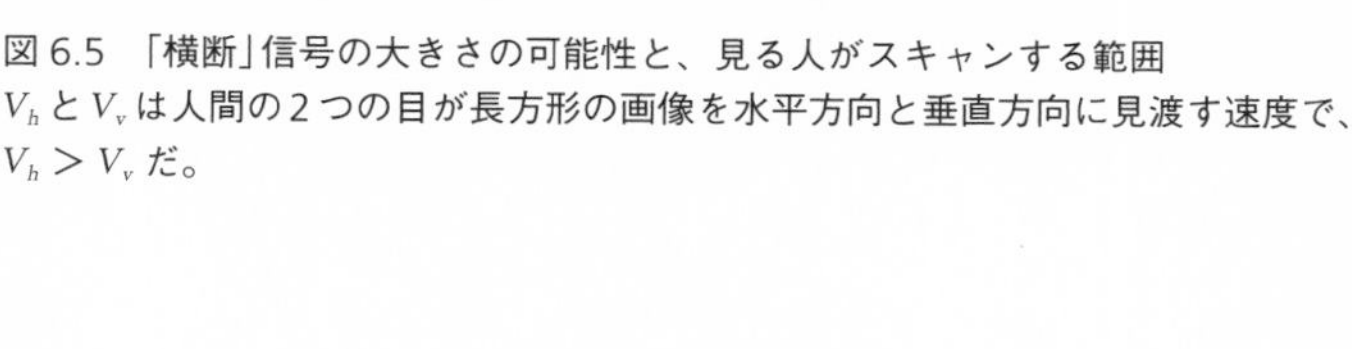

図 6.5 「横断」信号の大きさの可能性と、見る人がスキャンする範囲
V_h と V_v は人間の 2 つの目が長方形の画像を水平方向と垂直方向に見渡す速度で、$V_h > V_v$ だ。

信号などのアイコンは、最も一般化したかたちで一人の人間を表している（男性、女性、背の高い人、低い人、高齢者、若者など）。そこに描かれているのは、頭、胴体、脚、腕に似た単純な要素から成る構成だ（図6・6）。個々の要素は、それ自体には意味がない。その構成に意味がある。要素が違うかたちで構成されていると、歩行者は当惑し、メッセージは信号から、それを眺める人の頭へと流れない。

アイコンも含め、あらゆる図にとって、繊細性は不可欠な属性だ。図6・7では、それぞれのアイコンの繊細性が、S_vの定義（一四三ページ）によって計算してある。ただし、実質的な輪郭を内側の長さスケール、点灯する領域（白い部分）の面積の平方根を外側の長さスケールとする。繊細性が高いアイコンほど、新しいデ

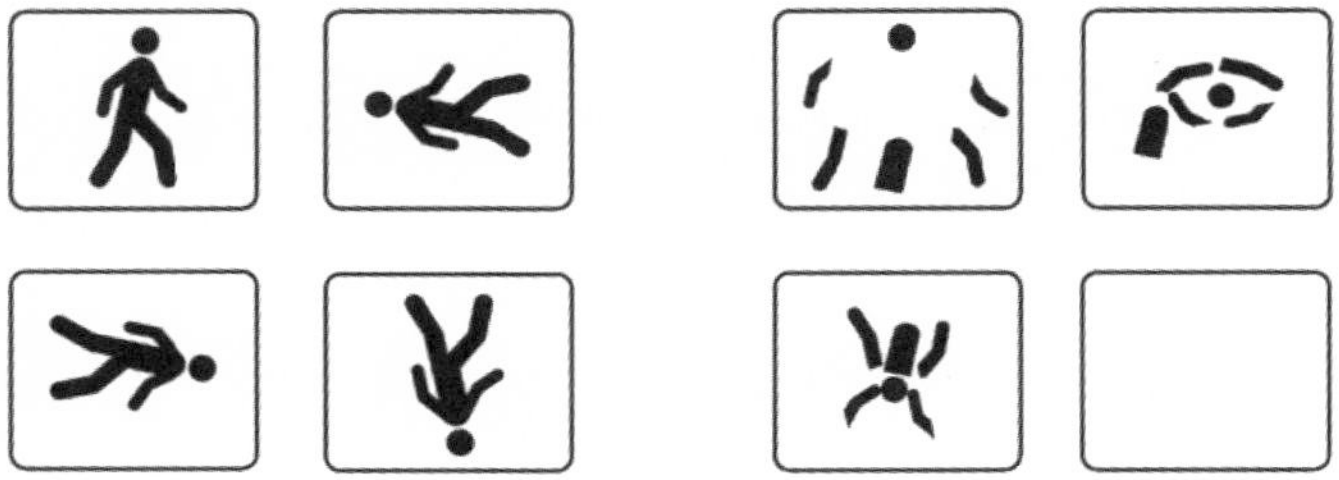

図6.6 「横断」のアイコンに使われる形の要素の、可能な構成

ザインだ。繊細性が最も高いアイコンは、歩行者の知識に訴える。すなわち、それは情報を一群の点灯した点として伝え、歩行者の頭がイメージを生み出して、それを解釈する。

通りを横断している人の写真や動画のほうが、線画よりも写実的だろうが、より効果的だろうか？　カギは、明確で安全なメッセージを素早く伝えるのに十分な、最小限のディテールだ。少数の単純な線、あるいは、点灯してゲシュタルト効果〔似ているものをグループ化したり、ある形から似た何かを見出したりする人間の認知の性質〕を発揮する点の列（形）は、太くはあるものの、太過ぎないので、通りの反対側の歩行者にメッセージを伝えられる。

「モデル」は、単純性という特質をアイコンと共有している。とはいえ、モデルとアイコン

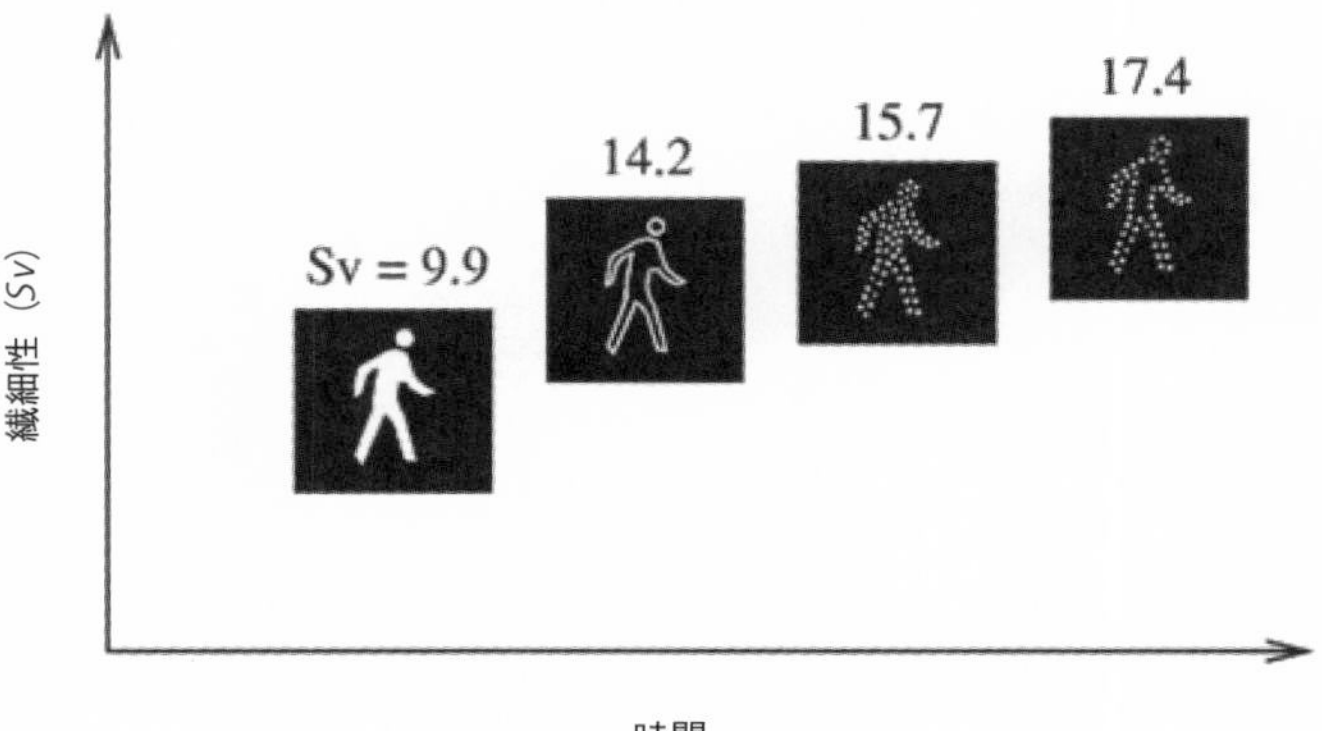

図 6.7　時の経過とともに起こる、「横断」信号の繊細性の進化

は異なる。アイコンは、観察したものや想像したものの観念的な考察を単純化した図だ。モデルは観察したものに厳密に限られる。自然界で観察された物体あるいは現象を単純化した人造の複製だ。木工所《もっこう》で作られたアヒルはモデル、湖にいるアヒルは自然界で観察された物体、となる。モデル化という人間の行為は、経験に基づく手法で、それは、観察が先行し、描写があとに続くことを意味する。まずアヒルがいて、そのあと、木のモデルが作られる。モデル化は、理論（概念が先行し、そのあと、自然との比較が行なわれる）の対極にある。モデル化は理論ではない。

「進化」は、時間における識別可能な方向性の中で起こる変化を意味する。evolution（進化）という単語は、その起源であるラテン語の動詞 *evolvo* や *evolvĕre* の中で明確に定義されている。この動詞は、「外へ転がる」「先へ転がる」という意味を持つ。今日なされる論議とは裏腹に、進化はダーウィンの生物学よりもはるかに古く、はるかに網羅的な（万物についての）物理の概念だ。

なぜ単純なほうが優るのか？　図――その正確性と複雑性――は、心的イメージを描写する人間の能力とテクノロジーとともに進化する。メッセージを依然として捉えている最も単純な図へと向かう進化は、「雄牛」と呼ばれるリトグラフの連作でピカソが例示している。ピカソは一一枚の版画でメッセージの本質を捉え、最後にはそれを非常に繊細性の高い、わずかな数の、構成された線で表現した（図6・8）。

進化は、テクノロジーの進化に伴い、コンピューターによって描かれる図の正確さにも明白に表れている。図6・9には、太さの違う二本のペンで描いた二つの円によって、それが例示してある。これらの円は完全ではないが、例として使ったのはそれが理由ではない。なぜ使ったかと言えば、それは繊細性が$S_v = p/A_b^{1/2}$として計算できるからだ。ただし、pは黒い線の内周の長さ、A_bは黒い線が占める面積だ。pとA_bを計算するために、円形の図はPPI（points per inch＝一インチ当たりの点の数）で測定する、いくつかの解像度設定でデジタル化し、図6・9では横軸に記した。スキャンした図は、pとA_bの値を

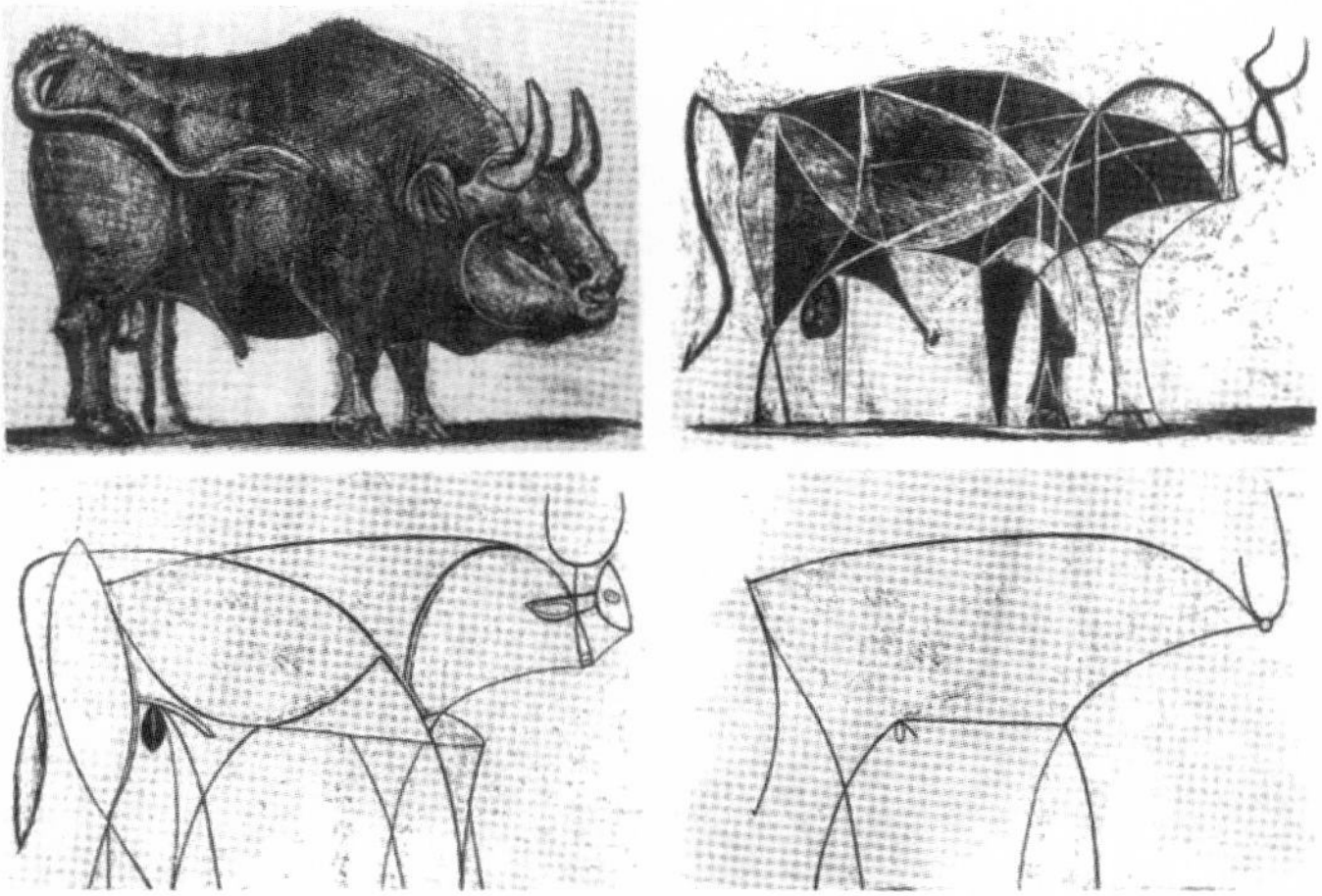

図6.8　ピカソのリトグラフ「雄牛」における、写実主義から単純性への進化は、彼による雄牛の本質的な図の追求を示している。

計算するために、(白と黒の) 二値画像に変換した。

図6・9は、太さが一定の円周を持つ数学的円のS_vとは違い、S_vが一定ではないことを示している。手描きの円の繊細性は、スキャンと複製のテクノロジーが高いＰＰＩに向かって改善するにしたがって、単調増加する。この増加傾向は、ペンによって残された黒い跡と白い紙のあいだの粗く曖昧な境目のせいだ。使う紙の肌理《きめ》や、紙にかかるペンの力は、図の描き手次第の特徴であり、機械の無限の力の極限においてさえも、完全に複製することはできない。それぞれの折れ線 (S_vとＰＰＩの関係を示す) は、イギリスの海岸の長さのようなものだ。イギリスの海岸の長さを求めるのは、フラクタル幾何学の出発点の役目を果たす計算だった。[*6]

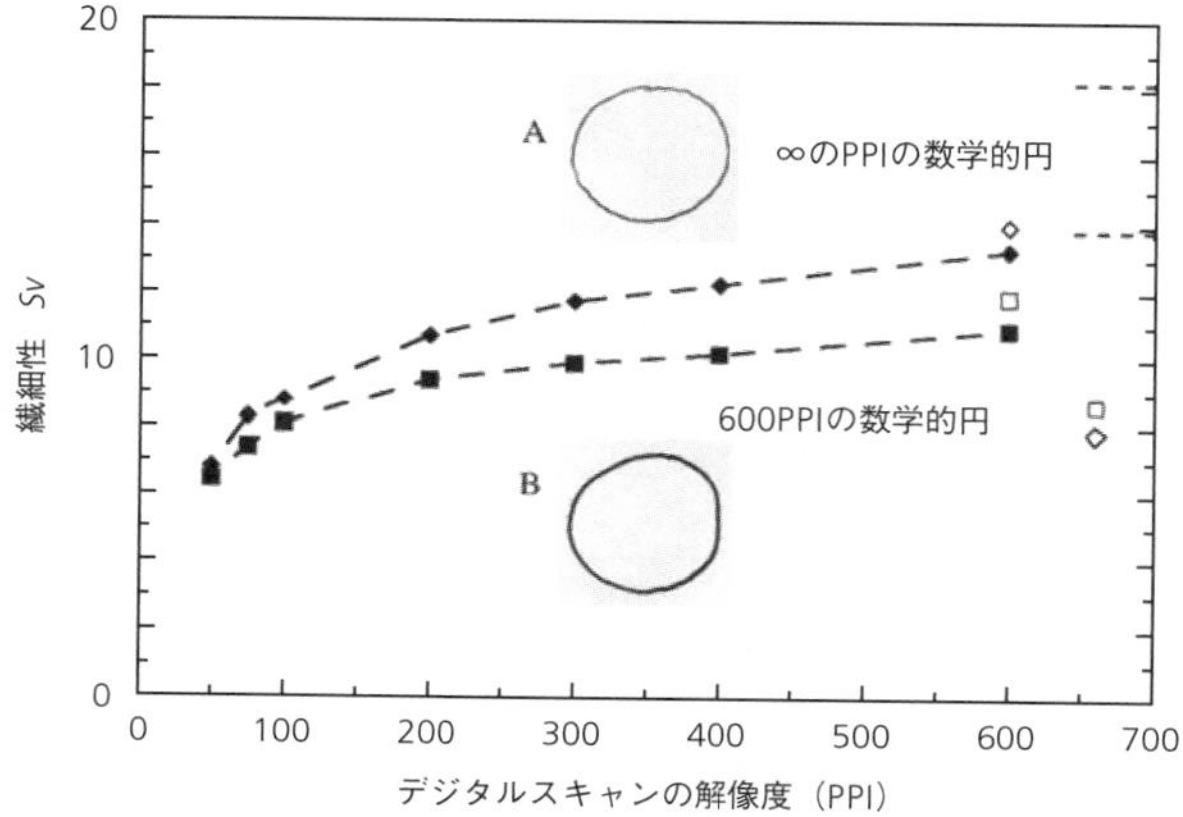

図 6.9 スキャンの解像度 (PPI) が増すのに伴う、手描きした２つの円の繊細性の進化。

「無秩序」は、とくに問いを投げかける価値のある概念だ。自然はしだいに複雑性を増す方向に進化するという主張と並んで、しばしば目にするものに、自然の傾向は無秩序の増大に向かっており、その傾向は熱力学の第二法則に支配されているという記述がある。これは間違っており、それは第二法則の文言を読めばわかる[*9~11]（第1章三一ページも参照）。

第二法則は「エントロピーは増加せざるをえない」としているとか、熱力学の「古典的」法則は「平衡状態」に関連しているとか書かれている文章を、私たちはしばしば目にする。熱力学は熱「静力学」と呼ばれるべきだとさえ教える人も多い。そのような言説は熱力学ではない。私は偽りの言説をいくつか集めた。[*9~10] そのなかから、ある物理学者のものを一つ引用しよう。「第二法則は、液体や気体のような、おびただしい数の粒子を含む巨視的な閉鎖系に当てはまる」。これは正しくない。第二法則の命題は、いかなる系にも当てはまる。開放系、閉鎖系、孤立系、断熱系の区別なく、定常状態でも非定常状態でも、配置があろうとなかろうと、進化していようといまいと関係なく当てはまるのだ。

第二法則は無秩序にはいっさい触れていない。多くの人が第二法則を、完全に同じ架空の粒子で満たされた箱の中では、粒子の集団はより多くのエネルギー状態が可能となる傾向にあるという見方と混同する。[*12~13] これは、熱力学ではなく統計力学の核心をなす概念だ。とはいえその教えの中には、三つの重要な所見が埋没している。

第一に、閉じた箱の中に完全に同じ粒子の群れが存在すると仮定すれば、「いかなる系」も、という熱力学の力を放棄することになる。「いかなる系」もというのは、物理学における最も一般的な系を指す。そのような系は、構成は特定されておらず、無限の自由を持っている。それと比べれば、粒子が中で跳ね回る箱というのは、非常に特殊な例であり、内部の構成要素は想定されており、流体を通さない、揺るぎない境界を持っている。

第二に、粒子と無秩序はありふれた観察結果ではない。現象ではなく概念だ。そのような言葉から、どうして「無秩序増大の法則」などというものが導かれうるのか？　これは、科学における混乱の源泉になってきた。なぜなら私たちは、周りを見回すと、まったく逆の現象に出くわすからだ——デザイン、変化に次ぐ変化（進化）、自己構成、創発、秩序の欠如と一部の人なら描写するようなものからの秩序の出現といった具合に。

第三に、統計力学が登場するよりも何十年も前に、第二法則と第一法則は、微小の系ではなく特定されていない大きさの系（たとえば熱機関）に関して述べられた。機関《エンジン》は流動構造であり、巨視的で、構成を持っており、進化している。無秩序ではなく秩序こそがエンジンの主要な特質であり、自慢できるところだ。エンジンは日々先進的であり、「古典的」ではない。生命と動きに満ちており、「平衡状態」にはない。著しく動的で、「静的」ではない。

「現象」は、特定の物事が何回となく同じかたちで起こるという人間の観察結果だ。一つの現象が一つの自然の傾向を表しており、その傾向は他の自然の傾向とは異なる。現象を観察して記述するのが「経験主義」だ。

物理の「法則」は、一つの現象を要約する簡潔な言明（文章あるいは公式）だ。「理論」は法則を拠り所とし、何かがどうあるべきかについて、純粋に観念的な考察を経験することだ。

熱力学の第一法則によって網羅される現象は、力学では「上がるものは下がらざるをえない」として、また、ウィス・ウィウァ（活力）とウィス・モルトゥア（死んだ力）としても知られていた。今日、私たちはこれをエネルギーの保存としてより一般的に認識しており、それには、物体が放り上げられたときの運動エネルギーから位置エネルギーへの変化をはじめ、周期的に稼働している熱機関のような閉鎖系を（熱から仕事へと）流れるエネルギーまでもが含まれる。

第二法則によって網羅される現象は、橋の下を流れる水や、熱いものから冷たいものへと流れる熱のような、あらゆる流れの持つ一方向性の傾向だ。今日、私たちはこの自然の傾向を「不可逆性」として認識している。どの流れも自ずと、「高」から「低」へ流れる。流体は、ダクトや管を通って高圧の部分から低圧の部分へと流れる。熱は、断熱材を通って高温の部分から低温の部分へと漏れる。どちらが高く、どちらが低いかを前もって知らなくても、流れの方向からわかる。なぜかと言えば、それは法則であり、自然界の系はどんなものもその法則に従うからだ。

複雑性、構成、デザイン、その他、本章でおさらいした用語として観察される現象は、自然な構成であり、進化であり、生命だ。[*14~15] 自由に形を変える配置の出現と進化は、時の経過とともにより楽に流れ、動くもののすべてで見られる。この現象は、コンストラクタル法則によって表されている。この種の観察結果はいたるところにある。河川流域の進化、肺の構造の進化、都市交通の進化、熱交換器の進化、飛行機の進化などだ。これらの観察結果から、自然界には時間の矢があることが明らかになる。[*16] その矢は、既存の流動の配置から、流動がより楽な新しい配置へと向いている。その逆ではない。なぜかと言えば、それが法則であり、自然界の系はみな、その法則に従うからだ。

言葉は重要であり、科学ではとくにそうだ。だからこそ、複雑性についてのいかなる議論でも、用語を明確に定義することが不可欠だった。誰かが無秩序と第二法則をいっしょくたにしていたら、その人に第二法則について説明するように頼んでほしい。そうすれば、その人はこの問題がわかっていないことが判明するだろう。みなさんに質問される前までは、わかっている気になっていたとしても、だ。みなさんにとって、この発見は相手にとってよりもはるかに貴重だ。なにしろ急に、目の前にいるのが、身なりだけ立派で中身のない人間だとわかるからだ。そして、相手が定評ある人物だった場合には、立派な身なりの人どころか、裸の王様だったと知れることだろう。

「コンストラクタル」という単語の誕生は、なぜ言葉が大切で、なぜ依然として無知な人でも好奇心に満ち、偏見がなく、創造的であれば報われるかを、見事に物語っている。私がこの原理を発見したのは一九九五年九月で、それからそれを使って流動構造（熱流、流体流動、歩行者の流れなど）を予測し、描いていた。だが、その原理には名前がなかった。そんなとき、私が指導していた博士課程の学生で、ブラジル出身のマーセロ・エレーラがオフィスに来て、私の図が『フラクタル幾何学』という本の図に似ていると言った。私はその本も、フラクタル幾何学も知らなかった。そこで彼に頼んで、デューク大学の図書館からその本を借りてきてもらった。本を開くと、最初のほうのページで著者のマンデルブロ（ポーランドで生まれ、子供時代を過ごした）は自分が、ラテン語の動詞 *frangere* から「フラクタル」という言葉を造り出したと説明していた。*frangere* は、何かを二つの同じような断片に分断するという意味だ。私はたちまち、彼がラテン語を取り違えていることに気づいた。*frangere* は私の母語のルーマニア語に、綴りも発音もそのままで残っているし、自然が枝や骨をぽきんと折ることを繰り返して塵にしたりしないのは明らかだ。自然界のデザイン進化の時間の矢は、それとは正反対の方向を指している。

私はマーセロに、マンデルブロは *frangere* の逆の言葉、すなわち *construĕre* という動詞

（ルーマニア語では *construire* で、マーセロの母語のポルトガル語では *construer*）を使うべきだったと言い、「自然界の幾何学はフラクタルではなくコンストラクタルだ」と笑った。

偶然にもそのとき、私は発表を目前にした二篇の原稿の改訂をしていたので、「コンストラクタル」という単語と、そのラテン語の意味をそれらの論文に書き込み、*17〜18 その両方が一九九六年に活字になった。意外にも、読者はコンストラクタルが有用な単語だと判断した。ひょっとしたらみなさんにも、そんな経験があるかもしれない。ただ面白いから創り出したものが、のちに、深遠な熟考に耽《ふけ》る科学者たちによって、真剣で重々しく、深みのあるものとして受け止められる、という経験が。

この一件では、マーセロと私が日ごろからポルトガル語をルーマニア語やイタリア語、スペイン語、フランス語、ラテン語と比べていたことが幸いした。私たちは、言語や民族、移民、アイデア、単語の起源についての話を楽しんでいた。私は今やブラジルで教授となったマーセロと、相変わらず協働している。

フラクタル・アルゴリズムは記述的であり、予測的ではない。フラクタル幾何学は理論ではない。自然の姿に似た図につながるアルゴリズムというものを、フラクタル研究者は試行錯誤して見出している。フラクタルを扱う数学者は間抜けではない。だから、何にも似ていない図につながった多数のアルゴリズムについては、人に明かさない。芸術の巨匠たちも馬鹿ではない。だから、投げ出して床一面に撒き散らかされた失敗作は、誰にも見せはしない。

コンストラクタル法則は予測的だ。この法則は、図（そして、もしご希望なら「フラクタル・アルゴリズム」と呼んでもかまわない）の発見の仕方や、時の経過とともに起こる自然の配置の進化――形の変化――の予測の仕方を教えてくれる。記述は経験に基づく手法であり、非常に一般的で、陳腐で、多様で、豊富だ。予測には、法則と、法則に基づく理論が求められる。予測は極端に稀だ。なぜなら、予測は豊富な現象を統一するからだ。

科学はその両方を必要とする――多数の小さなものと少数の大きなもの、多様性とすべてを統合する見方、多くの記述と極端に少ない数の予測、豊富な経験的手法と稀な理論の両方を。

第7章　学問分野／規律

　これまでの章で、従来は物理学では認められていなかった現象や概念の、物理的基盤を明らかにした。すなわち、変化する自由、進化、デザイン、複雑性、生命、能率、規模の経済、収穫逓減、イノベーション、社会的構成といった現象や概念だ。これらが新しい知識体系を構成している。

　知識が言語よりも速く発達すると、新しい知識は、著者次第でその場凌《しの》ぎのさまざまな用語で説明されることが多い。やがて言語が追いつき、その新しい領域を支配する最小限の新しい用語や規則が絞り込まれる。これが新しい学問分野となる。この段階に至ると、新しい知識体系はより強力で、より応用しやすく、新しい世代へと伝えるのが楽になる。

　よく知られている学問分野の例として、幾何学、力学、熱力学がある。discipline（学問分野／規律）という名詞は disciplined（鍛錬された、規律正しい）という言葉と混同してはならない。もっとも、この二つの単語は、学問分野／規律を知っている科学者、すなわちノイズではなくこの上なく簡潔明瞭な原理原則を知っている科学者に当てはまるが。このあと見るように、自由と、規律への依存とのあいだには何の矛盾もない。むしろその正反対で、規律正しい科学者は、新しい知識の領域へと、最も自由に乗り出していかれる。なぜかと言えば、その科学者の自信は、十分に検証された学問分野の信頼性によって正当化されているからだ。

本章は、前章のあとを受けて話を先に進める。複雑性の科学は、学問分野として確立されるためには、熱力学が示した手本から学ぶことができる。熱力学は明白な用語と規則と原理を持った学問分野だからだ。ナラティブや意見や政治的目的に資するために途中で言葉の意味を変えることは許されない。自然界の複雑性と、より一般的には構成と進化は、学問分野として追究されたときに最も強力で有用だ。

形の科学は幾何学とともに始まった。私は読者のみなさんを、幾何学が誕生した二五〇〇年前まで連れ戻すことにする。当時、図を描くことで自分の推論（自分が正しいという主張）を表すための規則は極端に少なく、非常に厳密だった。主張をしているあいだ、直定規とコンパスしか使用を許されなかった。コンパスは、二点間の距離を記録するためと、円弧を描くために使われた。

規則が少ないほど、学問分野は厳しく、推論、正しいことの証明、定理、イメージ（図）は長持ちする。ごまかしはいっさい許されず、最も貧しい参加者にさえ利用可能な二つの器具で図を描くだけだ（ここで宿題——最も貧しい人は、どうやってコンパスを作ることができたか、考えてみてほしい）。

図は写真で置き換えることはできない。人は目にしたものも、夜の暗闇の中で頭に浮かんだものも描くことができる。だが、写真は目で見えるものしか写せない。これが人間と機械の違いであり、新しい機械（AI［人工知能］のような人工物）が、人間と機械が一体化した種に取って代われない理由でもある。

定規とコンパスを、現代では利用可能な豊富な製図器具と比べてほしい。後者には、多くの形と大きさのテンプレート、三角定規、楕円定規、雲形定規、分度器、平行を保ったまま直定規を動かせる仕組みになっている製図台などがある。だが、図で証明を行なう学問分野では、それらはいっさい使用を許されない。それらの器具は、この学問分野が誕生したときには手に入らなかったからだ。

余談になるが、「コンピューターの時代に、まだそのような器具を使う人がいるのですか？」と、ある読者に訊かれた。それは、写真の時代に、まだ絵の具と筆や鉛筆を使う人がいるのですか、と訊くようなものだ。もちろん、そうした古い器具は、自分の想像力や創造性の呼び声を耳にする人々に、依然として使われている。人は、絵が描ける写真家よりも写真を撮れる画家を知っている可能性のほうがはるかに高い。手で描けるコンピューターのユーザーよりも、コンピューターで作図できるグラフィック・アーティストが見つかる可能性のほうがはるかに高い。そのうえ、コンピューターのユーザーは、幾何学、透視図法、解析幾何学、画法幾何学といった、コンピューターの画像処理ソフトウェアを支えている原理や学問分野をまったく知らないと思って間違いない。

現代の器具を使う進んだ人と比べると、直定規とコンパスを使う思索家は、時代後れとか、古臭いとか思えるかもしれない。この印象は間違っており、教育にとって有害だ。古代の道具の使い方を学習する人は、修養を積んでいるのであり、最も単純かつ直接的に考え、科学的に議論するときにとどめの一撃を加え、懐疑的な人の疑念を取り払い、今日必要とされる、製図法のためのなおさら優れた現代的な器具をデザインする方法を身につけているのだから。

対象とする学問分野の最小限の規則に立ち返る思索家は、高校とそれ以後の高等教育に浸透している流行に逆らうことになる。その流行の遺産が、今日の知識「業界」だ。数学では、足し算から積分の計算まで、いっさいを電卓に頼るようになったせいで、取り返しのつかない害が出ている。熱力学では、ソフトウェアのパッケージを頼みにしているせいで、教えることが今やより効果的になったという錯覚が生まれているが、実際には、熱力学の現象や法則やソフトウェアを支えている学問分野を学ぶ人間はほとんどいない。

図7・1から始めて、定規とコンパス以外は使わずに線分を二等分するにはどうしたらいい

か、自問してほしい。以下にその方法を示す。単純さの威力を楽しんでもらえることを願っている。

定規を使って線分ABを引く。コンパスの針をAに刺し、線分ABよりも少し短い半径で円弧を描く。コンパスの針をBに移し、先ほどの円弧と同じ半径で第二の円弧を描く。二つの円弧は二点C、Dで交わる。両点によって、この作図における対称軸が定まる。線分CDは、線分ABと垂直で、線分ABを二等分する。定規を使ってCとDを結ぶと、線分ABを点Eでちょうど二等分できる。

この作図からはもう一つ得られるものがある。それは直角で、線分CDと線分ABの交点の周りではっきり見られる。直角は、交点で小さな正方形によって象徴されることがよくある。なぜ正方形かと言えば、正方形はその隅にぴったりと収まるからだ。

では、たとえば直角のように、作図の仕方がわかっている角の分割はどうだろう? 図7・2には、どんな角でも二等分する方法、すなわち、二等分線を見つけてそれを描く方法が示してある。まず、鋭角αを考え、コンパスでOを中心とする任意の円を描き、交点をAとBとする。次に、コンパスでAを中心として、AB間の距離に等しい半径で弧を描く。コンパスでBを中心として同じことをする。二つの弧は点Mで交わる。Mは、この任意の角を挟む二本の線から等距離にある。線分OMが角αの二等分線となる。この作図によって、$\alpha/2$という新しい角を図示できることになる。

図7・2の作図を繰り返せば、定規とコンパスだけを使って、さらに角度の分割ができる（$\alpha/4, \alpha/8$……）。もし、図7・2のβのように、任意の角が鈍角でも、作図の仕方はαのときと同じだ。なぜなら角αの二等分線は、角$\beta = 2\pi - \alpha$（ラジアン）の二等分線と同じだからだ。

これまでの作図は、線分と角の二等分だった。½未満に分割するにはどうしたらいいか？

図7・3には、任意の線分ABを、たとえば五等分のように、好きな数の線分に等分する方法を示してある。線分ABに対して四五度になるように、任意の線分ACを描く。コンパスを使い、この補助線上に任意の距離AUの印をつけ、AからCに向かって、同じことをあと四回繰り返す。五番目の点をDとする。DとB

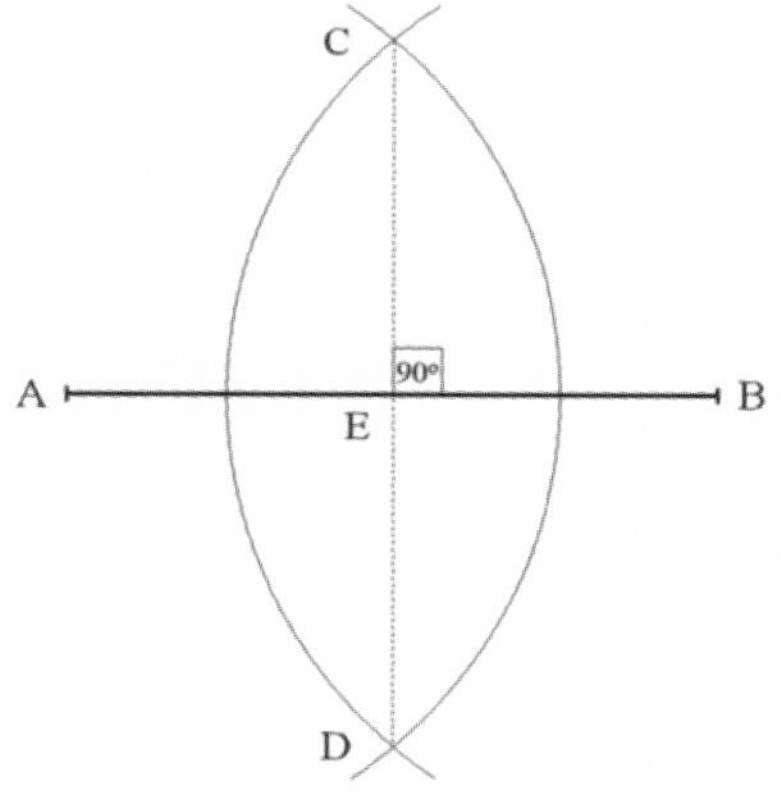

図 7.1　定規とコンパスだけを使って線分を二等分する方法と 90 度の角を描く方法

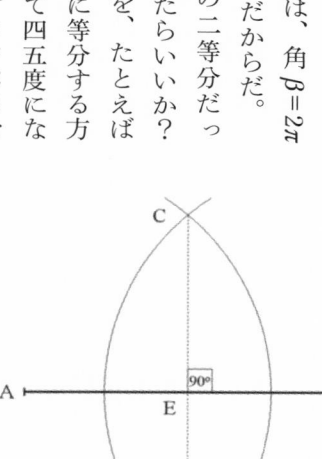

を結ぶと、三角形ADBができ、辺ADは五等分されている。Uのように、残っている点から辺DBに平行な線分を描き、底辺ABとの交点に、それぞれ1、2、3、4と記す。すると、もとの線分が、五つの同じ長さの線分に分割される。なぜなら、$AU1$のような三角形は、いちばん大きい三角形ADBと相似だからだ。

線分01はAからBまでの距離のちょうど五分の一になっている。なぜなら、先に補助線ADを五等分したからだ。任意の線分はcut（分割）された。だから、cut line（分割された線）という。この作図とその名称が、科学の刊行物でグラフをいつも縁取る、目盛りで分割された線のうち、水平のものを指す線）の元の名称は、ラテン語で*linaea abscissa*（分割された線）という。

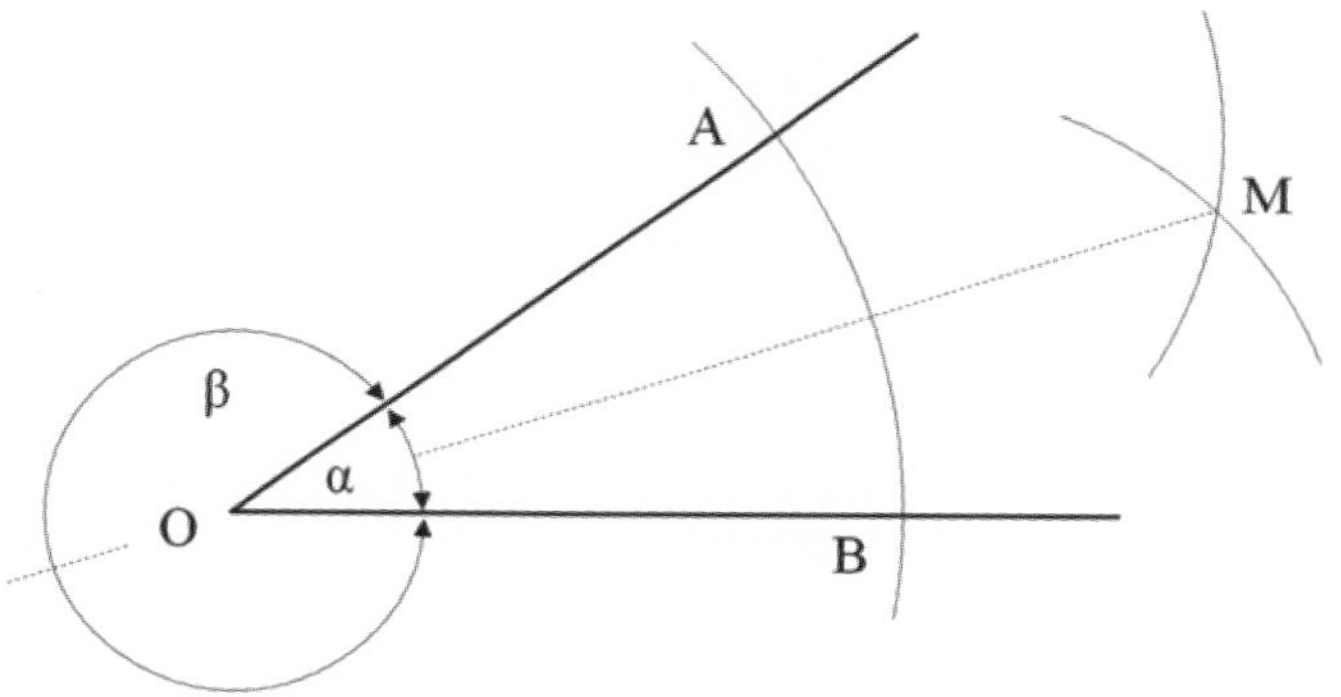

図7.2　角を二等分する方法

abscissa（横座標、横軸）の起源になっている。

図7・3で、AからCに向かって、線分ADの中点にしか印をつけなかったら、作図の結果、底辺は一か所でしか分割されない。そしてその箇所は、AとBの中点に来る。この特別な場合が、図7・1での作図に代わる方法であり、そのため、図7・3は図7・1の一般化なのだ。

角を½未満の大きさに分割するときには、臨機応変に処理する。これは不都合ではなく、その逆で、考え、スペースの中で眺め、機敏さを養う機会だ。それは、夜のアリーナで独りでドリブルとシュートを練習するのに似ている。たとえば、円周を三等分することから始めよう。できた円弧のそれぞれが、中心部の一二〇度という角度に向き合っている。この作図は、その

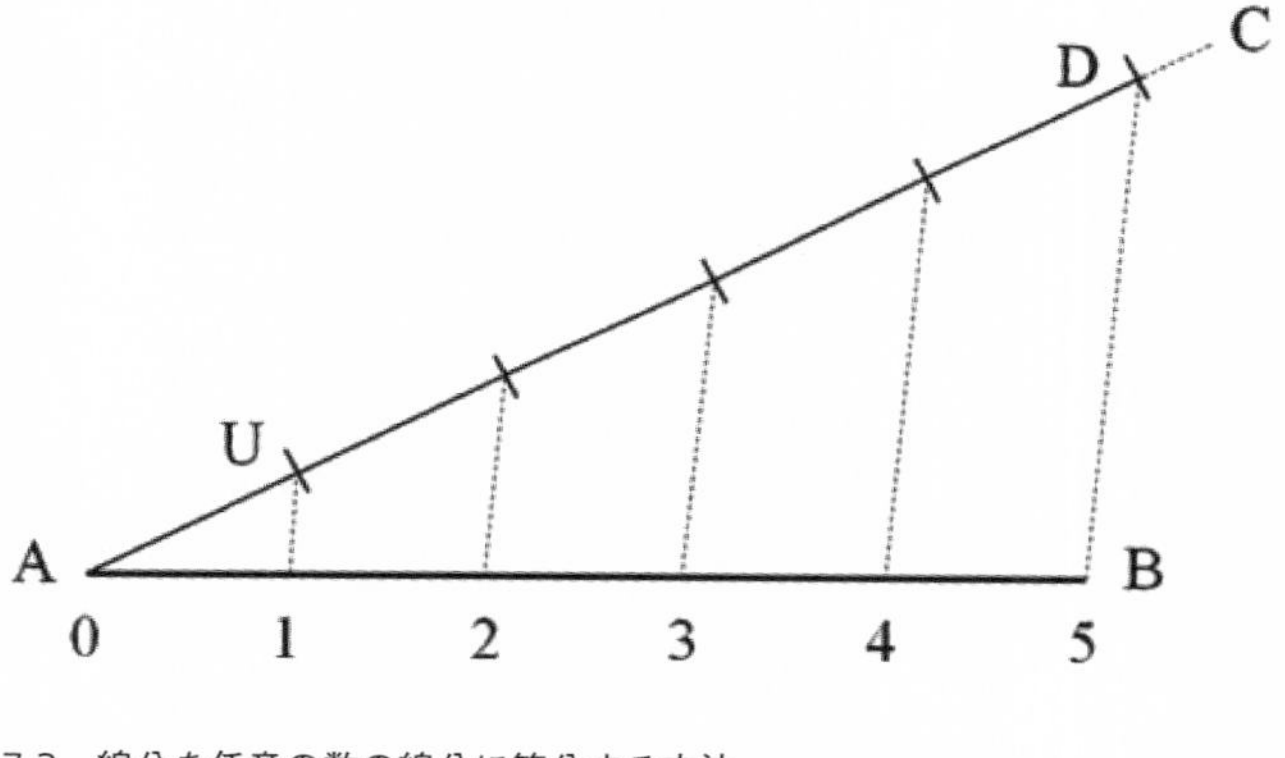

図 7.3　線分を任意の数の線分に等分する方法

円に正三角形を内接させるのと同じだ。正三角形の描き方は、図７・４の左側に示してある。線分ABを正三角形の一辺とし、AとBをそれぞれ中心として半径ABの円弧を二つ描く。それらの円弧は点Cで交わる。このように作図すれば、でき上がった三角形の三辺は必ず長さが等しくなる。

この作図では、辺ABの両脇に六〇度の角が一つずつできる。そして、それら二つの六〇度の角の二等分線が交わる箇所に、一二〇度の角ができる。さらに、図７・２で示した作図を使ったおかげで、六〇度の角から三〇度の角も得られる。正三角形に外接する円の円周は、長さが等しい三つの弧に分けられるわけだ。

正三角形ではなく任意の円から作図を始めなければならない場合はどうだろう？　そのような場合には、まず図７・４の右側に示した正三角形を作図する。この正三角形は、左側に示した作図を行なえば描ける。あるいは、図７・４の左側で六〇度の角を測り、それを右側の円に移すこともできる。破線で描いた正三角形に注目してほしい。このような三角形を二つ隣接させれば一二〇度の角ができ、円周を長さが同じ三つの弧に分割できる。

どうやれば、一つの図から別の図へと、角を――どんな角でも――移すことができるのか？一般的に応用可能な作図の仕方は、図７・５の上段に示してある。任意の角はαだ。左側で好きなように長さを二つ決める。Oを中心として半径OAの円を描き、次に、Aを中心とする第二の円の半径ABをコンパスで測る。線分OAと線分ABという二つの長さを使って、右側の作図をする。最初の円を描き、水平の線に点Aを記し、次に第二の円を描く。二つの円の交点がBであり、これで（Oを中心とする）角αを新しい図に描く作図が完了した。

角の大きさを測り、別の場所で同じ角を描くのは、他の基本的な作図の元となる。たとえば、図7・5の下段には、任意の点（P）を通らない任意の直線と平行でPを通る直線を描く方法を示してある。この作図をするには、元の直線と任意の斜め線POを引く。この線分は、元の直線と角αを成す。次に、三角形AOBを作図してαの大きさを測ってから、斜め線の上端でαと同じ大きさの角を作図する。そうすれば、今やPは再現された角αの先端となる。この作

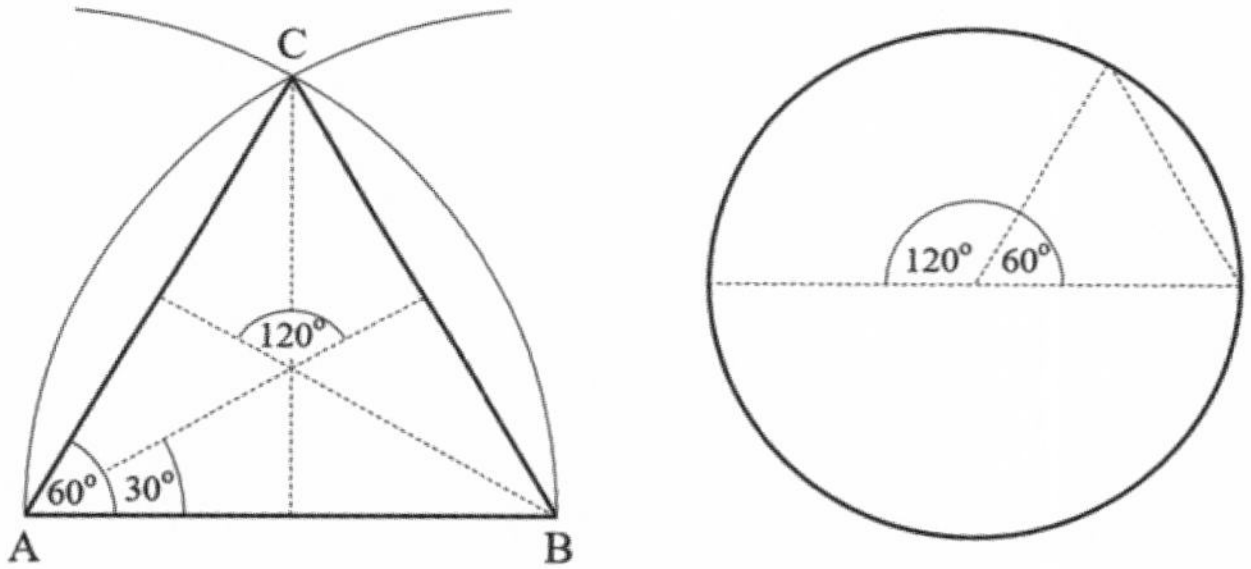

図7.4　120度と60度の角を描く方法と、円周を三等分と六等分する方法

図には、二つ（ともに任意）の円の半径しかない。すなわち、$OA = PA'$と$AB = A'B'$だ。こうして点B'の位置を定める。点Pと新しい点B'を通る線を引けば、それは元の直線と平行になる。なぜなら、元の角αとそれを再現した角とは等しいからだ。両者は錯角と呼ばれる。

これらの単純な例は、今日利用可能な現代の器具や体系に先行するあらゆるもの（幾何学、建築、作図）の全歴史の冒頭にすぎない。定規とコンパスは、ボールとゴールポストのようなものだ。シャツや靴、ボール、スタジアムは質が上がり、高価になるが、スポーツ自体は同じままだ。

練習を積めば、もっと込み入った形の作図に挑む勇気も湧いてくる。たとえば、図7・6に示した、私が墨で描いた図をじっくり見てほし

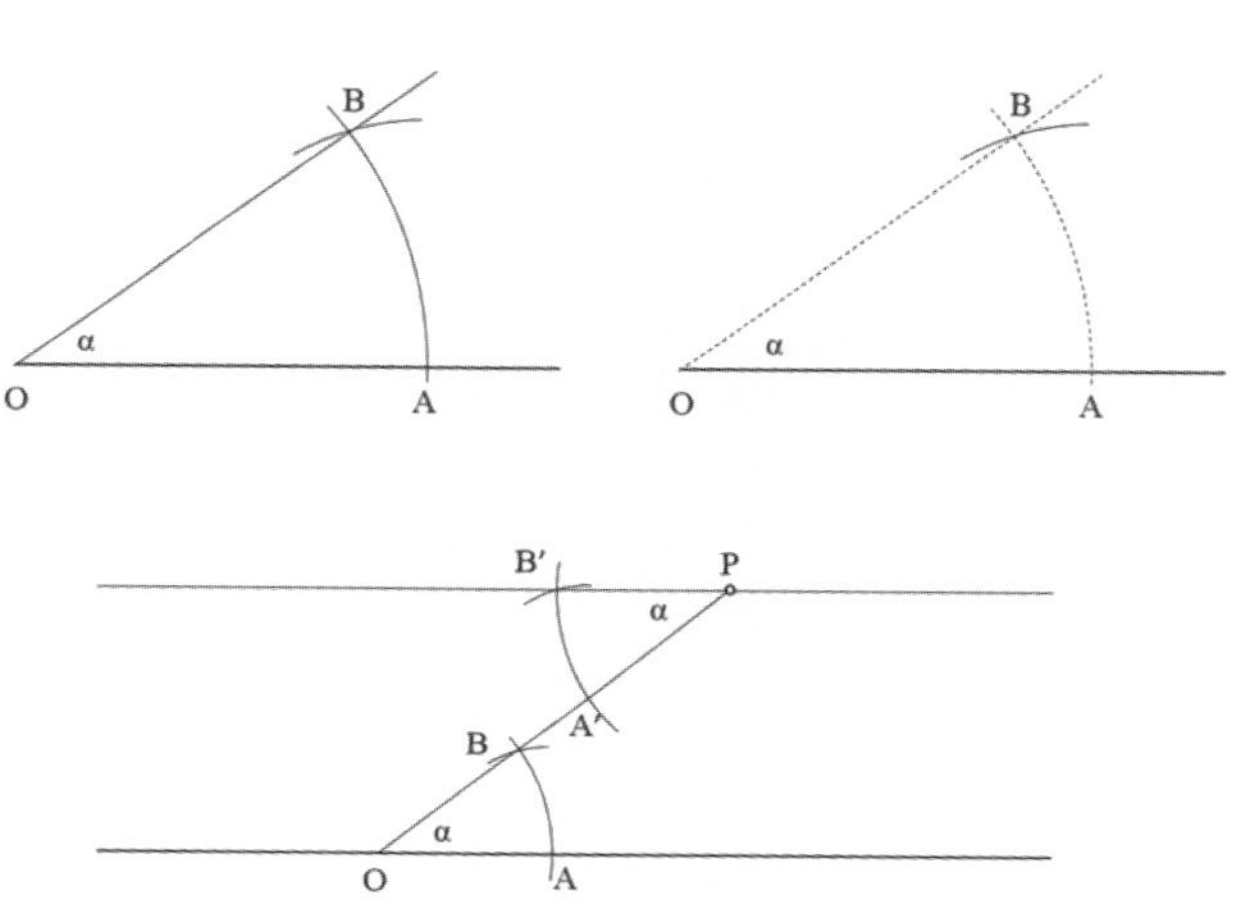

図7.5　既存の図（上段左）の角（α）を測り、新しい図（上段右）へ移す方法

い。細かい部分は見逃してもかまわない。[*1] 最大の特色は、私が定規とコンパスだけでそれを描いた点だ。ちなみに、定規とコンパスは一九六九年にマサチューセッツ工科大学で学生だったとき以来の私の器具だった。この図は、四つの特定の大きさの「同心」楕円が多数を占めていることに注意してほしい。いったいどうすれば、入れ子になった楕円を二つだけでもいいから描くことができるのか？　いやそもそも、どうやって一つでも楕円を描くことができるのか？

円には中心が一つあるが、楕円には二つの焦点（二つの「炉」。ラテン語では *foci* で、これは「炉」を意味する *focus* という名詞の複数形だ）がある。真の楕円はコンピューターで描いたものを図7・7の上段に載せてあるが、二つの焦点は示していない。二つの焦点を通るように水平の線分を引くと、それが楕円の長軸となる。長軸の（図7・1の作図のように）中央を通る垂直の線分が短軸だ。

楕円の曲率半径が小さい赤道緯度で長軸が楕円を二分するという所見がカギだ。短軸は、楕円の曲率半径が大きい両極で楕円を二分する。一方は小さく、もう一方は大きい曲率半径を手掛かりにすると、一方がもう一方よりも小さい二種類の円を描けば、コンパスを一つ使うだけでほぼ正確な楕円を描くことができる。

図7・7の下段にその方法を示してある。まず、白紙に*A*と*B*を結ぶ短軸を垂直に引く。コンパスの針を*A*に刺し、半径*AB*の大きな円弧を描く。今度は*B*にコンパスの針を刺して同

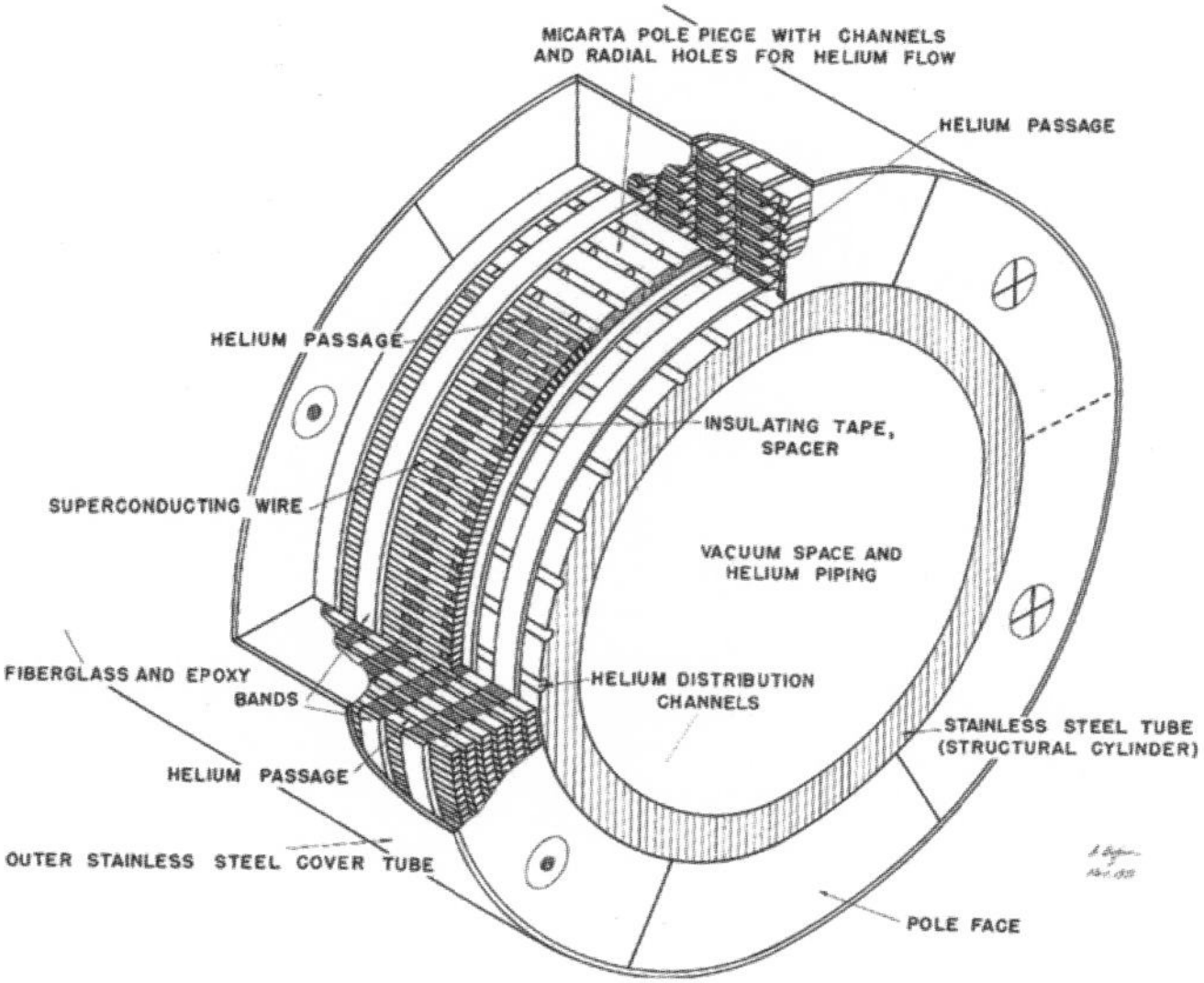

図 7.6　発電機のローターに取りつけた超電導巻線の縦断面図における導電体と液体ヘリウム流路の三次元構造。ヘリウムは、縦方向、半径方向、円周方向と、あらゆる方向に流れる。

じことをする。すると図は、人間の目、あるいはアメリカンフットボールで使うボールに似てくる。二つの円弧は点Cと点Dで交わる。線分CDは短軸を点Eで二等分する（図７・１参照）。この線分は、作図しようとしているほぼ正確な楕円の長軸と同一線上にある。

次の課題は、二つの焦点のおよその位置を突き止めることだ。焦点は点Eの左右になくてはならない。両点がありそうな位置は、直径ABの円を描いて線分CDと交差させれば得られる（$F1$と$F2$）。

Aと$F1$、Bと$F1$を結ぶ補助線は直交し、その結果、半径$F1G$の小さな円は、線分ABと長さが等しい半径BGの大きな円と点Gで接する。$F1$と$F2$を中心とする二つの小さな円を描けば、私が図７・６を描くのに何度も行なった作図が完了する。でき上がった楕円は滑らかだ。なぜなら、円弧が接する点Gでの二つの円弧の接線の傾きが等しいからだ。この楕円は、長軸が短軸より五九パーセント長い形（細長さ）になっている。

この作図法を身につけて巧みに使えば、言葉ではけっして説明できないものを三次元で表すことができる。図７・８には、三次元の表面（曲面）どうしが転がりながら一点で接しているところを私が墨で描いた図が示してある。その接触点は、目に見えない$x-y-z$の座標の原点になっている。[*2] 私が自分の「秘密」の知識と有史以前の器具を使ってこの図を描いたのは、教育を受け始めたばかりのことであり、楽しく懐かしい思い出だ。今日、同僚や学生がこのよ

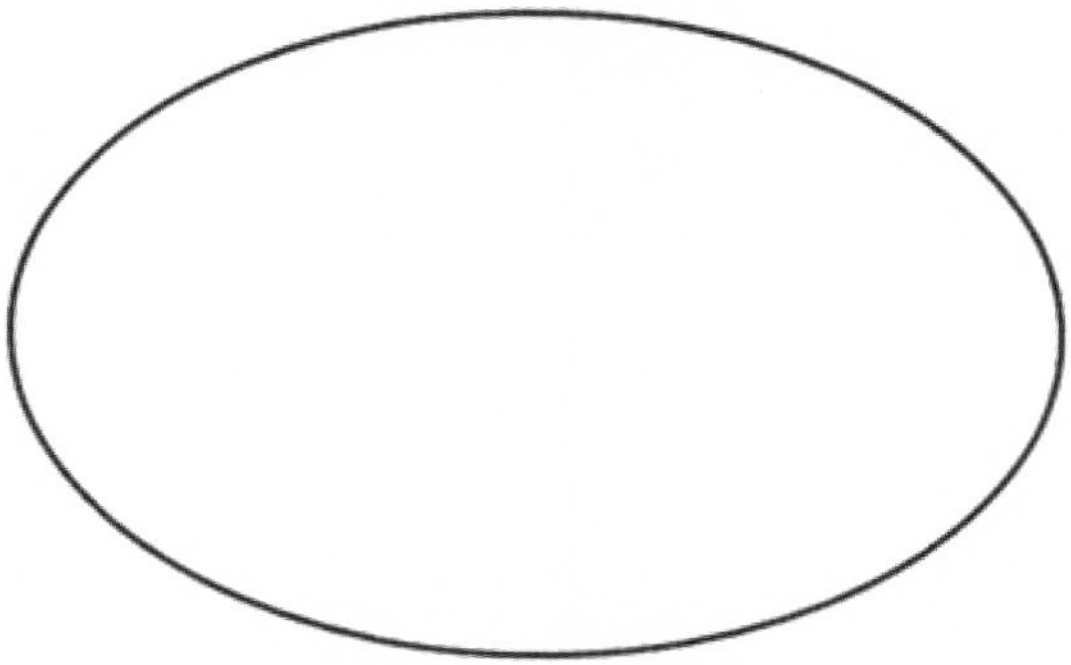

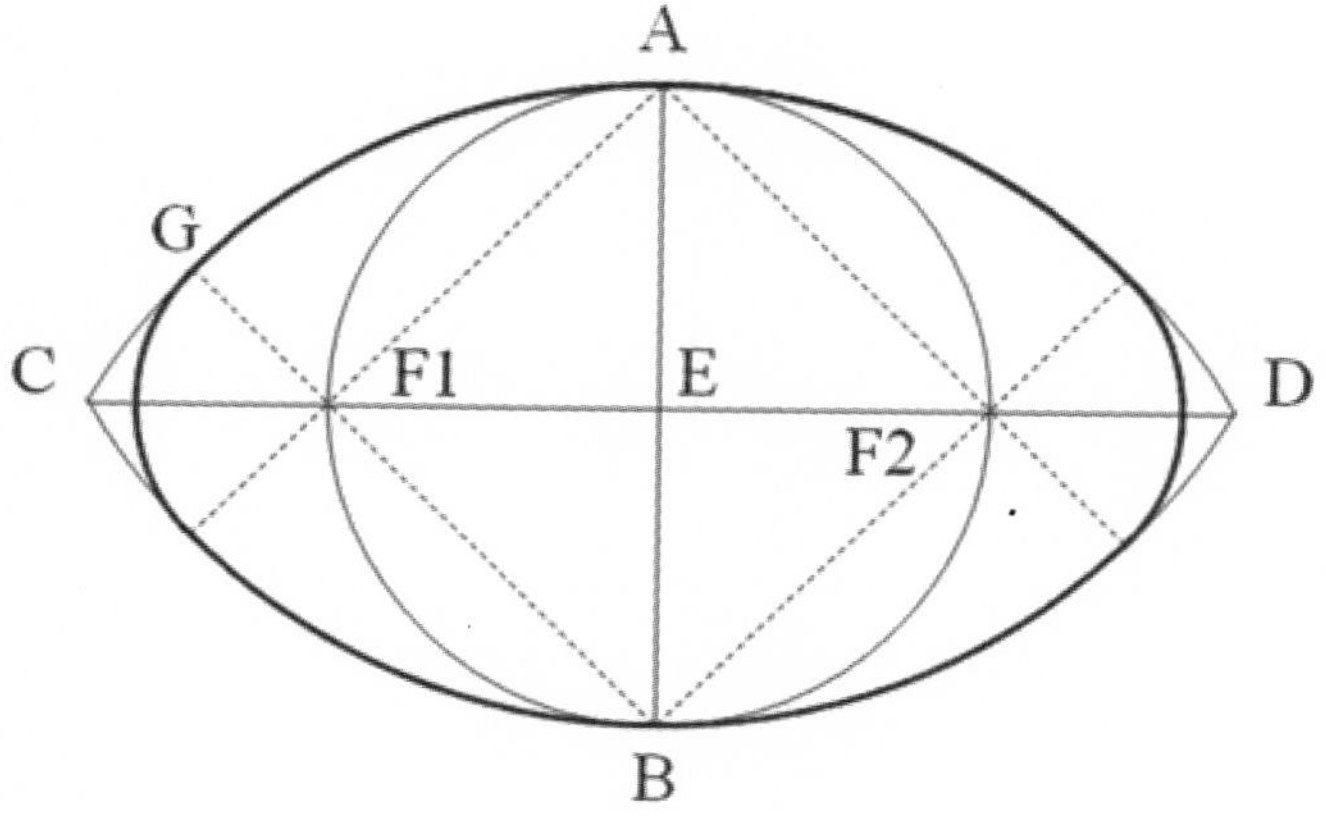

図 7.7　定規とコンパスを使って楕円を描く方法
上段の楕円は正確で、下段の楕円はほぼ正確だ。両者の違いが見て取れるだろうか？

うな図を目にした途端、コンピューターが描いたものと決めてかかるのは痛快だ。

自然界の進化するデザインは、驚くほどの構成を持っているので、そのきわめて重要な特徴は、流動する系の大きさと関連づける幾何学的作図によって要約することができる。コンストラクタル法則を使えば、そのような公式は観察されるのではなく、予測される。それらは理論であり、経験主義ではない。[*3〜4] それぞれの公式は「冪乗則《べき》」と呼ばれる。なぜなら、$Y=aX^b$というかたちをとるからだ。ただし、Yは流動構造のきわめて重要な特徴（たとえば、動物の速度、動物の器官、飛行機のエンジンの大きさ）、Xは物体の大きさ（体積、質量、重量、長さなど）。係数aと指数bは、自然界に豊富に見られる構造のおよその（X、Y）測定結果に公式が一致するように定められる。

$Y=aX^b$という公式は、冪乗則だ。なぜなら、独立変数Xがb乗されているからだ。多くの著者が、$Y=aX^b$を誤って「指数関数」と呼ぶ。bという指数のせいだ。なぜ誤っているかと言えば、指数関数$Y(X)$では、独立変数Xは、$Y=a \cdot b^X$というふうに、指数として出てくるからだ。

$Y=aX^b$の指数bは、ほぼ例外なく1未満で、それに呼応するXとYの関係は、「アロメトリック（allometric）」と呼ばれる。その一例が、$b=1/6$の場合で、これは動物の速度（飛行、走行、泳ぎ）と体の質量との関係として予測された。[*5] $b=1$という関係は少なく、ジェットエンジンの大きさと飛行機の重量の関係や、翼幅と胴体の長さの関係がこれに該当する。[*6] $b=1$ のときの冪乗則は「アイソメトリック（isometric）」と呼ばれる（「同じ尺度」という意味で、ギリシア語に由来する）。なぜなら、X を2倍にすれば、Y も2倍になるからだ。一方、指数の b が1未満だと、X を2倍すれば、Y の増加はそれよりも小さくなる。だから、b が1未満の冪乗則の関係はアロメトリックと呼ばれているのだ（allometric の *allo* はギリシア語では標準的なものからの逸脱を意味する）。アイソメトリックの関係は、より一般的な関係（すなわちアロメトリックの関係）の特殊な場合と考えることができる。

なぜ私は、幾何学の作図に関する章で、こんなことを語っているのか？　自然界は、形の科

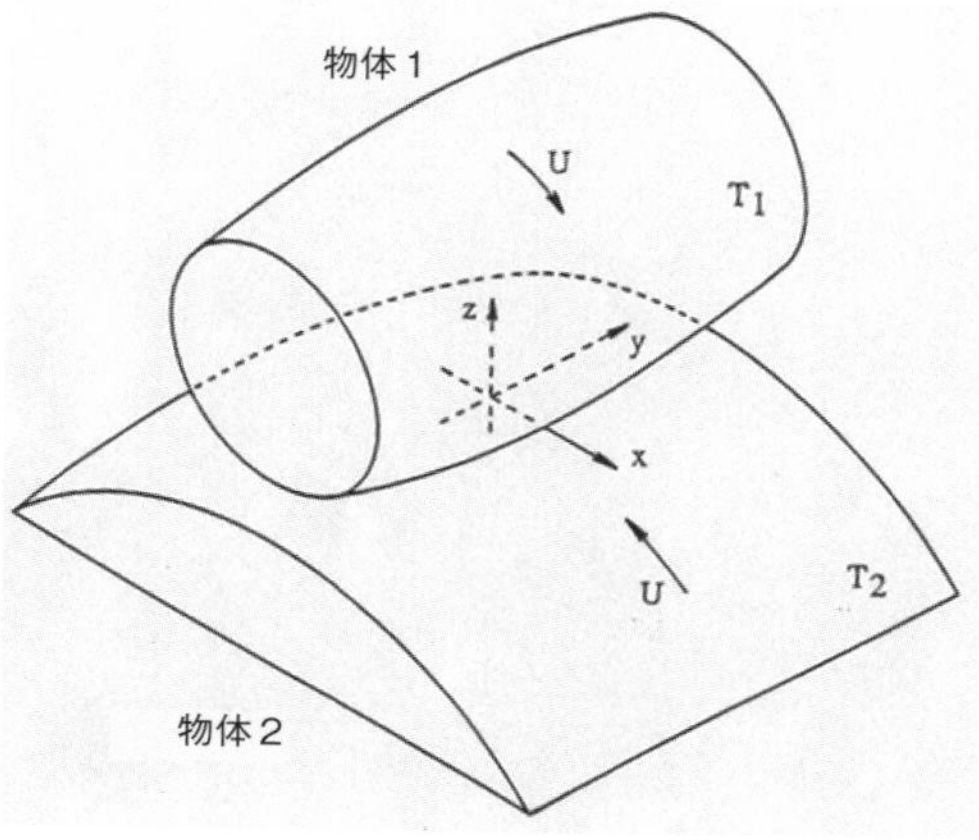

図 7.8　凸面（2つのローラー）が1点で接している図の中の楕円

学という独自の学問分野を形成する比較的単純な図によって表される、自由に進化する流動構造の網であるというのが大きな理由だが、それ以外に理由はあるのか？　じつは、もっと微妙な理由がある。XとYのアロメトリックの関係を線形の直交座標（それぞれの軸に等間隔の目盛りが振ってある）に記すと、曲線になるからだ。bが1未満のときには、その曲線は左上に向かって膨らむ。曲線は直線よりも引くのが難しく、他の曲線と異なる曲線として記憶にとどめておくのはなお難しい。

その結果、$Y=aX^b$というアロメトリックの関係は、X軸とY軸の目盛りが$\log(X)$と$\log(Y)$にそれぞれ呼応する直交座標で表されることが好まれる。この表し方のほうが有用だ。なぜなら、横軸が$\log(X)$、縦軸が$\log(Y)$の直交座標では、アロメトリックの関係は線形、すなわち、$\log(Y)=\log(a)+b\log(X)$になり、直線で表されるからだ。この直線は傾きがbで、$\log(a)$は定数だ。

両対数グラフ上の線は、引いたり、比べたり、覚えたりしやすい。とはいえ、そのようなグラフを描く前に、横軸と縦軸の目盛りが、それぞれXとYではなく$\log(X)$と$\log(Y)$になっている座標を用意しておかなければならない。両対数グラフ用紙を見つけておく必要がある。今日、これは簡単だ。なにしろ両対数グラフ用紙は、知識業界のための他の道具とともに、最近の書店の文具売場で手に入るから。だが、みなさんがそのような書店にアクセスできないときや、黒板にチョークで正確な両対数軸を描くのが好きな大学教授だったときのために、自ら両対数軸を描く方法を次に紹介する。

この方法は、図7・3に示した作図法を若干変えたものだ。まず、図7・9で水平な線分（これがやがて log(X) の横軸になる）を10等分する。もし横軸が線形なら、目盛りは0, 0.1, 0.2……1を表す。均等に目盛りをつけた線分を、図7・9の上段に示しておく。次に、1から10までの整数の対数の値を調べると、つぎのような驚くべき所見に至る。

- 1の対数は0である。したがって、対数の横軸の左端は1となる。
- 底が10のとき、10の対数は1である。したがって、対数の横軸の右端は10となる。
- 3の対数は0・48になる。したがって、新しい対数の横軸の中央は、ほぼ3に呼応する。
- 4の対数は0・6になる。したがって、線形の横軸の0・6の下で、対数の横軸に4と記す。
- 8の対数は0・9になる。したがって、線形の横軸の0・9の下で、対数の横軸に8と記す。
- log(2) の印は、対数の横軸では1と4のちょうど中点になる。対数の横軸では、1と2と4と8の目盛りは等間隔になることに注意（ここで宿題——なぜそうなるのか?）。

新しい横軸にこれらの目盛りをすべて記すと、残りの目盛りがどのあたりに来るかは、簡単に想像がつく。たとえば、2は1と3のあいだで、3に近い所に来る。さらに、5は4の右側に来るし、4と5の間隔は3と4の間隔よりも狭い。目盛りは線分の右端に近づくほど間隔が狭まる。そして、間隔が狭まるほど、両隣の目盛りとの区別が重要でなくなる。たとえば、log(8) とlog(9) との区別だ。

コンピューターに先行する幾何学の作図という学問分野が、なぜ不可欠で、力を与えてくれ、解放的なのか、そして、なぜ科学者でもある学者にとってはとくにそうかが、今や見えてきた。この古くからの知識は、私たちが想像の中で正しい図を目にするうえで役に立つ。また、チョークで黒板に、鉛筆で紙に、正しい図を描く助けになる。製図法がいいかげんな科学者がいれば、それを指摘する力も与えてくれる。

今日、私は形の科学が学問の一分野であることを講座や教科書で教えている。私がこの学問分野を発見したわけではない。それは、画法幾何学の創始者ガスパール・モンジュ（一七四六～一八一八年）を筆頭とする多くの科学者の、進化する図の中で自然にかたちをとった。以下に、自由と規律あるデザインへと向かう一連の段階を簡単にまとめておく。[*7]

1．あなたの系を定義する——どのような「系」について語っているのかを、はっきりと明確に特定する。何がその系を構成しているのか？

「系」の定義から始めよう。系は空

間の中の領域、あるいは一定の質量で、思考や解析やデザインの対象となる。系はあなたのものだ。系は観察者のものだ。系はあなたの一部だ。それ以外はすべて環境であり、世界の残りの部分だ。

2. **流れを特定する**——必ずあなたの系に変化する自由を持たせ、中では「何が流れているか」を理解しよう。すなわち、あなたの系が「流動系」である理由と、それが自由を持っている理由を理解しよう。

3. **単純なかたちで始める**——最初はあなたの系の特徴のうち、一つだけ変化することを許す。そうすれば、あなたの系には1自由度が与えられる。この特徴の変化のせいで、あなたの系の中にある流れの

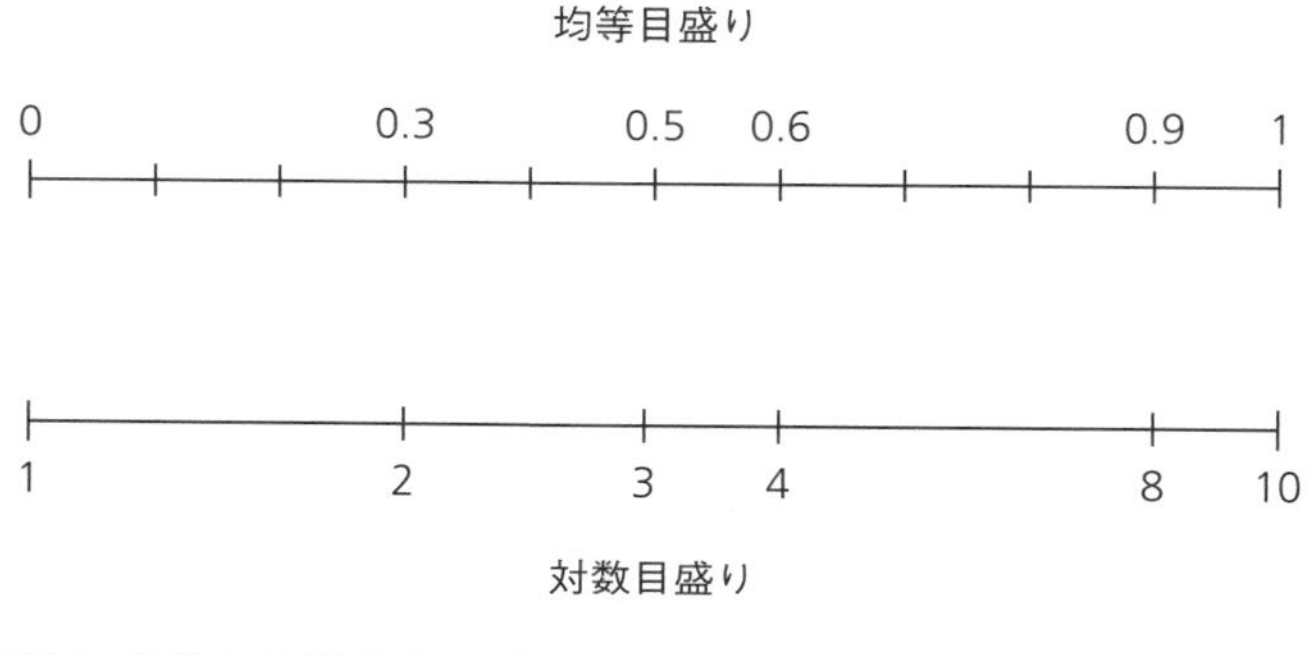

図 7.9　手描きで対数目盛りを作図する方法

流動アクセスが増すかどうか、増すなら、どのように増すかを研究する。自分の系の性能が最高となった最初の特徴をデザインに組み込む（油断してはならない。これが終わりではないから！）。

4. **もう一つ自由度を加える**——あなたの系の特徴のうち、別のものにも変化する自由を与える。この第二の自由度を調べると、新たな「最善」の特徴が見つかるので、それを採用する。この第二の特徴を与えたら、第三段階に戻り、最初の特徴に磨きをかけ、第二の特徴と協働できるようにする。

5. **さらに一つ自由度を加え……**——第三の特徴が自由に変化するのを許し、この特徴の最善の変化形態を見つけ、それから第三段階と第四段階に戻って両段階を繰り返す。すなわち、前の二つの特徴を洗練させる。

6. **以下同様**——これは、果てしない動的な構成だ。ただし、それを行なう思索家の時間と寿命は有限だが。

自然の構造を探究しているうちに、私は控えめに始めなければならないことを学んだ。形を変える流動構造に1自由度を与えるだけでも一筋縄では行かない。たとえば、図7・10では、ピザのスライスのような形だけを調べ、大きさはいずれ誰か他の人に任せることにした。熱は、高密度の電子回路のパッケージの多くでそうであるように、円盤形の物体でも均一に発生する。その物体から熱流がより楽に出ていかれれば、熱い箇所と、物体の周りじゅうのヒートシンク〔装置の温度上昇抑制用の放熱材〕との温度差が小さくなる。

より楽な熱の流れへと向かう、進化する変化においては、伝導性が高い物質のほうが、伝導性の低い物質よりも価値がある。だから、伝導性が高い物質は高価で、体積のほんの一部にしか使えないのだ。この物体は、たった二つの素材でできており、その割合は一定だが、両者は「混ざって」はいない。合金の中の二つの金属とは違う。これら二つの素材は、物体全体で熱がより楽に伝わるように構成されている。この物体には、配置と差異と図がある。安価のほう

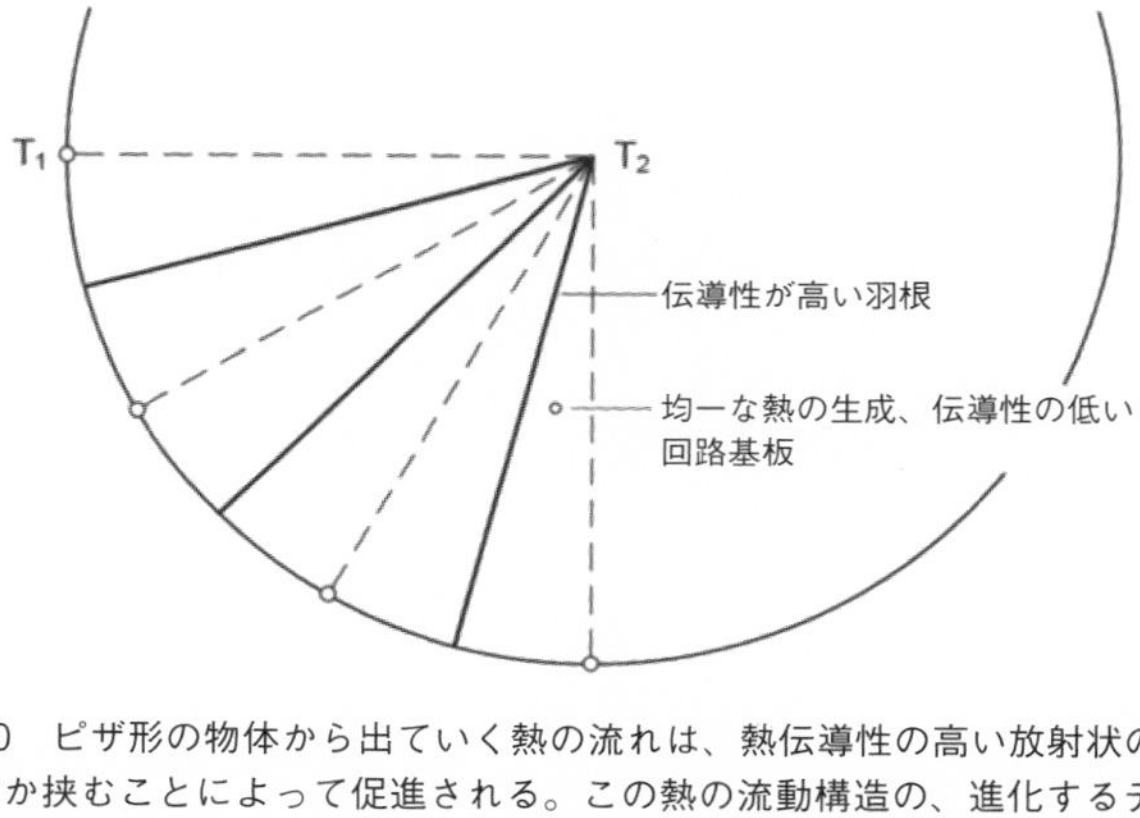

図 7.10　ピザ形の物体から出ていく熱の流れは、熱伝導性の高い放射状の羽根を何枚か挟むことによって促進される。この熱の流動構造の、進化するデザインは、特定の形を持つピザのスライスへ向かって進む。これは、ピザ全体が、特定の数のスライスを持つべきであるということだ。

の素材は、高価な線が描かれる背景だ。

テクノロジーの進化においては、1から6までの一連の段階は自然に現れるが、個人の創造性の偶然の爆発というかたちで、ゆっくりと起こる。たいてい、一つの段階（1自由度）が単一の発明を表している。トライアン・ヴィアが一世紀以上前に、最初期の飛行機に空気入りチューブのタイヤを使ったのがその一例だ。形の物理学という新しい学問分野が誕生したおかげで、今日の諸産業は、自らのテクノロジーにおけるデザインの進化を加速させ、試行錯誤を減らすことができる。残りの章では、学問分野／規律に由来する恩恵と自由を探究する。

第8章　多様性

形の科学についての学問分野は、物体が似ているように見える理由も説明する。幾何学では、この概念は「相似」と呼ばれており、厳密な規則がある。大きさの異なる二つの三角形は、呼応する内角がすべて等しければ相似になる。あらゆる正方形は、大きさに関係なく相似だ。流体力学という学問分野では、問題を定式化したり、流動場や流れが運んでいるものを図示したりするときに相似は広く使われる。層流の境界層領域は、幾何学的に相似だ。境界層での速度と温度の分布は、「相似の」姿をとることで知られており、ナビエ＝ストークス方程式の「相似」定式化（単純化）の解として与えられる。[*1]

自然界は、相似であることを窺わせるものの、幾何学的な意味で相似ではない物体や形状であふれている。それらは相似ではなく、多様だ。この性質は、どの雪の結晶も唯一無二だ、どの木も唯一無二だといった言葉の起源となっている——あらゆる雪の結晶もあらゆる木も、それらすべてをまとめる単一の原理のおかげで、よく似ているにもかかわらず。[*2]

なぜこれほどの多様性があるのか？　なぜ私たちは全員、同じように見えないのか？　流動構造は、どのように拡がったり、移動したり、その道筋で出合う流動デザインと結合したりするかに関して、自由を持っているから、というのがその答えだ。本章で私は、人間の進化からの例や、科学とテクノロジーを通しての拡がりと力の付与の例を示し、自由からの多様性の誕生を説明する。

ウラル山脈で発見された一万一五〇〇年前（現在の温暖期である完新世初期）の有史以前の木彫り[*3]は、人間の顔が、目の下にあるものと目の上にあるものの均衡を見せることを示している。その均衡は、図８・１の上段に描かれた三つの顔によって裏づけられている。

好奇心旺盛な人であれば、日々を過ごすなか

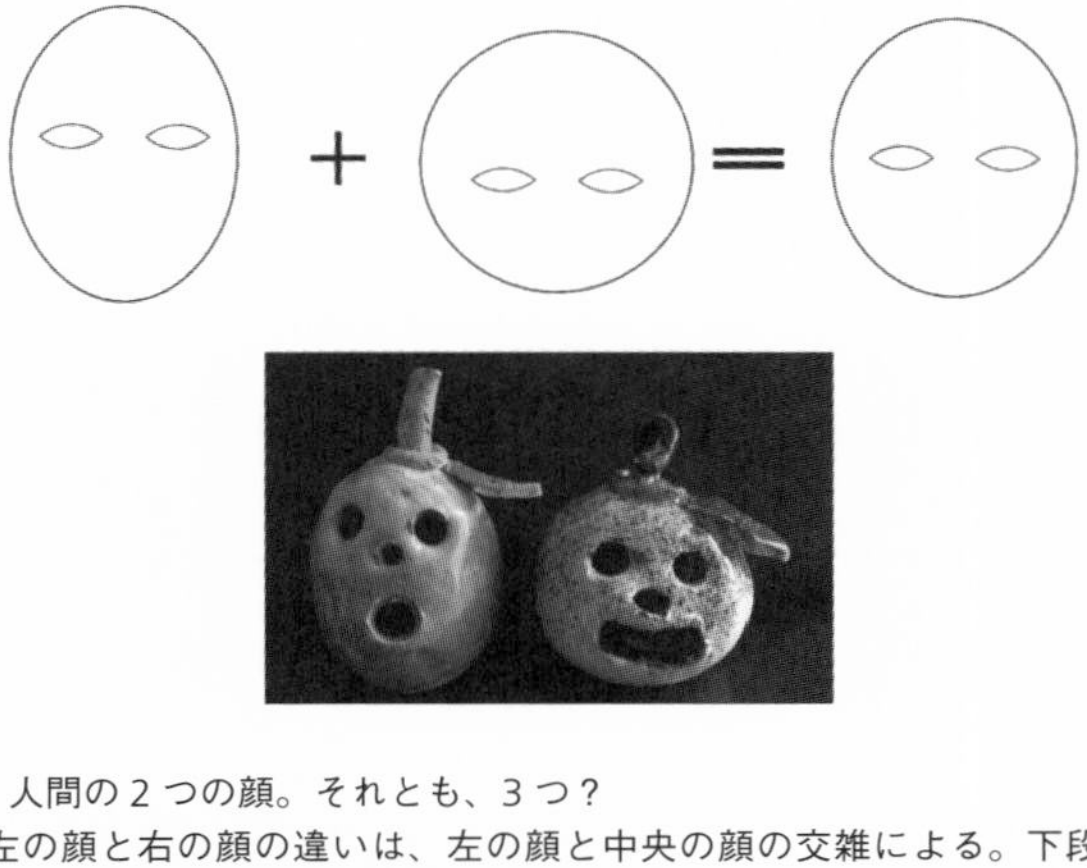

図 8.1　人間の 2 つの顔。それとも、3 つ？
上段の左の顔と右の顔の違いは、左の顔と中央の顔の交雑による。下段は小さな子供たちが図画工作の授業から家へ持ち帰るもの。

で人間の顔を眺める習慣が身につくだろう。もしみなさんが、ヨーロッパか東アジアかサハラ以南のアフリカの村に住んでいて、村の外には出ないようであれば、周りじゅうで同じような顔、自分が描いたのと同じ種類の顔ばかり目にするだろう。その場合、均衡がとれた顔の構成要素の起源に対する興味を失う。かつてはそれに驚いたことがあったかもしれないが。特定の地方出身の画家が描いた顔を眺めてほしい。みな似ていて、ヨーロッパと東アジアでは円に近い長円形で、目が上下の中ほどにある（図8・1上段右）し、アフリカではもっと細長い長円形で、目の位置が上に来る（図8・1上段左）。村を離れて世界を目にすることのある（映画を観ることによってでさえかまわない）幸運な人なら、この違いに気づく。

この違いはどのようにして生じたのか？ その起源は何か？ 私たちは全員、ホモ・サピエンスという種の個体ではないのか？ もちろんそうだが、その種の完全な名称は、この話を読み進むうちに、あとで図8・3〜8・6に出てくる。手掛かりは、サハラ以北では顔はヨーロッパと同じような釣り合いになっているという観察結果にある。この類似性の理由は、地中海だ。地中海はネアンデルタール人の時代から、船による移動を通して、ヨーロッパと中東と北アフリカの居住者たちの坩堝《るつぼ》の役割を果たしてきた。

その坩堝、混血、交雑が答えだ。だが、誰との混血か？ 人類学やヒトゲノムに頼らなくても、図8・1が答えを提供してくれる。アフリカから出ていったホモ・サピエンスは、もっと顔が丸く、目の位置が低く、頭骨が大きい他のホミニド、すなわちヒト科の動物（この場合にはネアンデルタール人）と交雑した。ネアンデルタール人は図の上段中央に表されている。彼らは誰だったのか？

楕円の作図（図7・7）から人間の顔について問いを発するまでの私の進化には、数十年かかった。図8・1上段の左右の顔に見られる違いの起源についての疑問は、二〇〇九年に突然閃《ひらめ》いた。あらゆる動物の速度と動きの頻度（飛行、走行、泳ぎ）を振り返って予測するもの[*4]と、一〇〇メートルの短距離走と競泳の自由形における運動選手の速度の進化を予測するもの[*5]という、二つのコンストラクタル理論を発表したあとのことだった。どちらの理論もウェブ上と新聞紙上で科学のニュースとして注目された。より多くの関心が集まったのが運動選手の速度の予測であり、たまたま二〇〇八年の北京オリンピックと時期が重なり、将来の勝者はより大きく、より背が高い選手のなかから現れることを（物理の原理、すなわちコンストラクタル法則から）予測するものだったからだ。

科学者の方向性を変える、目が覚めるような出来事は稀ではあるが、現に起こる。なぜ稀かと言えば、その名に値するほどの科学者は、すでに目覚めていて、好奇心に満ち、胸を躍らせていて、幸せだが、自分だけのアイデアや問いかけ、驚くべき人々の狭い世界にはまり込んでしまっているからだ。どれほど好奇心にあふれる創造的な思索家でさえ、周りじゅうにあって、変わることもない、あまりに当たり前の既存の物事に疑問を抱くのははなはだ難しい。

自分自身の起源について問うことになる、私にとっての目覚めの瞬間は、競走と競泳における速度記録の進化の論文を発表してからひと月後に訪れた。二〇〇九年八月、エドワード・ジョーンズ教授から思いがけない電子メールが届いた。教授は、肥満と、アフリカ、ヨーロッパ、東アジアという出身地によって異なる体形での肥満の拡がりを研究している。教授はアフリカ系アメリカ人で、元運動選手だ。彼は、なぜ最速の走者は黒人で、最速の泳者は白人なのか、と私に尋ねた。私は呆然とした。私は指導していたジョーダン・チャールズとともに、進化を続ける競走と競泳の将来について予測はしたものの、出身地に即して勝者に明らかな違いが生じていることには、何の疑問も抱いていなかった。

今では、「出身」という側面が自分にはまったく見えていなかった理由がわかる。私は一九六〇年代に、運動選手として成長した〔著者は大学生時代バスケットボールの選手で、ルーマニア代表に選ばれた〕。当時はスポーツの黄金時代だった。第二次世界大戦のあと、オリンピックが再開されたからだ。オリンピックはピエール・ド・クーベルタンのおかげで、「真に平等主義のエリート」を生み出すことに向けた健全な教育形態として、今日もなお続いている。私は対戦相手の強みや弱みを問うようには育てられなかった。そういうことなど頭に浮かびさえしなかった。私はただ、前よりうまくプレイしたい、勝ちたい、とだけ願っていた。それは、いっそう多く、より一生懸命に練習し、清廉潔白に生き、学ぶことを意味した。私の競争は、自分自身との競争だった。

ところで、フランス貴族の出であるクーベルタンの「真に平等主義のエリート」を生み出すという夢は、的《まと》を射ていた。彼は平等（フランス革命の *égalité* というスローガン）と階層制——エリート——のあいだに、何の対立も見なかった。階層制は遍在しているからであり、運動競技、学究の世界、地球上での動き、富において、最も顕著だ。

ジョーンズ教授の疑問に対する答えは、ほぼ一瞬のうちに明らかになった。彼が私に見せてくれた体形のデータのおかげだ。サハラ以南の出身者は、同じ背の高さのヨーロッパ出身者よりも脚と腕が長く、胴が短い。その結果、前者の体は、重心が高い（図8・2左）。そのおかげでアフリカ出身者は同じ体の大きさのヨーロッパ出身者よりも「高く」走り、そのため、アフリカ出身の運動選手は、短距離走では速度の面で一・五パーセント有利だ。ヨーロッパ出身の運動選手は胴が長いので、競泳では速度の面で一・五パーセント有利になる（図8・2右）。

私たちは、スポーツにおける速度の「分岐進化」に関するこの物理学の理論を発表し[*6]、その論文には、一般大衆や読者、ジャーナリスト、科学者から、なおさら肯定的なフィードバックがあった。そのうちのごく一部は、なぜ私たちがわざわざスポーツで「人種」について語るのかと疑問を呈し、代わりに、その分岐進化の説明として「貧困」を挙げた。アメリカではアフリカ系アメリカ人の子供のためのプールが不足しているというのだ。だが、これは誤りであり、「貧しい」ヨーロッパでは走る場所がないと主張するのが間違っているのと同じだ。黒人の筋線維は白人の筋線維とは違うし、黒人の体の密度は白人の体の密度よりも大きいと主張する人もいた（密度の違いはないに等しい。あらゆる人の体は実質的に水であり、水とほぼ同じ密度だ。そのうえ、体の密度が競走での成功といったいどんな関係があるというのか？）。

このような主張は、たとえ正しいとしても、速度を競うスポーツの分岐進化（陸上では黒人優位であると同時に水中では白人優位）に関して、よくても記述的であり、予測的ではない。アフリカ系アメリカ人は奴隷制のある時代にプランテーションで働くために強靱になるよう「交

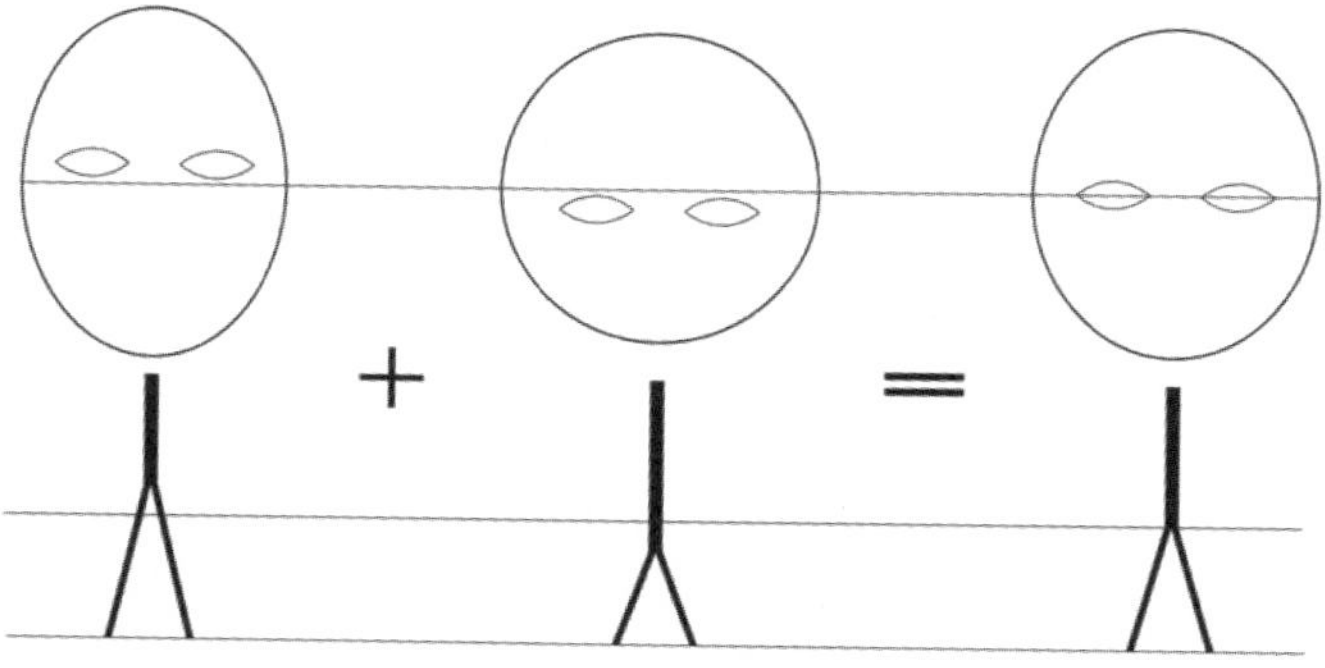

図 8.2　人間の 2 種類の体型。アフリカ人（左）とヨーロッパ人（右）
両者の違いは、アフリカを出た人間とアフリカの東と北に住んでいた他のホミニドとの交雑から生じた。

配」されたから、黒人は今日、最速の短距離走者なのだとまで主張してくる人もいた。だが、いったい誰によって、どんな科学的方法を使って「交配」されたというのか？　いずれにしても、奴隷制は南北アメリカでは三〇〇～四〇〇年間、その他の場所ではそれ以上続き、今日にも残っている。奴隷制は現実のものだし、非難して根絶するべきものだが、人間の進化を背景とすると（図8・3～8・6）、数世紀など瞬く間で、物の数にも入らない。

これらの批判者には、東アジア人が競走や競泳で秀でるための、あらゆるインセンティブやサポート体制（富）がありながら、最速の走者のあいだにも、最速の泳者のあいだにもあまり入らない理由がわかっていない。自国の運動選手に対する中華人民共和国の支援を見てみると

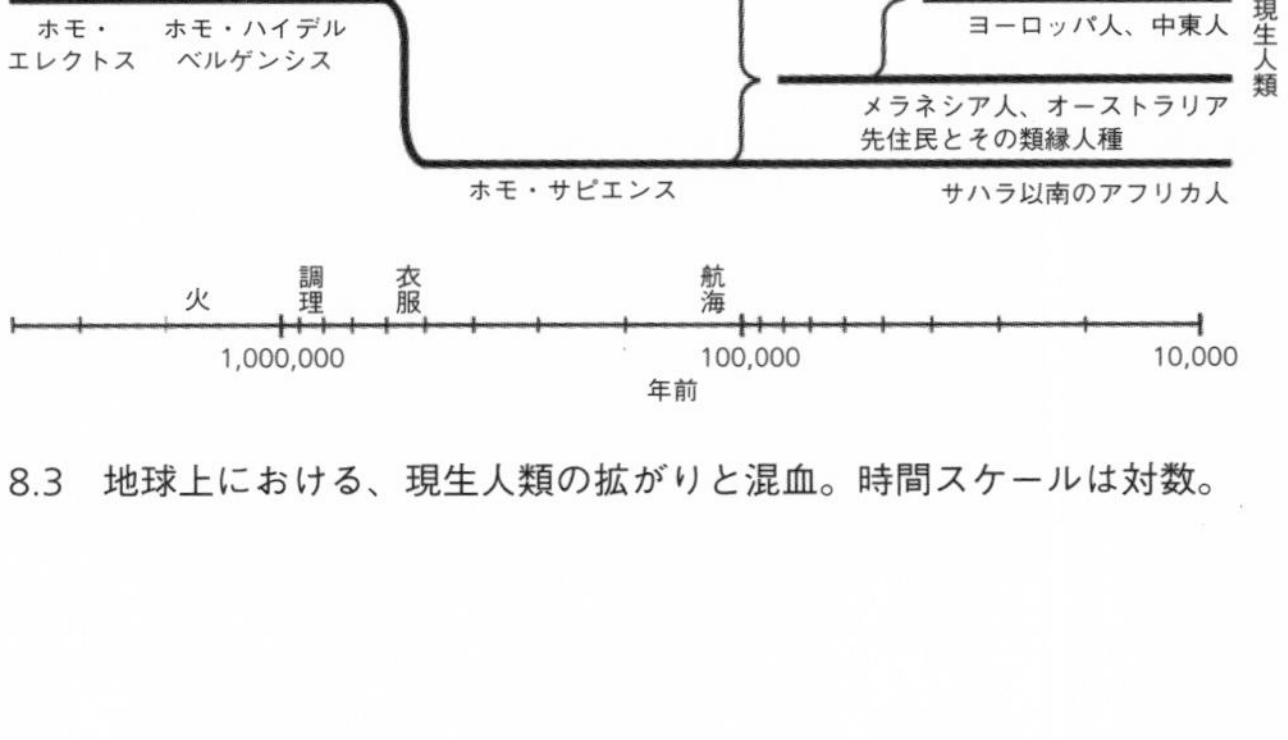

図 8.3　地球上における、現生人類の拡がりと混血。時間スケールは対数。

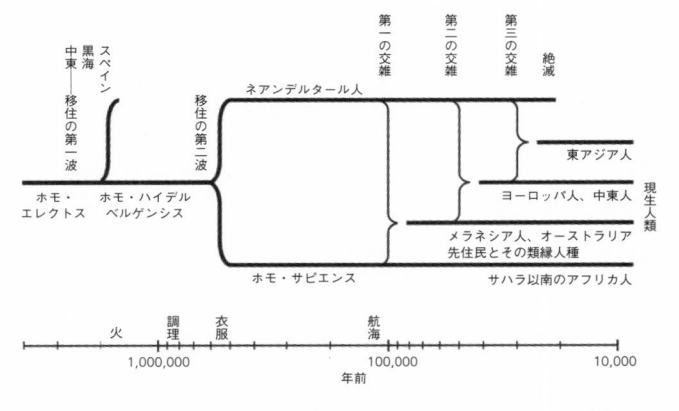

いい。速度記録における黒人と白人の分岐で東アジア人が目立たないのは、アフリカ人やヨーロッパ人とは違い、東アジア人は著しく背が低いからだ。ひょっとしたら、彼らが少し違うのは、ホモ・サピエンスと他のホミニドとのあいだの、第三の交雑事象があったからかもしれない。それで東アジア人は、交雑事象を二度しか経験していないヨーロッパ人や中東人と異なるというわけだ（図8・3参照）。

黒人が速く走ったり高く跳んだりできる理由について、読者から疑問が寄せられ続けた。あるイギリス出身の学生が、人間の体はアフリカではヨーロッパと「異なるかたちで進化した」、考えうる「環境上の理由」について、大学院レベルの論文を書いていた。私は彼に、図8・3については教えなかった。なぜなら、それでは拙劣な指導になってしまうからだ。そこで、教える代わりに、ヨーロッパ人はどこから来たか、ホモ・サピエンスがアフリカの外へと移動したときに、世界地図上でどのような混血が起こったか、自分なりに考えてみるように言った。

私はこの学生に、体型についての彼の疑問は、人間の進化にかかわるものではない、なぜなら、人間の進化はアフリカで非常に長い時間スケールで起こったからだ、と教えた。彼の疑問は、別の現象にかかわるもので、それは「成長」（あるいは「拡がり」[*7]）と呼ばれる。人間が居住する領域の「成長」だ。成長ははるかに短い時間スケールで起こっている。人間の場合、進化には何百万年もかかったのに対して、ある個体（一生のうち）の成長は、図8・4に示したように、およそ二〇年で終わる。

成長は進化ではない。両者がしばしば混同されるのは、その両方が時の経過とともに流動の配置の変化を見せるからだ。両者の根本的な違いがあるからこそ、私は図8・4を二次元で描き、時間が右と上の二方向に流れていくことを示した。二つの時間スケールのあいだの違いは非常に大きいので、「成長」という現象は、水平の時間軸の目盛りの上ではまったく厚みを持たない。その厚みのない目盛りに、その時点で地球に居住していた人類の、生き、成長し、死んだ全個体が収まっている。その集団のうち、二個体だけが、水平軸のホモ・サピエンスの成人の下に、垂直軸上に示されている。あまりに多くの交接や出産、他の生き物や疫病や環境変化との遭遇が

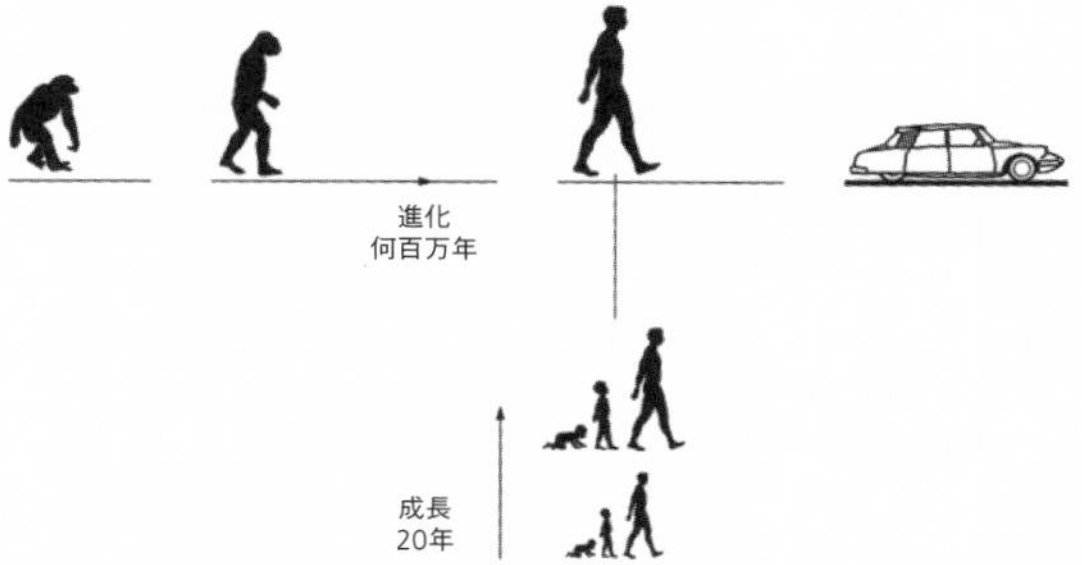

図 8.4　進化と成長は、自然界における 2 つの根本的に異なる現象だ。時計は、水平軸上では右へ、垂直軸上では上へと、両方の方向に進む。2 つの方向の時間スケールは、著しく違う。垂直方向には単一の種しかおらず、各個体は誕生から成人期、死へと、途切れなく形を変えている。それとは対照的に、水平軸は非連続的であり、すべての個体が成体で、裸のホモ・サピエンスも含め、どの種も絶滅した。現在と近未来の世界を支配するホモ種は、人間と機械が一体化した種だ。

あったので、ゆっくり動く時間の流れを表す水平軸上では、目盛りが次から次へと続いていった。

成長と進化の根本的な違いは、類人猿から現生人類へという、体の水平の配列において、個々の画像が成体を表している事実によって図8・4に図示されている。垂直軸はそれとは違い、個体の一生のうちの異なる年齢が成長という現象を表している。

これら二つの現象のあいだの最も目立つ（そして、最も見過ごされている）違いは、水平軸上に概略を描いた「進化」が非連続的であるのに対して、縦軸上では、「成長」は一つ残らず、それぞれ誕生から死へと向かう、成長し、形を変え、縮んでいく画像の連続した動画であることだ。水平軸上には、お馴染みの動物の姿の配列が見られるが、それは不幸にも（あるいは意図的に）、類人猿は「トランスフォーマー」のおもちゃのように、どうにかして二本足で立ち上がり、歩行しているうちに現生人類へと形を変えたという誤解を生み出してきた。

だが、そのような変化はなく、ネアンデルタール人の有限の年表（図8・3）を見れば、それがはっきりする。図8・4の水平軸をばらばらに占めていた成体はすべて、とうの昔に絶滅した。独りぼっちで、裸で、寒い思いをし、腹を空かせたホモ・サピエンスもそれに含まれる。地球上のあちこちに拡がった現代人は人間と機械が一体化した種であり、今日、自動車に乗って、右へ、そしてアフリカの外へと、ページから抜け出していく。

私たちの種の名称の中では、「機械」という単語は本来の意味を持っている。すなわち、人間の尽力をより効果的に利用することを可能にする精巧な装置という意味だ（古いギリシア語の *mihani* という単語に由来する）。私たちは、付加物抜きではあまりに弱く、人の一生にも満たぬ時間のうちに全員消えてしまうことだろう。ロックミュージシャンのフランク・ザッパは、こんな言葉を残している。「あんたがホントはどれだけ弱っちいかをガキどもに知られたら、寝てるあいだに殺《や》られちまうな」

成長が連続的なのは、それが、大きさと時間の関係で座標平面上に記すと、S字カーブを描く未来を持った、拡がる流れ（あるいは収束する流れ）だからだ[*7〜8]（図8・5）。これは、一人の人間、一つの雪の結晶、庭や河川の三角州やこ

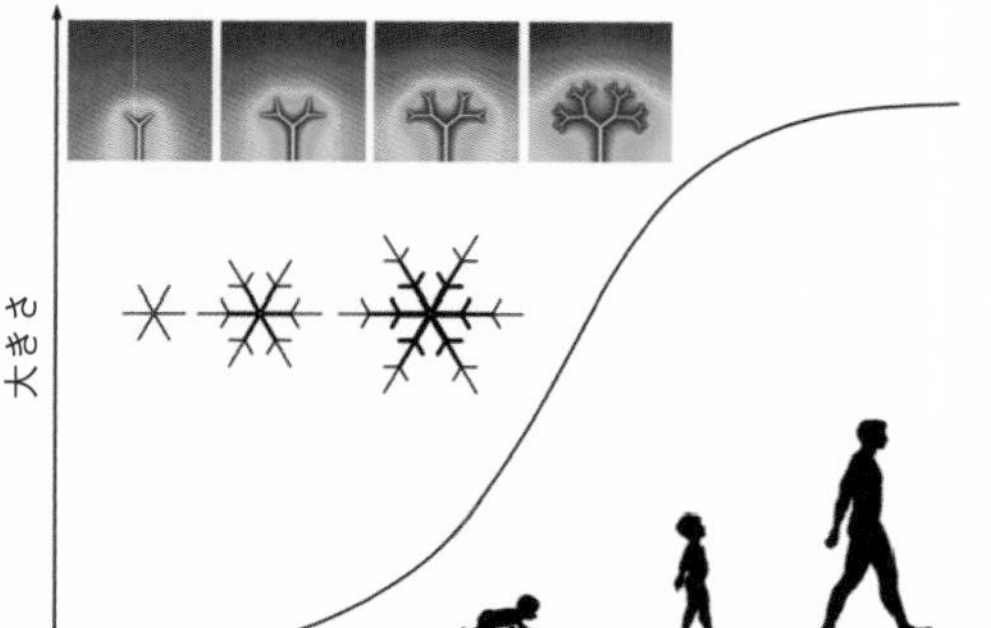

図8.5　いたるところに見られる動物の体、雪の結晶、樹木などの、それぞれの成長現象（拡がるもの、あるいは、収束するもの）はみな、大きさと時間の関係で座標平面上に記すと、S字カーブを描く歴史を持っている。

ぼれた牛乳などにおける一つの樹状の流動構造の成長として、図示されている。あらゆる成長のS字カーブを描く過去と未来は、形を変える自由と拡がるスペースを持つ、あらゆる生物の流動構造、無生物の流動構造、社会的な流動構造、工学技術で作られた流動構造に当てはまる。

地球上で人間の数が増えるあいだに、拡がる流れが各地を流れながら、出合うものと混合していった。この混合で、アフリカから中東、ヨーロッパ、メラネシア、東アジアまでの、体と顔の構造のごくわずかな違いが説明できる。

「隣の芝生のほうがいつも青い」というのが、地球上での人間の移住を今も昔も推進し続けているコンストラクタル法則の衝動だ。暗黒時代〔ヨーロッパ中世のルネサンス前〕にアジア人の集団（フン族やブルガール族、マジャール人から、モンゴル人、タタール人、トルコ人まで）が、より青い草地を求めて西へと移住した。なぜかと言えば、大西洋から東へとより温かく湿った風が吹くために、同じ緯度では西のほうが緑豊かだからだ。同時に、同じ理由から、ヨーロッパの羊飼いや農民は、東へとは移住しなかった。移住は、より楽で、自由で、長い人生を送れる方向へと一方通行で起こる。今日、人々がより多くの自由を求めて移住する様子から、これをはっきり見て取れる。必ず一方向であり、逆方向に移る人はいない。

例のイギリス出身の学生が私の助言を受けてどうしたかは知らないが、私は自分の助言を真剣に受け止めた。だから図8・3を描いたのであり、この図は参考文献[*9〜15]で読んだことに基づいている。ヨーロッパ人と中東人と東アジア人は、生粋《きっすい》のホモ・サピエンスではない。彼らは雑種だ。ホモ・サピエンスの純血の個体は、サハラ以南のアフリカ大陸に依然として居住している。

他のホミニド（ネアンデルタール人とデニソワ人）のDNAは、この地表から完全に消えてしまったわけではない。サハラ以東と以北が出身のすべての人の中に存在している。非アフリカ人の中にあるネアンデルタール人のDNAの割合はさまざまで、一〜四パーセントの範囲に収まる。[*12] この狭い範囲の中で、東アジア人はヨーロッパ人に比べて一般に、ネアンデルタール人の血統が一五〜三〇パーセント多い。[*13]

交雑事象は重なり合って、人体の形態と構造の特徴のいくつかに痕跡を残した。そのすべてが、時の流れに沿って、サハラ以南のアフリカ人ではゼロ回、メラネシア人では一回、ヨーロッパ人と中東人では二回、東アジア人では三回という一連の交雑事象と呼応している。交雑事象が起こるたびに、体の重心は下に移り、四肢は短くなり、身長が縮み、顔は丸みを帯び、両脚が体の体積に占める割合が減り（これについては図9・4でさらに説明する）、体の大きさに対して頭蓋内腔の割合が増し、アフリカ人では平たかった人間の毛髪の断面が多様化して、ヨーロッパ人と中東人では長円形、最終的に東アジア人では円形になった（あるいは、同じ時間の順序で、ちりちりに縮れた毛から、波打つ髪へ、最終的には真っ直ぐな髪へと変化した）。

図8・3から右へと抜け出た現生人類は、図8・6で見てのとおり、揃って地球上で拡がり、交わり続けた。拡がりと混血は、航海や農業、家畜化、言語、科学、テクノロジーの拡がりによっておおいに助けられた。それらのおかげで、ますます大きな集団が長距離を移動できるようになったからだ。今日私たちが目にしているのは、この拡がる流れの最速の段階（S字カーブの中央部分）にすぎない。この段階は、過去二〇〇年にわたって、火と産業革命から得た力という列車に乗って進み続けている。

多様化はさらに続いた。なぜならこの列車は道すがら、独自の科学を発見したからで、この工学という科学は、その範疇に収まる学問分野をしだいに増やしていった。図8・7は、この科学の体系が、古代に誕生し、今日世界を推進

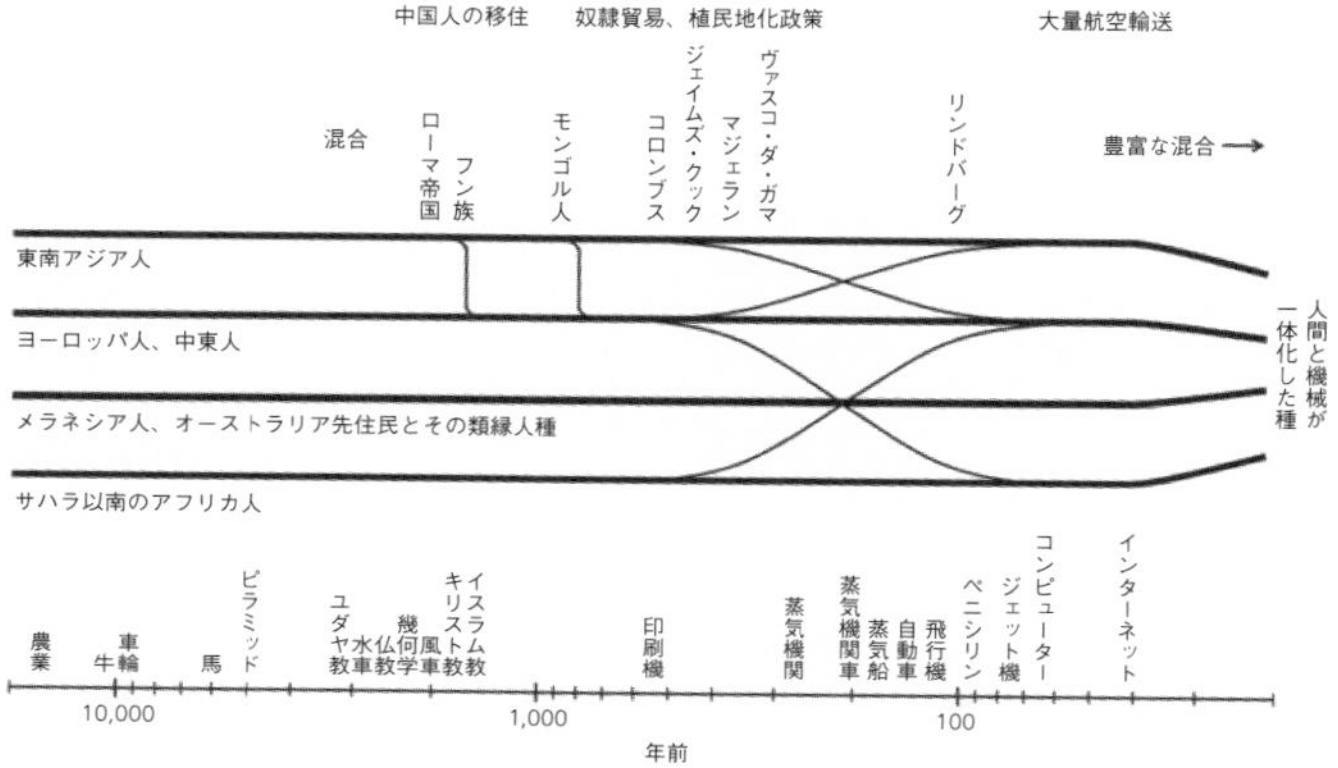

図 8.6　地球上におけるより大きな動きと人間の混血
図 8.3 で終わった現生人類から、今日の人間と機械が一体化した種まで。

する「筋肉活動」に至るまでを示している。機械工学は、「機械」についての新しい科学であり、それらの機械は、燃える燃料からの加熱で稼働していた。機械工学以前にあったものは、「土木」工学（都市における生活の構築）という名前を獲得した。ただし、その科学の大半は古代と中世に軍事目的で、道路、橋、城壁、石弓その他の武器、軍事行動の力学として発明されたのだが。工学教育は何をおいても軍事教育だった。もともとはカルチェ・ラタンにあったパリの理工科学校《エコール・ポリテクニーク》の歴史が、今日その事実を思い出させてくれる。ちなみに、この学校は世界初の工科大学だった。

新しい種類の工学は、より多くの人により多くの力を与えるテクノロジーにおける劇的な変化のせいで、自然に追加されるかたちで現れ

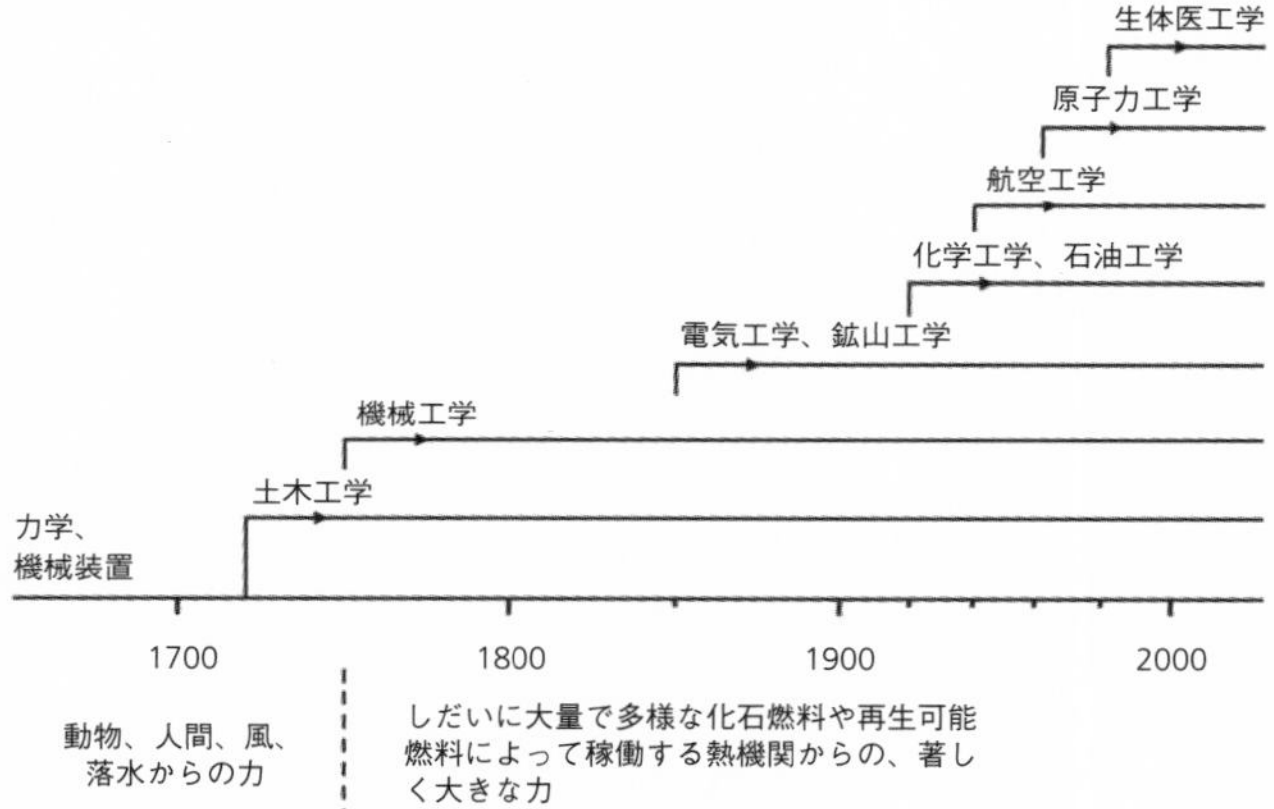

図 8.7　過去 2 世紀間の工学という学問分野の進化、拡がり、専門化

た。電気工学が登場したのは、燃料の燃焼から得られる力が、火力で稼働する蒸気機関や落水によって稼働するタービンから遠く離れた場所にある領域（都市、田園地帯）で、より多くの人々に必要とされたからだ。機械力は電力に変換され、それからその領域の各所に送られて直接使われたり（照明用、暖房・加熱用）、機械力に戻されたり（輸送用、製造用）した。

化学工学と石油工学は前世紀の初めに、大量の新しい燃料に対する需要が高まるとともに、別個の学問分野となった。航空工学は、有人飛行の軍事的重要性のおかげで、第一次世界大戦のあいだに飛躍した。原子力工学は、第二次世界中に軍事的必要性から誕生した。生体医工学は今、大学教育と先進的な病院で好調だ。それはおもに、豊かさ（富）と多くの新しいテクノロジーのおかげで人体を意図的に改善するのが以前より容易になったからだ。それでも、生体医工学は土木工学と同じぐらい古く、その起源も軍隊にあり、楯や兜《かぶと》、包帯、義足といったものにたどれる。

力と、ノウハウの拡張のおかげで、私たちはみな、より進歩し、より自由で、より富裕で、より長寿になりつつある。工学からの力があればこそ、地球上の人口はこれほど急激に増えたのだ[*16]（図8・8）。私たちは力を使い、図8・3〜8・6の裸の人間としてではなく、急速に改善し多様化する、人間と機械が一体化した種として拡がってきた[*17〜18]。とはいえ、拡がる流動構造はすべて、物理的特性のせいで、図8・5のように、時の経過とともに自らの領域がS字カーブをたどりながら拡がっていかざるをえない。人口の伸びが将来、S字カーブの上端で頭打ちになることは、図8・8ですでに明らかだ。

機械の力（エンジン）が人間の拡がりに及ぼす決定的な影響は、視覚のための器官（目）が地球上での動物の拡がりに対して及ぼした影響に匹敵する。視覚の登場がきっかけでカンブリア爆発が起こり、新しい種が五億四一〇〇万年前に地球上に拡がった。動物は視覚を使ってはるかに深く、そしてはるかに安全に、（食物や安全、繁殖の相手、住みかを求めて）環境を探ることができた。感覚器官としての目の出現によって得られた視覚は、触覚よりも桁違いに大きな力を与えてくれた。地球上での動きにおける進化による変化は、視覚を持たない生物圏から視覚を持つ生物圏へと、コンストラクタル法

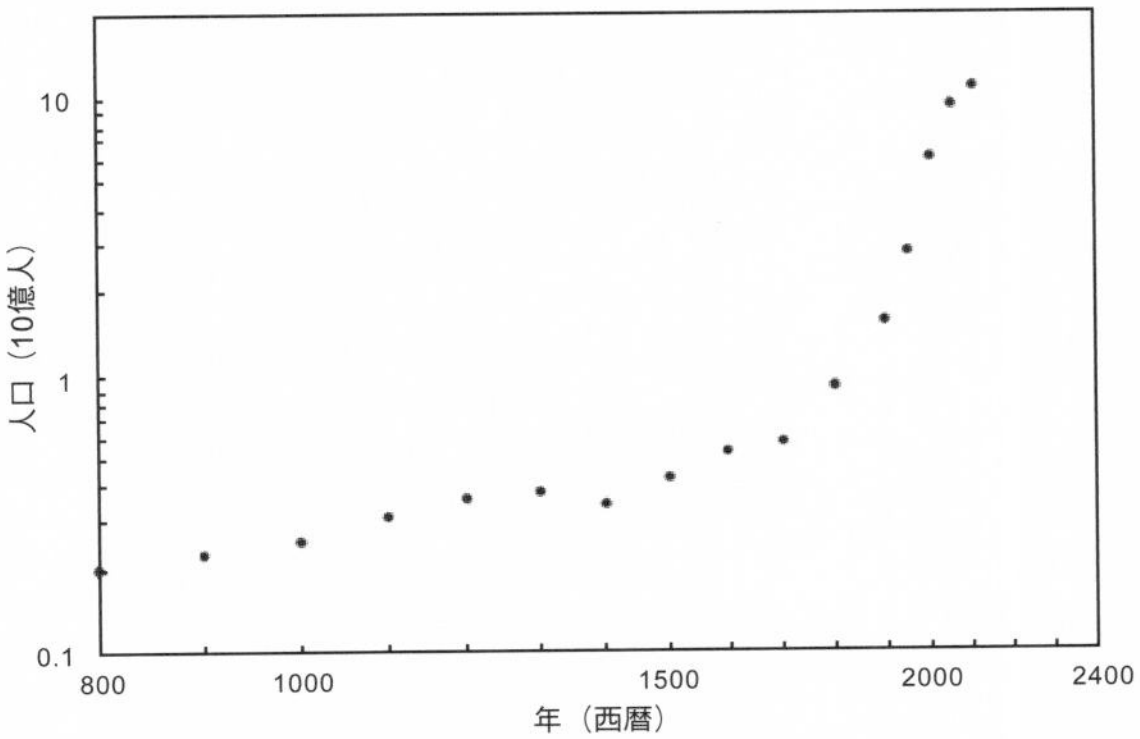

図 8.8　地球上の人口の、S字カーブをたどる増加、あるいは、燃料からの力への突然のアクセスが引き起こした、人間と機械が一体化した新しい種の「カンブリア爆発」。データは参考文献（＊16）で視聴可能な動画から読み取ったもの。

則に即した方向で起こった。

インターネットとAIを伴う産業革命は、新たなカンブリア爆発だ。より多くの視覚へ向かうもともとのカンブリア爆発は、輸送や監視や戦争のためのテクノロジーの進化の中で、今日も続いている。視覚、あるいは視覚が可能にする知識は、時空の中で先を目にする能力だ。危険を警告するために盛り土の上で火を燃やすことができない、古代や中世の要塞や戦争を想像してみてほしい。潜望鏡もソナー（水中音響機器）もない潜水艦の航行を想像してほしい。一九四〇年代にレーダーなしでの、そして今日、GPS（全地球測位システム）なしでの飛行を考えてほしい。動物であろうと人間であろうと、生き物は視覚のための優れた器官を持っているほうが、長く生き、遠くまで移動し、速く動く。この進化の方向はコンストラクタル法則の時間の矢であり、だからこそ、新しいもの（鳥類）のほうが古いもの（魚類）よりも優れた目を持っており、あらゆる環境の中で捕食者は被食者よりも優れた視覚を持っており、動きも速いのだ。

今日の力は新しいカンブリア爆発であり、実際、この爆発は、カンブリア爆発が地球の地殻を変えるうえで及ぼした影響を霞ませてしまう。三〇〇〇年前、火の利用のように、周囲にある無生物から力を生じさせる方法を人間が発見した。[*19] この発見は、奴隷や役畜にとってだけではなく、誰にとっても自由をもたらしてくれるものであり続けている。私たち一人ひとりの中にあるコンストラクタル法則に即した衝動は、より多くを、より楽に、利用可能なスペースの中のより遠くまで動かしたいというものだ。物理学では、このすべてがより多くの力、すなわち、物を動かすためにより多くの力へのアクセスを得たいという衝動を意味する（図1・5）。

「力のカンブリア爆発」は、人間と機械が一体化した新しい種の驚くほど多数の多様な個体を、どのように生み出しているのか？　図8・7の時系列を見さえすればわかる。ようするに、この図が工学の進化だ。工学は、辞書によると科学だという。物理の原理を人間の役に立てる方法の科学なのだ。今日私たちに力を与えてくれる装置には、多くの用途、年齢、配置、大きさ、数がある。それらは多様で、一見すると複雑で無秩序に見える。だが、実際には違う。装置（文字どおり、私たちの機械）は、より多くの力、そしてその結果としてより多くの生へと向かう、人間と機械が一体化した種の自由な進化という連続した現象に由来する。

私たちの文明の初期には、力は、車輪や荷車や手押し車を備えた家畜と人間から得られた。道路建設、石弓、運河、水車は、古代から中世にかけて、人間の動きを高めた。私たちはこの有用な科学を振り返り、土木工学と呼ぶ。とはいえ、科学におけるその名称と持ち場ははるかに大きい。それは力学、すなわち、力を伝え、動き、支え、私たちを運ぶ装置の物理学だ。

人々は力学を使って偉大なことを成し遂げてきたし、その偉業は今日も続いている。その一例が手書きの進化で、尖筆《せんぴつ》で石板に書いていたのが、鉛筆、万年筆、そして今や使い捨てのボールペンを使うようになった。建築工事、橋、道路、建物の進化も一つの例だ。それらのデザインや形状や大きさは、材料や知識（方法）とともに進化し、木、土、空積《からづ》みによるものから、焼成煉瓦《しょうせいれんが》、コンクリート、鉄鋼、ガラスを使ったものへと変わった。

建築工事に使われる力は、それ独自の進化を経てきた。そして、ここでもカンブリア爆発が起こった。より多くの力への人々のアクセス（より多くのワット数、つまり、地球上で動きに逆らう力に抵抗して何かを新しい位置へと動かす能力）が、火の動力のおかげではるかに大きくなったとき、現生人類に力を与える新しい種類の装置の数が爆発的に増えたのだ。新しい種類の装置が実現し、それがあまりに数が多く、効率的で、有用で、多様になったので、私たちはそのおもと（エンジン）を、当たり前のように思っている。今日、電力を利用できる私たちの大半は、その力がコンセントまでどうやって来たのか、想像もつかない。地震かハリケーンか暴政（自由の欠如）でも起こらないかぎり、今日の私たちの暮らしで工学が果たす、自由をもたらす役割に、人々は気づかないだろう。

利用される力の爆発的な増加は、捨てられてゴミ集積場へ運ばれたり、河川や海に投棄されたりする物にだけではなく、有用なアイデアやプロセスの科学の教え方における変化にも痕跡をとどめて、後世に伝わるだろう。石炭や薪の燃焼による力や輸送が機械によって利用可能になると、古い力学からは機械工学と呼ばれる新しい枝が生えた。古い装置や道路や橋は、動物や奴隷の力ではなく、火の力で造られ続け、これが土木工学になった。火で駆動するエンジンと機械工学が登場してようやく、土木工学が最も古い、原初の有用な科学として認識されたのだ。

ジェイムズ・ワットの一〇〇年後、新しい種類の装置とその科学が、電気工学となった。この拡張は、機械工学を通して発電が成功した結果として自然に起こった。より多くの力がより多くの人に利用可能になり、より多くの人が力の源泉からより遠くに暮らせるようになった。課題は、膨らんでいく力の流れを地表に分布させ、しだいに大きくなる集団に力を与えることだった。ここで電気工学者ニコラ・テスラとウェスティングハウス・エレクトリック社の登場となる。そして、電気工学誕生の経緯が見て取れる。それは、機械力を電力に変換する科学だ。それによって、力を遠方まで供給し、そこで機械力に戻して使い（破壊し）、その過程で土砂や乗り物を動かし、世界の姿を変えることができる。

発電のおかげで、力への簡単なアクセスも含め、今では何でも変換して供給することができるようになった。初めて機関車や電球や電熱ヒーターのために使われたときには貴重だった力が、今では取るに足りないものとなった。私たちの住まいや学校、工場、病院への力のささやかな流れの背後には、非常に多様な装置の、成長を続ける新しい森がいくつもあり、そのそれぞれが、新しいカテゴリーや新しい科学に属している。機械工学と電気工学に続いて、新しい装置が新しい層を工学——有用なものの科学——と大学の構成に加えた。図8・7の年表を見直してほしい。

私たちのそれぞれをより強力でより長命な、人間と機械が一体化した種の個体になるように、知識のすべての分野で、人々が工夫している。これは誇張ではない。人工股関節インプラントや補聴器を使っている高齢者は、痛い思いをしながら足を引きずって歩いている難聴の人と比べれば、若い。そのようなつらい目に遭う可能性を考え、有用なものの科学が提供してくれた装置と知識の恩恵に浴せるのがどれほど幸運か、気づいてもらいたい。そうした装置や知識が得られたのは、みなさんがそれに値していたからではなく、謙虚で慎ましく、空腹でもあった他の人々が築き上げた先進社会に、運良く生まれたからにすぎない。

人類は「機械」を自らの中にどれほど取り込んでも、取り込み過ぎということはありえない。機械が人類を制圧することを恐れるのは奇妙だ。じつはその逆で、機械は人類を解放し、力を与えてくれる。制圧は日常的に起こっている。新しい人間と機械が一体化した種の個体が、現在の人間と機械が一体化した種の個体を制圧するのだ。それは進化、すなわち、現在と未来の人間の進化だ。

人間と機械が一体化した種は、「ニッチ構築」と呼ばれる生物学的進化の幅広い現象の、最新で、最も一般的で、最も大きな影響力を持つ表れにすぎない。彫刻家が壁龕《ニッチ》（フランス語の

niche に由来する）に彫刻を納めて守るように、多くの動物は自分の直近の環境を形作り、構成し、暮らしを楽にする。クモの巣、鳥の巣、リスが埋めた木の実、ビーバーが作ったダムは、同じ性質を持っており、水力発電用のダムと同じ目的で作られている。

こうしたことをすべて考慮すると、生物学は、個々の動物の進化やニッチ構築の進化にまつわるものではない。動物とニッチが一体化した種の途方もない多様性の進化についてのものだ。同様に、人類学は現生人類の進化（図8・3〜8・6）と、それとは別個にテクノロジーの進化（図8・6、8・7）を扱うものではない。それは、人間と機械が一体化した種という単一の種に関するものだ。

最後に、私たちが「難問」に答える力を本章の話が与えてくれる例を挙げることにしよう。最近、BBCのあるコメディ番組のプロデューサーから電話があり、とある「難問」を投げかけられた。その難問を舞台上の有名人たちにぶつける予定だという。それは次のような問いだった。もし文明が、車輪と印刷機という、二大発明のうちのどちらかなしで発展してきたとしたら、どちらがあったほうが、今日私たちは進歩していただろうか？　言い換えれば、どちらのほうが重要か、ということだ。

コンストラクタル法則を考えれば答えは簡単なのだが、電話での問いはあまりに意外かつ滑《こっ》稽《けい》だったので、たちまち頭に浮かんだ車輪と印刷機の姿に笑ってしまった。

まず、車輪だ。古代には車輪は頑丈でがっしりした外見を持っていたことを、図や、写真さえも使って思い出させてくれる芸術家がいる。そうした芸術家はどうするのか？　彼らは石臼の画像を示す。古い石臼のほうが簡単に見つかるが、重いので、人は持ち上げることすらできない。読者は、芸術家の無知によって試される。

次に、印刷機だ。ある大学の図書館が、印刷機の発明とグーテンベルク聖書誕生五〇〇年を祝い、その古い聖書のページの複製を作ったり、図書館のすぐ入口の所に古い印刷機《プレス》を展示したりしていた。すべて、見るからに素晴らしい。ただし、その展示は印刷機《プレス》ではなくワイン用の圧搾機《プレス》で、本を印刷するためではなく、ブドウを押し潰して果汁を絞り出すための、木製の垂直の棒が何本もついた円筒形のバスケットだ。

コメディ番組の質問に対する答えは、車輪であって、印刷機ではない。なぜなら文明の歴史は、人間の体と製品を、地球上でより多く、より楽に動かす方向への進化だからだ。私たちの動きの進化に圧倒的な影響を及ぼすデザインが二つある。より多くの力の生成と使用へ（役畜から蒸気機関や他の多くの種類の力へ）と向かう進化と、より良い（より経済的で効率的）でより軽い乗り物（橇《そり》や荷車から自動車や飛行機）へと向かう進化だ。

車輪は、地球上での人類のより多くの動きへと向かう進化における劇的な飛躍を象徴している。橇と比べると、地表での移動の簡易化は画期的だった。人間の動きの進化において、重要性の点で車輪と肩を並べる他の唯一のものは、蒸気機関と産業革命だが、エンジンが出現するには、まず車輪が必要だった。車輪とエンジンとが相まって、自由、力の付与、安全、進歩、文化、富につながり、さらに大きな自由を得ることができた。

印刷機は、地球上で動き、意思疎通する傾向のある私たちを、より強力で効率的（たとえば、より軽く、より速く、より安全）にする、じつに多様な人工物の一つにすぎなかった。印刷機以前と以後の装置や工夫には、火、アルファベット、貨幣、武器、科学、電信、ラジオ、テレビ、インターネットなどがある。あらゆるテクノロジーの進化が、力と効率の向上にまつわるものなのだ。

例のコメディ番組にとっては、印刷機とワインの圧搾機のどちらかを選ばせるほうが難問だっただろう。

第9章　進化

自由は進化をもたらし、進化は、「規模の経済」の普遍性を物語る、複雑性や多様性、階層制、大きさ、見たところ自由な選択といった、目に見えるもののいっさいをもたらす。人々はよく私に、これから起こることを何か予測するように言う。進化は予測できるだろうか？

進化は、進化の現象を支配している物理学の諸法則を使えば予測できる。他の普遍的な現象の場合と同じだ。たとえば、ニュートンの運動の第二法則を使えば、惑星の動きから、あらゆる大きさの投射物（弾丸、水滴など）の軌道やいたるところにある液体の連続的な流れまで、過去と未来の、あらゆる形態の動きを予測することができる。熱力学の第二法則（不可逆性の法則）を使えば、（生物、無生物、機械の）あらゆる動きがエネルギーを散逸させ（不完全で）、自力で流れていれば一方向に向かうことを予測できる。不可逆性を計算することによって（エントロピー生成量のように定量的に）、一方向への流れを持つ現実の系と、理論上（極限で）、変わることなく自力で両方向に流れることが可能な流れを持つ理想的な系との違いを測定できる。

矛盾しているような言い方だが、物理学の法則を使えば、ある現象の過去を予測できる。なぜかと言えば、コンストラクタル法則が知られる前には、それを検証するために過去を調べる理由が何もなかったからだ。この法則の予測的な力は、過去二〇年間に何度も実証されてきた。だから、この法則は今やしっかりと確立されている。予測は次のように行なわれる。

第一に、思索家はコンストラクタル法則を使い、進化する（形を変える）流動構造——その物理的特質や時の経過とともに起こる変化の方向——を頭の中で見る。そして、「やがて存在することになる」構造のおもな特徴（たとえば、スケーリングの傾向、さらには公式さえも）を予想する。この最初の段階が、熟考している特定の、進化するデザインに関する理論、より正確にはコンストラクタル理論だ。一つの現象に一つの理論、というわけだ。

「理論」という言葉は応用可能なときにのみ使わなければならない。辞書によれば、理論はある物事がどのようでありうるかについての純粋に観念的な考察、熟考、あるいは、推論的な考え、となる。理論は夜の闇をよぎる心的きらめきだ。それは、数理解析ではない。理論は自然を眺め、観察結果を記録し、測定値を報告する営みではない。そうした営みは経験主義であり、監視、モデル化、実験、調整、相関関係の証明、真似、模倣（たとえば二三二ページの生体模倣技術《バイオミメティクス》におけるもの）などとしても知られている。理論を使えば、人間はまず心的イメージ——新しい心的な結びつき、イノベーション（第5章参照）——が頭に浮かび、そのあとようやく、そのイメージを自然の観察結果と比較して、予測の有効性を確かめる。

理論は、まず観念的な考察であり、それから自然の観察結果との比較が続く。経験主義の時間の矢は逆向きであり、まず観察があって、その後、観察結果の要約、保存、報告が続く。理論は経験主義と混同してはならない。両者は正反対だ。「理論モデル」などというものはない。

第二に、理論が示されたあと、他の思索家たちが予測を、手に入る測定結果と比較する。もし観察結果が手に入らなければ、新しい研究者たちが新しい実験を考案し、予測の有効性を確かめるための新しいデータを生み出す。つまるところ、それが実験の目的だ。考えや理論、純粋に観念的な考察の正しさを実証することが目的なのだ。実験は、その実験を定義し、正当化するような考えがなければ無意味か、良くても不要不急の企画にすぎない。

多くの研究者がコンストラクタル理論を、既存のデータや、その理論が打ち出されたあとに自らの実験室での研究や図書館での調査から得た新しいデータと比較した。驚くまでもないが、コンストラクタル理論の論文は、予測（理論）で始まり、理論的に予測されたグラフにぴったり当てはまる厖大なデータがそれに続く。ちなみにこれは、データを相関させる正しい曲線を見つける、冪乗則（相対成長スケーリング則）という方法だ（第7章参照）。この方法は一般的で有用だ。私は拙著『対流熱伝達（*Convection Heat Transfer*）』の初版で一九八四年にそれを提示した。もし、ある現象を要約する正しい相関関係と正しい無次元群を発見したければ、まず、その相関関係と適切な無次元群を予測する理論を構築しなければならない。これはようするに、測定と、データの相互関係の証明に乗り出す前に、物理的特性を理解している必要があるということだ。

一九九六年にコンストラクタル法則を発表して以来、その予測能力を示す例は増え続けている。コンストラクタル法則は、関連のなさそうな多くの現象を予測するのに使われた。専門家のコメントがついた幅広い論評については、参考文献[*1~10]を参照のこと。私の発表したもののうち、三篇だけ例を挙げよう。一篇は生物、一篇は無生物、もう一篇は人間の領域（テクノロジーの進化）についてのものだ。

動物の移動　まず、あらゆる環境（水中、空中、地上）でのあらゆる動物の移動者について、速度、動きの頻度、必要とされる力のための公式を予測した。それから、膨大な量の動物学のデータと比較すると、それらの公式は、動物のデザインを支える、物理に基づいた相関関係となった。この理論は、二〇〇〇年に刊行した拙著[*11]で初めて提示し、実証した（飛ぶもののみ対象）。その後、泳ぐものと走るものにもこの理論を当てはめた[*12]（図9・1）。

手短に言うと、環境の中（水中、地表、空中）を動く体にとってより楽なアクセスとは、あらゆる時間的段階において、垂直方向で（重力の下で落ち続ける重量を持ち上げるために）費やさ

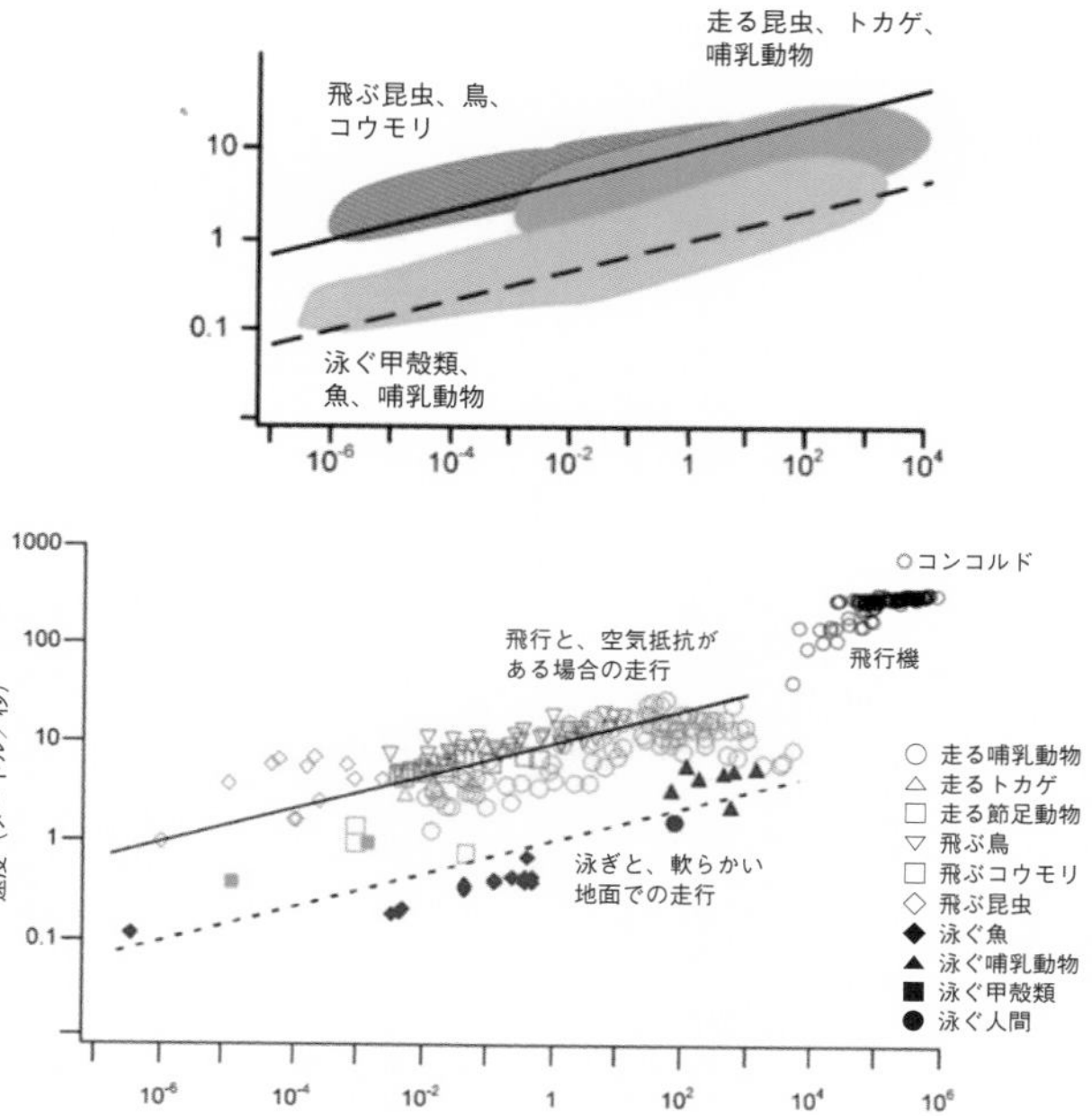

図 9.1　飛んだり、走ったり、泳いだりするあらゆる体の典型的な速度
上段のグラフは、下段のグラフに示された動物のデータの鳥瞰図を示している。

れる仕事量と、水平方向で（環境を進路から押しのけるために）費やされる仕事量とを均衡させなければならないことを意味する。この均衡を達成すると、動物の移動について最も基本的で最もよく知られている事実が理論上導かれる。すなわち、大きな動物ほど速く、体をうねらせる頻度が低く、力が強いはずである、ということだ。これには、泳ぐものも含まれる。前に進むためには水を持ち上げなければならないからだ。泳ぐものが押しのける水は上に行くしかない。なぜなら、水域の表面は自由に変形できるが、底と両側は形が決まっているからだ。

同じ原理に従って進化しているのが、人間と機械が一体化した種の移動だ。運動競技の進化[*13〜15]は、競走と競泳、短距離と長距離、男性と女性の優勝速度の進化の記録に基づいて、動物の移動に関するコンストラクタル法則が首尾良く検証された実験室と言える。

あらゆる移動はリズムだ。なぜなら、地球上のすべての生き物が重力の下で移動するからだ。リズムは、垂直方向（体を持ち上げるため）に費やされる時間と、水平方向（体を前に進めるため）に費やされる時間とを、しだいにうまく均衡させることに由来する組み合わせだ。自由がそのような選択を可能にする。

そのようなリズムの必要性を実感するために、水が入り込んでくる手漕ぎのボートでドナウ川を渡っているところを想像してほしい。みなさんは、オールを動かすことと、船底から水を掻い出すこととに、時間を分けなければならない。水を掻い出さないとボートが沈んでしまい、水けっして向こう岸にたどり着けない。だが、水を掻い出しているばかりでオールを動かさなければ、ボートの中に水はたまらないものの、けっして岸を離れられない。

河川流域　最初に、地球上のいかなる河川流域も、平均すると親流路一本につきおよそ四本の支流があるモジュール方式の構造を持っているはずだと、コンストラクタル法則に基づいて予測した。次にこの予測を、一九三〇年代以来、ホートンらによって経験的に相関関係が証明されたデータと比較した[*16~18]（表9・1）。この予測と検証は、次のような理論的基盤を拠り所として、二〇〇六年にいっしょに発表した。[*19]

コンストラクタル法則の分野は、一九九六年六月に、「都市」を想像し、さまざまな大きさ

i	A_i/A_0	$L_{Ti}/A_0^{1/2}$	N_i	R_{Li}	R_{Bi}	$D_{\omega i}\,A_0^{1/2}$	$F_{si}\,A_0$	$F_{si}/D_{\omega i}^2$	$L_{Mi}/A_i^{1/2}$
0	1	$\frac{1}{2}$	1	–	–	$\frac{1}{2}$	1	4	$\frac{1}{2}$
1	4	$\frac{7}{2}$	5	3	4	$\frac{7}{8}$	$\frac{5}{4}$	1.63	$\frac{3}{4}$
2	4^2	$\frac{35}{2}$	21	2	4	$\frac{35}{22}$	$\frac{21}{16}$	1.10	$\frac{3}{4}$
3	4^3	76	85	2	4	$\frac{76}{64}$	$\frac{85}{64}$	0.94	$\frac{3}{4}$
4	4^4	316	341	2	4	$\frac{316}{256}$	$\frac{341}{256}$	0.87	$\frac{3}{4}$
河川流域				1.5–3.5 ホートン	3–5 ホートン			0.7 メルトン	~1.4 ハック

表 9.1　コンストラクタル法則に基づく河川流域の理論的構造

の通りを流れる人々の観点から、基本的な「一平面領域と一点間のアクセス」問題を定式化することで始まった。[*20~22] 肝心なのは、アクセスを促進する一平面領域と一点間の流動構造の構成が見せる「モジュール方式」だ。それは、熱伝導冷却と、都市のデザイン（街路）と、ダクトや多孔質の媒体を通る流体流動で実証された。

河川流域の構成は、誰もが知っている自然の一平面領域と一点間の流動系の、一平面領域と一点間のデザインのコンストラクタル理論だ。この理論の目的は、大きさに関係なく、全河川流域の一平面領域から一点へのアクセスを提供する構成の規則を発見することだった（表9・1では、河川流域の大きさは i の列に示してある）。図9・2で、左から右へ順番に、次の四つの構成の規則を評価した。

（a）4つの平面領域構成要素 A_0 から成る河川流域。平面領域 $4A_0$ を構築するには、A_0 から $2A_0$ へ、次に $2A_0$ から $4A_0$ へと、2段階の倍増、あるいは2度の組み合わせを実施しなければならない。この構成には、倍増という1つの規則、「2の規則」しかない。

（b）4つの平面領域構成要素 A_0 から成る河川流域。平面領域 $4A_0$ を構築するには、4つの A_0 を1段階で組み合わせなければならない。これは4倍という手順、すなわち、「4の規則」だ。

（c）2段階で8つの平面領域構成要素A_0を組み合わせる。4倍することで$4A_0$という構成体が生まれ、それからそれを2倍する。つまり、2つの$4A_0$構成体をつなげて、1つの$8A_0$構成体にする。

（d）1段階で8つの平面領域構成要素A_0をまとめて1つの$8A_0$構成体を構築する。これは「8の規則」だ。

（a）～（d）を構築して比較すると、構成規則（b）で、全般的な圧力低下が少なかった。これは河川にとっては、流域の入口と出口のあいだの高低差が小さいこと、あるいは流動が楽で、流れているものへのアクセスが大きいことを意味する。

図9・2で発見した構成は、無生物でも生物

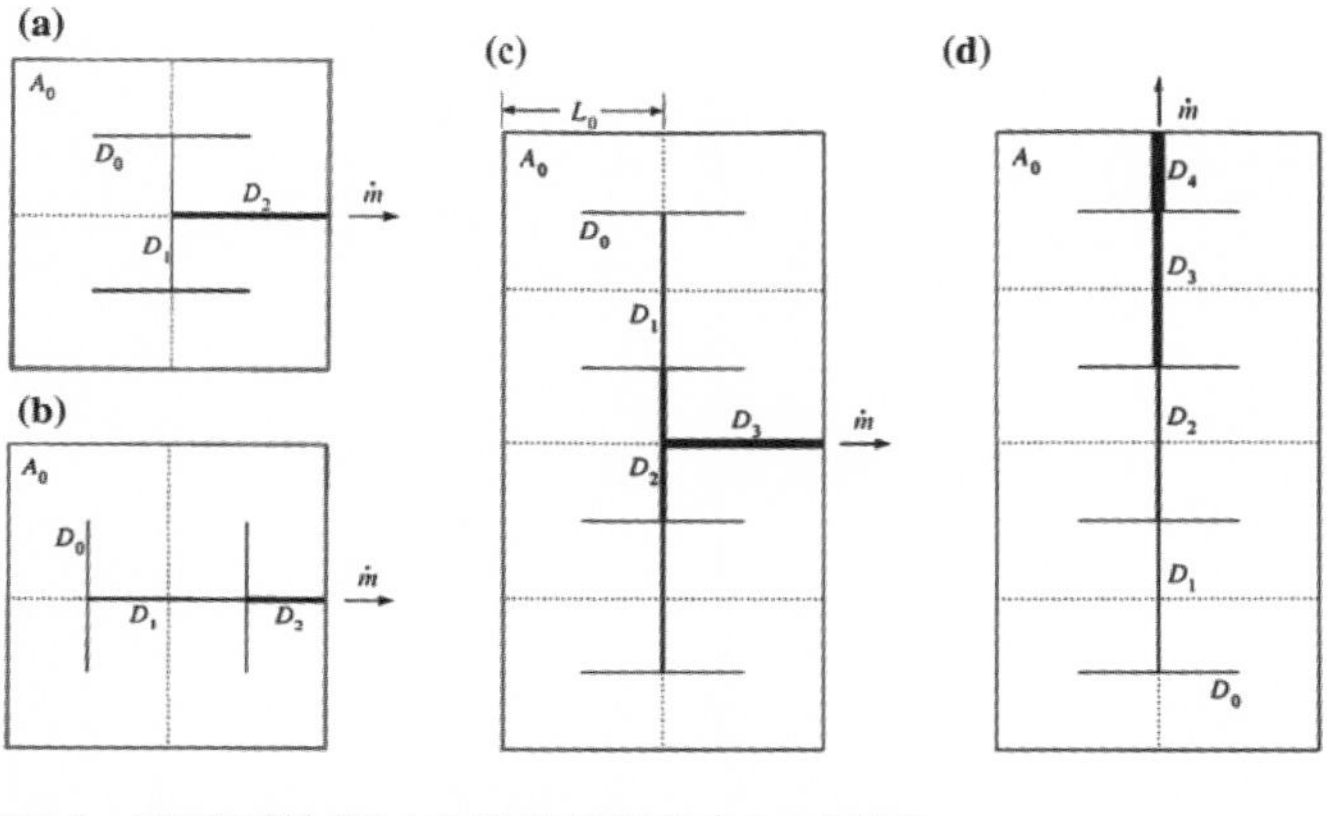

図 9.2　平面領域構成体から成る河川流域の４つの構成

でも、二次元でも三次元でも、脈管構造のデザインの起源になっている。*[23] 河川流域から神経系や脳まで、これほど多くの流動系で脈管化が起こるのは、コンストラクタル法則が働いているからにほかならない。

河川流域の例（表9・1、図9・2）は、どんな理論的研究にも共通する、最も根本的な特質を教えてくれる。物理の法則を使うときには、「説明」はしない。自然界の実物を見ることなく、法則を使うことによって予測するのだ。たとえば私たちは、図9・2を構築するにあたってコンストラクタル法則を使い、圧力低下が少ない（b）を突き止め、地球物理学の過去の文献に出てくるあらゆる河川流域の幾何学的構成要素を数えれば、私たちの（b）の構成が推薦するものと一致するはずであることを予測した。これは、表9・1の最終行に示してあるとおり、参考文献*[16〜18]と比較することで実証された。

「全」領域が、他の構成よりも大きなアクセスを提供する階層的な流動構成に進化する自然の傾向を持っている理由は、わからない。わかっているのは、進化するデザインの物理法則を使えば、この自然の傾向を（肺や雪の結晶、都市の街路といった、他の進化するデザインとともに）予測できることだ。

河川による浸蝕は自己潤滑化に似ている。火山の火口へと溶岩が流れる火道《かどう》の断面が円形になり、*[24] 転がる石がしだいに丸くなるのと同じだ。*[25] こうした現象はみな、コンストラクタル法則の表れであり、この法則を使えば予測できる。河川流域の進化では、そこで起こる形の移り変わりのいっさいの根底に「浸蝕」がある。

（i）どの流路でも、河川の流路の断面は時の経過とともに大きくなる。

（ii）どの流路の断面も、流路の大きさに関係なく、半月形になる。そのため、幅の広い河川の流路はすべて、深くもある。コンストラクタル法則により、幅と深さの割合は、あらゆる大きさの河川の流路で普遍的な値をとらざるをえない。[*11]

（iii）全体は、流路と平面領域構成要素を、見たところモジュール方式の構成にする自然の傾向を示す。その構成は、一平面領域から一点への全体的な流動アクセスのためにある。

図9・2と表9・1を生み出した思考には、「モデル」の入り込む余地はない。図9・2に示した四つの図を描いたとき、私たちは川の地図を眺めてはいなかった。細い線と太い線に見られる流路の幅の違いは、自然の観察結果からではなくコンストラクタル法則から導かれた。理論家にとって、紙は当初は空白で、その紙の上で理論家は流動構造の形をさまざまに変えてみたのであり、その間、コンストラクタル法則によってどの構造が「自然に選ばれる」のかは、前

もって知っていたわけではない。

私たちは、全体的なアクセスを与えられた流動構造のきわめて重要な特徴を突き止めることによって、時の経過とともに起こる進化の方向を予測する。最終的なデザインを予測するわけではない。なぜなら、最終的なデザインなど存在しないからだ。私たちは進化の物理法則を使い、時の経過とともに起こる、進化する変化の方向を予測する。

航空機　私たちはまず、小さな飛行機と大きな飛行機の「器官」の長さと「体」の大きさの関係を表す公式を予測した。その理論を考えてから、予測結果を、商業航空の全歴史を通じて蓄積された厖大なデータと比較した。[*26] そのデータは、理論が推奨するように座標平面上に記すと、きれいに並んだ。予測と、それに呼応するデータの配列は、毎回一貫して見事に一致した。読者は驚かれるかもしれないが、理論家にとっては意外ではない。

その後私たちは、この理論を、ヘリコプターの将来の進化を予測するのにも応用した。[*27] 同じ理論を使うと、航空の黎明期の性能データとの驚くべき配列の物理的基盤を提供することができた[*28]（図9・3）。飛行機のテクノロジーは、新たに定式化された物理法則が、過去の大量のデータを新しいデータと統合することで、進化現象の過去を予測する例となっている。

要約すると、一つの現象（進化）と一つの進化の法則があるということだ。その法則から生

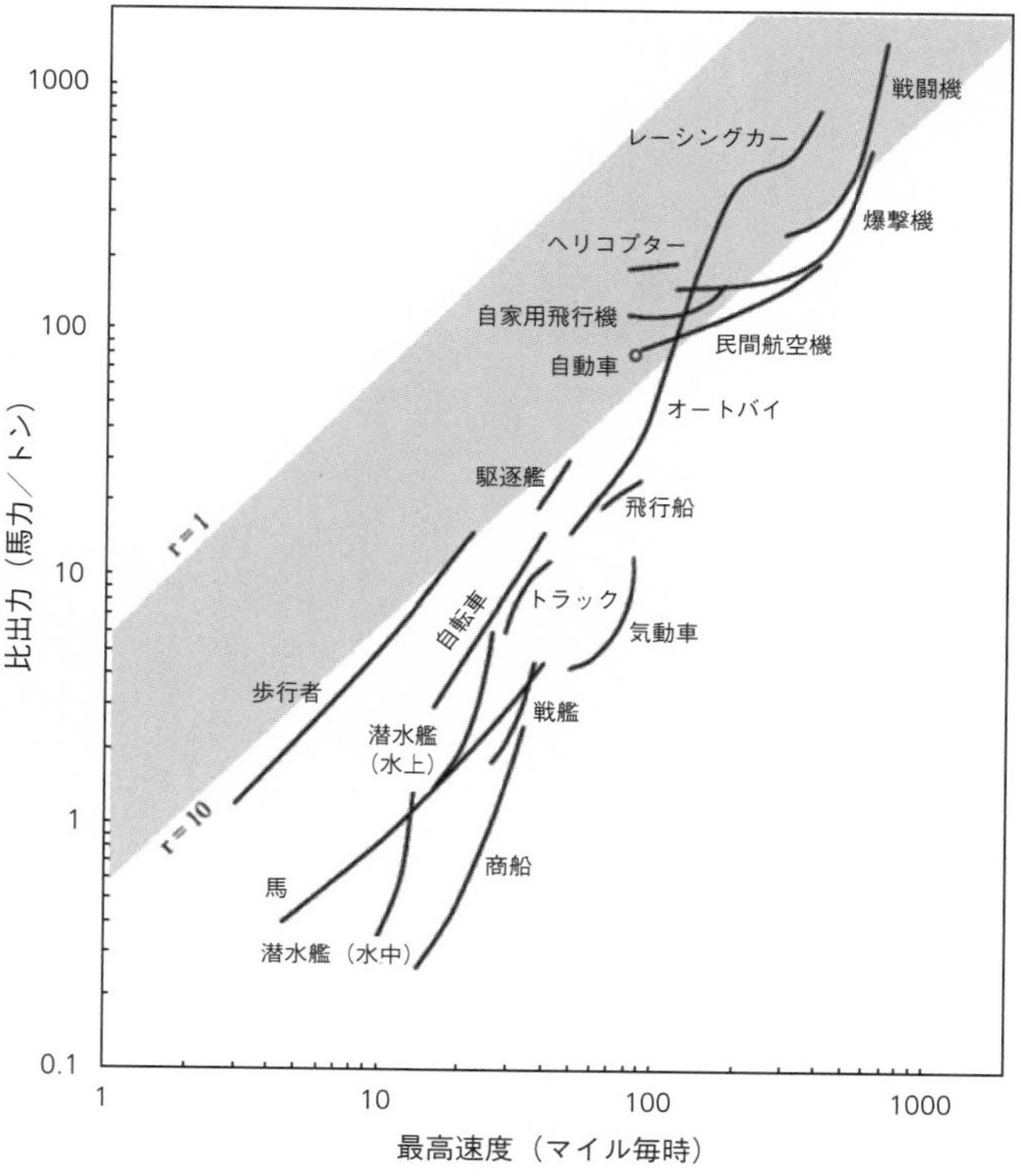

図 9.3　1950 年以前の単一の乗り物の比出力
灰色の帯は、あらゆる移動についてのコンストラクタル理論によって予測された領域を表している。空中では r=1、水中では r=10、陸上ではそのあいだ。

じる理論は、思索家が一つの現象について熟考する状況と同じ数だけある。個々の現象は、その法則の自然な表れの一つにすぎないからだ。コンストラクタル法則は一つしかないが、コンストラクタル理論は多数あって、生物学的現象から非生物学的現象まで、そして、非常に小さな肺胞から大きな天体、肺の構造、リズム（呼吸、心臓の搏動）、動物の移動、河川流域の構造、河道の断面、航空機の進化、乱流構造の進化、雪の結晶の進化、その他多数までを網羅する。理論は法則ではない。

私たちは、天体は階層制を示す――大きさが一つしかないのではなく、少数の大きな天体と多数の小さな天体がいっしょに宇宙に浮かび、互いに引きつけ合っている[*29]――はずであるという理論を議論しているとき、エリスとシルクの検証[*30]を検討した。それは、「この問題は、次の一つの疑問を解明することに煎じ詰められる。すなわち、その理論が間違っていると納得し、それを放棄する気になるような可能性を秘めた観察による証拠、あるいは実験による証拠があるか、だ。もしなければ、それは科学理論ではない」という検証だ。天体の階層制に加えて、コンストラクタル法則を実証できる進化するデザインの検証は多数ある（すでに考察した図9・1〜9・3の三つに加えて）。たとえば、以下のとおり。

- 断面が平たいプルームあるいはジェットは、断面が円形のプルームあるいはジェットに進化するはずで、その逆にはけっして進化しない。[*31]

・急速な凝固のあいだに生じる固体（たとえば、雪の結晶や塵埃のクラスター）は、樹状になるはずで、球状にはならない。[*32~33]

・動いている物体（動物、河川、乗り物）は、大きいほうが長く存続し、遠くまで移動するはずで、存続期間や移動距離が短くなることはない。[*34]

・人間の肺は二三段階の分岐構造を持つはずだ。[*35] 二三という数は、階層的な気管支を通って空気が流れるときに費やされる時間と、肺胞嚢《はいほうのう》の壁を形成する血管組織を通って酸素（と二酸化炭素）が拡散するのに費やされる時間との妥協から予測されるかたちで生じる。この妥協は、分岐が二三段階のときに、二つの過程にかかる時間（気管支を流れる時間＋拡散する時間）が最小化するようになっている。人間よりも小さい動物では、分岐の回数が少ないことが予測される。

・あらゆる動物の速度（泳ぎ、走行、飛行）は、体の大きさの六分の一乗に比例し、体の大きさが同じなら、泳ぐものから走るものへ、さらに飛ぶものへと増すはずだ。[*12]

例を挙げれば切りがなく、そのどれもがエリスとシルクが立てた問いに答える証拠となっている。ここには、見た目以上のものがある。読者のなかには、これらの証拠はずっと以前から手に入った、理論は過去の観察結果を予測することはできない、と主張したくなる人がいるかもしれない。だが、その主張は二つの意味で間違っている。

第一に、これまで認識されてもいなければ問題にされてもいなかった古い観察結果を予測するのは、正真正銘の理論だ。例としては、ガリレイの落体の法則やクラウジウスの不可逆性の法則（熱力学の第二法則）がある。地球上のあらゆるものには重量（ラテン語では *gravitas* で、英語の gravity［重力］という単語はそれに由来する）があるという事実や、あらゆるものは自ずと「高」から「低」へ流れる（一方向であり、そこから「不可逆性」という言葉が導かれる）という事実は、昔からあるお馴染みの現象だったが、科学に持ち込まれたのは、ガリレイとクラウジウスが問いを投げかけ、二つの簡潔な命題の形に要約してからだった。

動物は同じ界に属しながらそれぞれ外見が異なるという明白な事実も問われることがなかったが、ようやく私が、大きい陸生動物のほうが小さい陸生動物よりも、脚（つまり、持ち上げる器官）が体の体積に大きな割合を占めるはずであることを予測した（拙著『流れといのち』[*36] 図5・2参照〔邦訳一六一ページ〕）。さて、図9・4では、飛ぶもの、走るもの、泳ぐものの別なく、あらゆる動物に同じ予測が当てはまることを示してある。飛ぶものの持ち上げる器官は翼であり、泳ぐものの持ち上げる器官はうねる体だ。私はこのページではすべて同じ大きさになるように、これらの動物を描いた。右の列の動物は、左の列の動物と比べれば、はるかに大きいのだが。

図 9.4　あらゆる環境で、大きな動物ほど、持ち上げる器官である翼（空中）や脚（陸上）やうねる体（水中）が、体の質量の大きな割合を占める。
（作図：エイドリアン・ベジャン）

それぞれの大きさには独自のデザインがある。別の言い方をすれば、デザインは大きさの別名ということだ。図9・4で明らかな多様性は、第8章で詳しく説明した人間の多様性の場合と同様、同じ物理学の原理の表れなのだ。したがって、背の高い人間のほうが、脚が占める割合が大きい体を持つという特徴があるはずだ。

第二に、ありとあらゆる物理学の文献には、未来の観察結果についての予測が無数にある。前述のプルーム[*31]と転がる石[*25]と雪の結晶[*32]についての予測をはじめ、人間の一生に相当する短い時間スケールで起こる、進化するデザイン、たとえばテクノロジーの進化[*26~28]や運動競技の進化[*13~15]についての多くの予測だ。これは驚くまでもないはずで、なぜかと言えば、あらゆる科学は人間の利益のために未来を予測できる力を人間に与える人工物（心や脳のデザインへの付加物）だからだ。

物理的現象としての進化の予測能力を支持するものはまだまだあり、それらは別の名称の下で得られる。生体模倣技術（バイオミメティクスあるいはバイオミミクリー）は、最も効率的な系は生命体（生物学的形態《バイオ》）の中に見つかるという考え方を中核とする新しい科学とされる。第一に、「最も効率的」というのが正しいはずがない。なぜなら、「最も」という最上級は、生命体が進化をやめてしまったことを意味するからだ。第二に、「効率的」という言葉は模倣（ミミクリー）にはふさわしくない。「効率的」という概念には理解が必要とされ、理解は知識を持っている頭の中で起こる。知識は考えや原理であり、また、考えや原理ですることだ。バイオミメティクスはテクノロジーを助けるという主張も流行している。バイオミメティクスは助けにならないが、原理は助けになる。バイオミメティクスがうまくいくのは、観察された自然の対象の説明となる原理を、観察者が知っているときだけだ。バイオミメティクスで成功していると主張する人は、自然界における進化とデザインの物理的な原理に直感的に頼っている。私はザンビアのロウワーザンベジ国立公園でゾウを眺めながらこうした所見を書き留めていた。そのゾウは、乾いた実が地面に落ちるように、アナの木を揺らしていた。この知識は独力で発見したのであって、やはり木を揺らす風を真似ることで発見したのではない。ゾウは息を吹きかけることもしなければ、人間を真似て実の生《な》っている枝を目がけて小枝を投げることもない。同様に、人間は断面が丸いパイプが水の流れに適していることを発見した。パイプを作るために、血管や肺の気管支の断面を模倣したのではない。

ゾウは高い所に届くように後ろ脚で立ったりしない。キリンもそうはしない。陸上の四足動物が二本脚で立つには、大変な労力（そして食べ物や筋肉、骨組織の機械的強度）を必要とする。だが、水生の四足動物なら、何の苦労もない。なぜなら、動物の体の密度は、水の密度とほぼ等しいからだ。この発見は、（図8・4の水平方向の時間軸上での）四足動物から二足動物へという、さまざまな種の体を並べた図に沿って、高い知能を持つ類人猿には水に浸かっているときのほうが自分を持ち上げるのがはるかに楽であることを発見した「水生」の親戚がいたという見方*[37]に、それを支持する物理的基盤を加える。

水生の段階に対する物理学の支持はもっと強力であり、水中での動きにまつわる。体毛がほぼ完全に消えたのは、水中での断熱材として役に立たなかった（体毛が断熱効果を発揮するのは、隙間に空気が満ちているときだ*[38]）からばかりではなく、動きのあいだに水との摩擦で剃り落とされてしまったからでもある。だから、前方への動きのあいだに速い水の流れにさらされなかった体の部分の体毛は残った（頭、腋の下、恥部、胸部の胸筋のあいだと下）。水面上で息をするには、背を伸ばして立つ必要がある。だから人類は類人猿と比べて首が長く、鼻が高い。泳ぎのおかげで、水生のヒト属は、他の陸上四足動物のように体軸と垂直方向ではなく、ワニのように体軸と水平方向に向く四肢（腰、肩、鎖骨）を発達させた。また、アザラシのひれ足に似た足を獲得した。その足は親指が他の指と対置できるようにはなっておらず、幹や枝を摑む必要のある樹上生活に適していないことは明らかだ。二足動物であることは、水生の類人猿が陸上に進出したときに、さらなる利点をもたらした。なおさら大きな安全性を求めて水に戻る前にも、陸上では競争相手のあいだで実際以上に背が高く見えたのだ。

進化は巨視的な現象だ。より大きなアクセスを求め、より楽に流れるために、全体が環境と分かちがたく結びつきながら形を変えるというのは、普遍的な傾向だ。「全体」とはみなさんの系（物体）と環境であり、系だけではない。進化という現象は巨視的な現実であるからこそ、一九九六年のコンストラクタル法則の言明には「有限大の」という言葉が出てくるのだ（第1章二五ページ参照）。

物体も有限大も、人間の思考では古くからある概念であり、微小な大きさという幻想よりもはるかに古い。私はこの所見を二〇〇〇年に刊行した拙著[*11]の最終段落で次のように強調した。「この研究（すなわち、コンストラクタル法則）の大半は、熱力学が登場する以前の、今から二世紀前に行なえただろう。なぜ行なわれなかったのかは謎だ。近代物理学は、そうする代わりに、微小な局所的作用についての原理に合わせた道筋に乗り出した。コンストラクタル理論は、逆方向への激烈な動きであり、巨視的な特徴や目標や行動（すなわち、進化するデザイン）を論理的に説明する手段である」

進化は、時の経過とともに起こる変化よりもはるかに多くを意味する。変化が起こったあとにその変化を識別するよりも、進化を理解して予想するほうが、ずっと価値がある。なぜ価値があるかと言えば、私たちのほとんどは、自分にとって重要なものの観点から考えるからだ。

進化にはリセットボタンはなく、過去の成功に戻ることはできない。デザインは絶えず進化している。未来のデザインは現在のデザインと異ならざるをえない。環境は動的で、常に変化し、形を変えている。それをあるがままに受け容れ、それを踏まえてデザインをするといい。

環境を無理やり定常（静的）で平穏にさせてはならない。そんなことをしようとしたら、挫折するだけだ。

第10章　収穫逓減

進化は明らかに進行中で、いたるところで起こっているというのに、なぜこれほど多くのものが時間の中で行き詰まっているように見えるのか？　犬も猫も、牛乳も四肢も、昔から何一つ変わっていない。いや、そう見える。テクノロジーの進化ははるかに短い時間スケールで起こっているにもかかわらず、そこにおいてさえ形態の固定化が見られる。鉛筆もフォークも、牛車や自動車の四輪も変わっていない。なぜか？

その理由は、収穫逓減《ていげん》という現象だ。この現象は、自由や「規模の経済」、階層制、進化に劣らず、物理学の重要な構成要素だ。収穫逓減は、自由に進化する流動構造が「成熟」したときに観察される。進化するデザインの成熟段階では、引き続き起こる新しい変化は、流動構造全体の幅広い眺めや性能には、わずかな、あるいは感知できない影響しか及ぼさない。

進化と自由という物理的現象の、この微妙な側面の持つ意味と価値に関する二つの例証から始めよう。これらの例は工学デザインからのものだ。ただし、この章の最後に示した結論に至るころには、この現象が、社会的構成を含めてあらゆる進化を支配していることがわかるはずだ。

第一に、水をポンプで流す管の形を自由に決められるとしよう。その管は真っ直ぐで、長さは決まっているが、断面は自由に変えられる。断面の形を変える機会が、この場合の自由だ。断面がとりうる形は無数にある。スリット状、楔《くさび》形、台形、曲線から成る多角形……。

みなさんは、頭の中で形を変えているうちに、内角が尖った断面は良くないという最初の発見をする。そういう断面は流れを締めつけ、流体摩擦を集中させる働きをする。内角が緩やかなほうが流れにとって良い。そして、秘密にたどり着く。可能なデザインは無数にあるが、この山の中には、際立った少数の断面の形が隠れているのだ。それらは、正多角形だ。

正多角形には尺度があり、それは辺の数nだ。それは作図の仕方が変化する自由の尺度でもある。正六角形を描いているときには、正三角形を描いているときよりも、紙の上で目と手が自由に（そしてより多くの方向に）動く。自由はnとともに増し、それは図10・1では下向きの矢印で縦軸上に表されている。

横軸に記された数は、水の流れを管に通すのに必要とされるポンプ能力に比例する。これらの数は、管に沿っての圧力損失や、管が原因の全体的な流動抵抗や、流れを維持するあいだに消失する力とも比例している。こうした詳細は、原注の＊2と＊5で読むことができる。ここで重要なのは、横軸で左を指し示す矢印だ。より楽な流動アクセスは左のほうで得られ、横軸の数はそちらのほうが小さくなる。

図10・1は、上のほうから眺めると、進化するデザインの動画の鳥瞰図となる。デザインは左下の隅へ向かって進化せざるをえない。図の長方形の枠は、「デザイン・スペース」、つまり、多様なデザインが収まる領域を表している。より楽なアクセスを探しているうちに、みなさんの心の中の画像は、左下の隅へ向かって移動していく。どうやって？　図らずもみなさんが、より多くの自由（n）を画像に導入することによって。

今や例の秘密は、はっきり姿を現した。最初に頭に浮かんだいくつかの形は、異常に窮屈な内角を持たない正多角形で、図10・1では一連

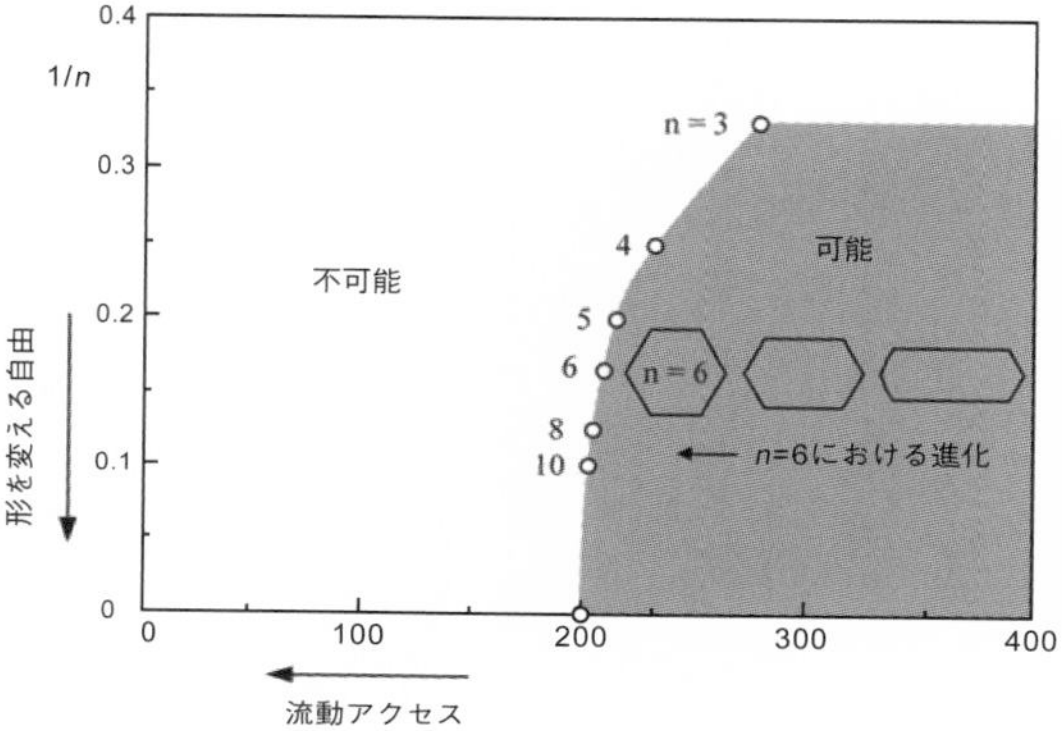

図 10.1　可能な管の流動デザイン（右）と不可能なデザイン（左）
管を通る流れは、自らのデザインを変える自由の大きさを増すことで、より楽なアクセスを見つける。

の白丸として並んでいる。これらの白丸は、自由が多いほど大きなアクセスを提供する。無限の自由があれば（$n\to\infty$ あるいは $1/n\to 0$）、流れの断面は最大の流動アクセスを提供する。ただしこの形は、理論的極限としてのみ意味がある。実際に起こる、進化するデザインの方向としてのみ意味を持つ。純粋に数学的な円は、自然界にも、人間が作った管にも、物理的な流動の断面としては存在しない。それは、さまざまな欠陥と、環境の予測不可能性のせいだ。いずれにしても、白丸は誰にとっても納得のいく順で並んでいる。丸い管のほうが、他の形の管に優る。

優ると言っても、はるかに優るわけではない。収穫逓減という現象が力を振るっている。正六角形や正方形の断面が提供する流動アクセスは、円の断面を通したアクセスよりも、それほど悪くはない。この連なり全体が、勝者によって占められている。とはいえ、どれもみな、見た目は違う。多様なのだが、その性能はほぼ同じだ。一〇〇メートル短距離走の勝者のようなもので、毎年違った顔、名前、国旗とともに表彰台に上がる。それが多様性だ。顔はみな異なるが、速度記録は実質的に等しい。それが収穫逓減なのだ。

多様性は自然で、普遍的で、だからこそ自然は入り組んでいてランダムだという平凡な見方が出てくる。だが、微妙なのが図10・1の連なりの方向性であり、より大きな自由へという向きであり、白丸の連なりはその傾向を示している。

この連なりがデザイン・スペースを二つの世界——右側の可能なものと左側の不可能なもの——に二分していることがわかると、この微妙な点が、そうか！ という大きな声に変わる。定数n、たとえば$n=6$で数を右から左へ読んでいけば、可能なものはたやすく想像できる。$n=6$というのは、断面の形が六つの辺を持つ多角形であることを意味する。白丸の連なりで$n=6$の場合は正六角形を表している。同じ$n=6$の行の右側には、長さが等しくない六つの辺を持つ、想像しうるかぎりの断面の形が並んでいる。そのどれ一つとして、正六角形ほど性能が良くない。$n=6$の個体群の中では、正六角形が勝者だ。

同じnで図10・1をさらに左へと読み続ければ、不可能なものの正体が暴かれる。正六角形よりも左には、何の図も存在しえない。白丸の連なりよりも左側でデザインを探すのは、煉瓦の中を流れる河川流域を探すようなものだ。みなさんが強力なのは、どこを掘って時間を無駄にしてはならないかを知っているからだ。可能なものの限界を示す白丸の連なりが、不可能なものの秘密だ。

第二の例は図10・2に示してある。円盤の中心をその縁に等間隔に並んだN個の点と結びつける脈管流動構造を想像してほしい。脈管構造は分岐する多くの管から成り、毛細血管を通る血液の流れのように、管のそれぞれには層流が流れている。中心から縁《へり》へと進むにつれて、管は細くなる。どの分岐点でも、支流の直径は元の管の直径よりも小さい（$2^{-\frac{1}{3}}$倍）。こうした詳細はすべて、原注＊2と＊5の文献で読むことができる。

重要なのは、可能なデザインのどれもが、自由とアクセスの関係を示している長方形の中の一点として表されることだ。図10・2は図10・1と同じ枠を使っていることに注意してほしい。同じ枠だから、この二つ目の例が最初の例から導かれた結論を補強する。横軸では、左に行くほど、中心と縁のあいだの流動アクセスが増す。横軸に記された数は、ポンプ能力や、中心と縁のあいだの流れへの抵抗に比例する。

脈管構造を構築する自由は、図の複雑性の観点から測定され、図10・2では縦軸で下向きに増加する。この場合にも、自由は測定できる。作図するときの自由度を数えることが可能なのだ。縦軸の数はn_0の値を示しており、n_0は中心

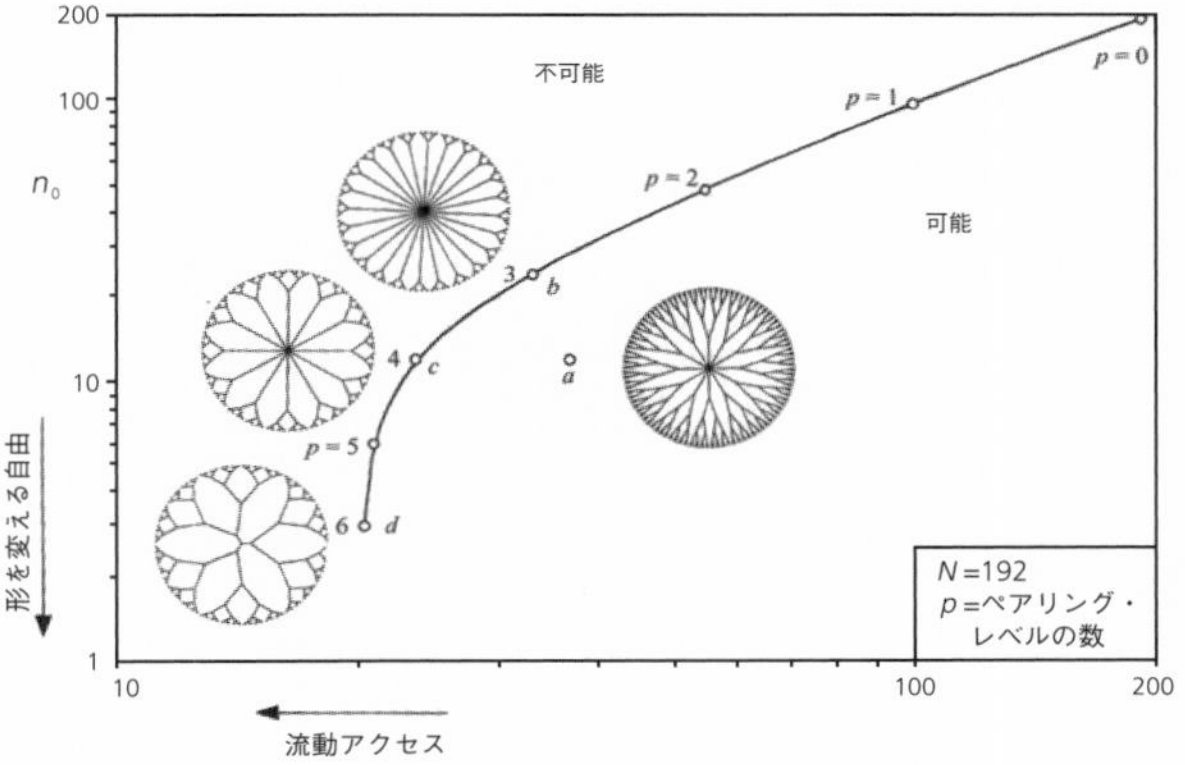

図 10.2　1点と円周間の可能な流動デザインと不可能なデザインの関係
配置を変える自由が大きいため、脈管構造のほうがより楽な流動アクセスを見つける様子。

から出る管の数だ。この数は、分岐レベル（あるいはペアリング・レベルp）の数が定数Nで増加するときに、減少する。たとえば左下の図は、分岐レベルが6であり、まず中心から3本の管が出て、縁の点の数$N=n_0 2^p$になる。すなわち、$192=3\cdot 2^6$だ。

可能なデザインの数は無限にある。子供でも、円盤の中心を縁のN個の点と結びつける図は描ける。より巧妙だが、同じぐらい任意なのが、「a」という記号を付したいわゆる「フラクタル」デザインであり、$p=4$の水平線上に、「c」という記号を付した白丸と同じ高さに描いてある。フラクタル・デザインというのは間違った名称だ。「樹状と仮想（仮定）されたもの」とでも呼ぶべきだろう。このデザインは、各支流の長さが、元の管の長さの特定の（固定された）割合だと仮定すれば、簡単に描ける。仮定された支流／本流の長さ比が一定であることは、「a」の白丸の右に示されたデザインを見れば明らかだ。

すべての管の長さを自由に変化させること、そして、Nとpが特定されたときに、しだいに大きくなる流動アクセスを提供する構造を細心に探すことが、最も難しい。そのような図が三つ、図10・2に示してある。こうしたデザインが合計で七つ、左下の$p=6$から、右上の隅の$p=0$まで、白丸で表してある。$p=0$のデザインには分岐がなく、中心から縁まで、一九二本の管が放射状に配置されているだけだ。$p=6$のデザインが、形を変える自由が最も大きく（最も多くの構成要素を描くことになる）、その結果、最も楽な、一点と縁とのあいだの流動アクセスを提供する。

可能なデザインはすべて、「d」「c」「b」といった最も自由なデザインの白丸の右側に収まる。先ほど選んだ「a」のデザインは、「c」のかなり右側に来る。しだいに大きなアクセスを得ようとして脈管構造を変えるために徹底的に探求していくと、けっきょく自由アクセス・スペースを二つのデザイン領域に分割することになる、と私たちは結論する。$p=6$、5、4……という白丸で示した勝者たちの右には、可能なデザインの領域が来る。左側には不可能なデザインの領域が拡がる。両者の境界は、最も価値のある、ごく限られた数のデザインから成る。

図10・1と図10・2の類似には目を見張らされる。どちらの図でも、可能と不可能の境界は同じ形をしている。境界は連続した曲線ではなく、勝者を表す少数の点を通るように引いた、仮想の曲線だ。この曲線の曲がり具合は、デザインの自由と複雑性が増すにつれて「収穫逓減」が現実のものとなることを示している。$p=6$（白丸「d」）のデザインの性能は$p=5$のデザインの性能をたいして上回らない。図10・1でも、六角形の管（$n=6$）を円形の管（$n=\infty$）と比較したあとで、同じような結論に至った。

収穫逓減は、進化に伴う普遍的な現象だ。進化する流動の配置が成熟すればするほど、その全体的な流動アクセスの性能における改善は少なくなる。進化する「動物」がある程度まで歳をとると、改善は見受けられず、観察者は進化が終わったと思う。だが、それは間違っている。進化は終わりはしない。制御しがたい環境によって新しい方向へと再出発させられるのを待っているだけだ。

図10・3は、荷重を伝える固形物を通る「応力の流れ」を促進する、進化するデザイン[*1 *5]を例に引いて、収穫逓減現象を説明している。片持ち梁《ばり》は固形部材だから、通常は流動系と考えられることはない。だが、じつは流動系なのだ。自由端（固定されていないほうの端）にかかる荷重Pは、梁に沿って伝わり、梁が垂直の壁に埋め込まれている「腋の下」の部分で感じられる。荷重は応力によって伝わり、応力は梁本体を満たす。

片持ち梁は人工物であり、はるか昔から受け継がれてきた、最初期の工夫の一つだ。以下の説明には力学の言葉が使われているが、このテーマは樹木の枝や動物の骨の進化のデザインにも同じように当てはまる[*1 *3]。

まず、梁は目的があるから出現する。梁は、それを採用するより大きな系の生活と動きと生存の可能性を改善する。より大きな系とは、動いている、生きた人間と社会全体の暮らしだ。図10・3では、梁の目的は、壊れることなく、あまり曲がり過ぎることなく、自由端にかかる荷重を支えることだ。破断に対する抵抗とは、内部応力が最大許容応力水準（S_{ma}）を超えてはならないことを意味する。最大許容応力水準は、梁の部材の属性だ。また、あまり曲がり過ぎ

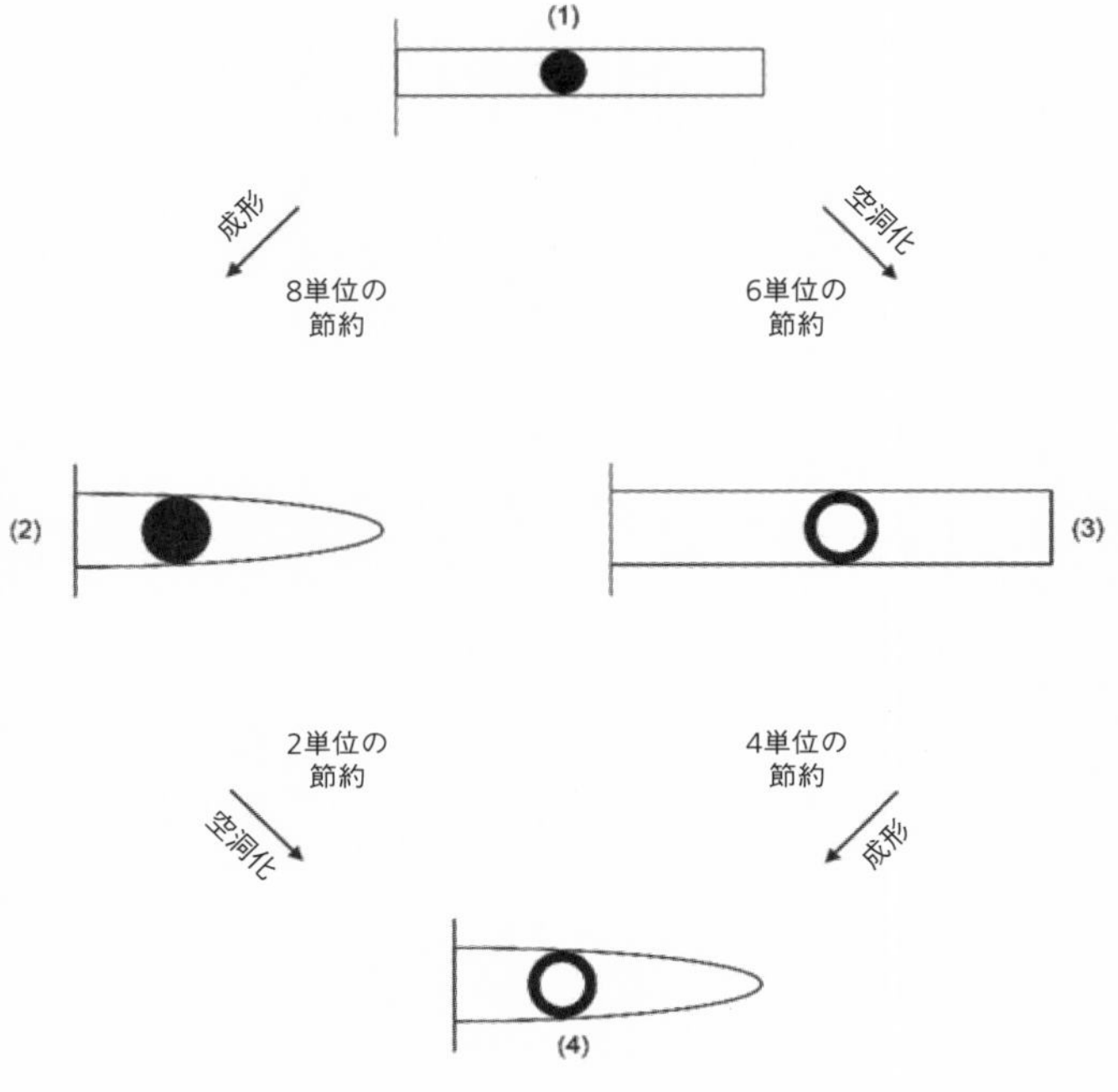

図 10.3　成形と空洞化
形を変える自由を持つ、弾性のある片持ち梁の進化における2つの方向性。荷重 P が自由端にかけられ、自由端は下を向く。自由端の下向きの反り（δ）は P に比例する。

ないというのは、梁がある程度の剛性を持たなくてはならないことを意味する。剛性は、自由端の下向きの反《そ》り具合（δ）によって示すことができる。片持ち梁は実質的に、弾性のあるばねであり、P/δ に等しい特定のばね定数を持つ刀身のような構造だ。P/δ という割合が大きくなるほど、梁の剛性が増す。

ごく単純な梁のデザインを想像してほしい。図10・3に示したデザイン(1)の、断面が円形をした中実の棒〔中身の詰まった棒〕だ。特定の P、δ、S_{ma}、E（弾性のヤング率）を持つ梁の解析は比較的単純で、「細長梁単純曲げ理論」として知られている。*2 こうした詳細は飛ばして、デザイン(1)の全体的な性能の値だけ保持しておくことができる。その値は、梁の大きさ、すなわち、この梁を作るために購入して使わなければならない素材の量だ。必要とされる素材の体積 V_1 は、12単位であることがわかる。ただし、体積の単位は、$EP\delta/S^2_{ma}$ の値で、これは、四つの因数がすべて特定されているので、定数となる。

同じ必要（P、δ）を満たしながら、必要とされる素材を減らすデザインを探し始めると、進化が始まる。そのようなデザインは、梁の形態と構造における一連の変化を通して見つけることができる。それぞれの変化には、梁の内部で最も応力がかかる領域ほど強い応力がかからない素材を取り除く効果がある。デザイン(1)では、最も大きな応力は壁に接する二つの「腹の下」にかかる。背側（上側に張力）と腹側（下側、圧力）だ。最小の応力（じつはゼロ）は、自由端と固体の棒の中心線沿いに発生する。

以上の所見から、より少ない素材で機能を発揮するために梁のデザインが進化できる自由の、二つの方向が明らかになる。

1. 自由端に近い部分から素材を取り除くことで梁を成形する。これにより、梁はあらゆる木の枝に似て先細りに、つまり、根本は太く、自由端では細くなる。

2. 梁を空洞化させる。これにより、中実の棒は、鳥の骨のような管に取って代わられる。

次に、興味深い結果が得られ、そこから収穫逓減現象が定量的に明らかになる。この過程では、三つの未来のデザインが想像できる。

もし「成形」がデザインを変える唯一の方向なら、導かれるデザインは先細の中実の棒(2)で、それに必要な体積V_2は4単位となる。これは素材の劇的な節約で、デザイン(1)と比べると、素材8単位の節約に相当する。

もし「空洞化」がデザインを変える唯一の方向なら、梁は体積V_3が6単位の空洞の管(3)となる。素材の節約は6単位で、これもまた劇的なものだ。

デザイン(2)とデザイン(3)は「先駆的」なデザイン、すなわち、梁を変えて素材を節約するという発明を初めて伝えている。そのあと、デザインが成熟するにつれて、(2)と(3)のどちらかからデザインの進化が始まる。

もし成形されたデザイン(2)がすでに利用可能ならば、空洞化の機が熟していることになる。その場合の次の結果は、ボールペンの先やガチョウの羽のつけ根のような、先細で、しかも空洞の梁だ。これがデザイン(4)であり、それに必要な体積V_4は2単位だ。V_2からV_4への変化では、素材の節約は2単位分にしかならない。デザインが成熟に向かうときに収穫逓減が起ることに注目してほしい。

一方、もし進化の再開のためにデザイン(3)が利用可能ならば、成形することができる。それによって生じるのもデザイン(4)の、空洞化した先細の梁で、「成形」と「空洞化」の両方の応用を表している。V_3からV_4への変化によってもたらされる素材の節約は、4単位にしかならない。

図10・4は、これまでに突き止めた素材の節約を要約している。梁の体積が段階的に減っていることに注意してほしい。デザイン変更における自由には二つの方向がある。左へと向かう成形の自由と、右へと向かう空洞化の自由だ。時間は図に示した矢印の方向へと過ぎていく。進化するデザインも、これらの矢印の方向へと成熟する。

大きな収穫は、最初の左方向への8単位と右方向への6単位であり、そのときはまだ変化していなかった物体（梁）に、デザイン変更のアイデアが単独で実施された。進化するデザインが成熟すると、収穫は大幅に減り、それぞれ4単位と2単位になる。二つのアイデアがいっしょに実行に移されたときには、進歩は小さい。

デザイン変更は、初めて考案され、単独で実行されていたときには有益だったが、繰り返され、デザインが進化するにつれ、収穫逓減が当たり前になる。デザイン変更は、新しく、類似のアイデアと混ざり合ってその影響を受けていないときに、最大の収穫をもたらした。

収穫逓減はいたるところで起こり、人間圏で最も目につく。性能の進化や、船や自動車や飛行機の形状、スポーツの記録の進化で、最もよく見られる。

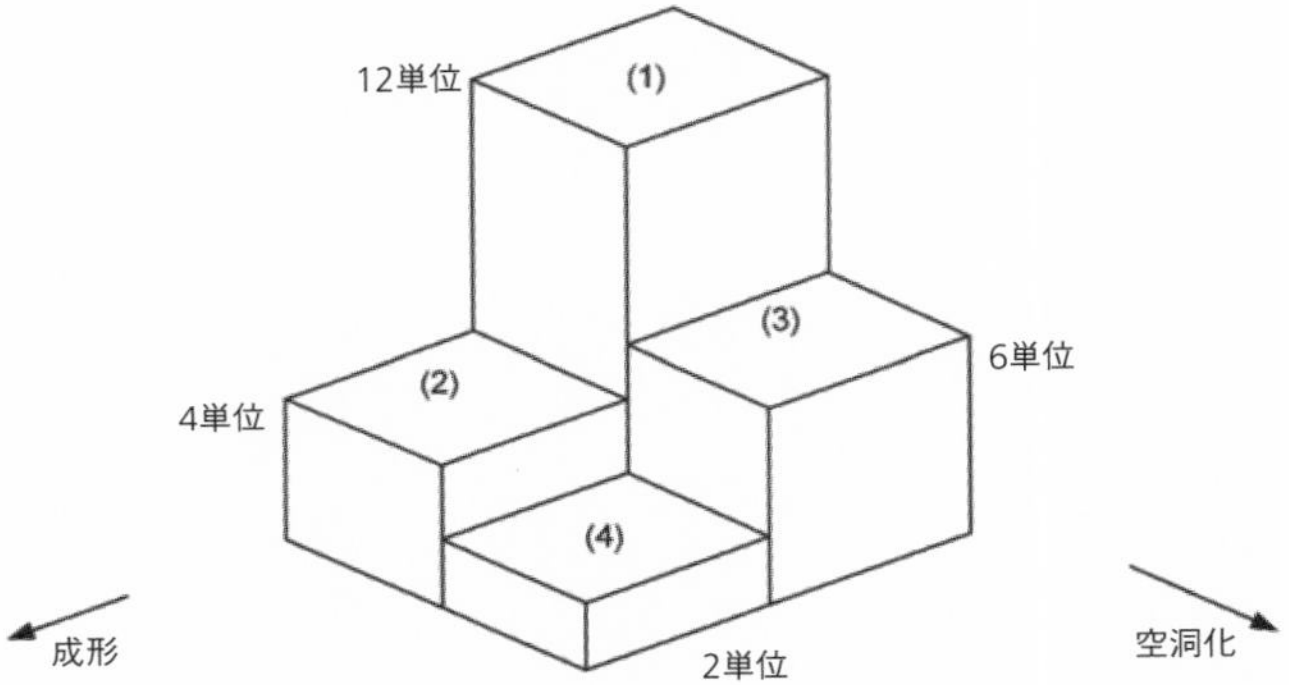

図 10.4　収穫逓減
梁の素材の大きな節約は、初期に起こる。それぞれのデザイン変更が最初に単独で行なわれたときだ。

たとえば、速度記録はなぜ競走よりも競泳で頻繁に破られるかを考えてほしい。[*6] それは、走行は人間の移動の「成熟した」デザインだからだ。私たちは歩いたり走ったりするように生まれつく、陸生動物なのだ。現生人類にとって、泳ぎは新しい移動法であり、有史以前の人類進化の水生期（二三四ページ参照）のあと、私たちはそれを学び直している。泳ぐ人はそれぞれ、泳ぎ方を学び、地球上での動きへのアクセスを増し、河川の片側で立ち往生するのを避け、いつもこちら側より良く見える対岸へのアクセスを獲得しなければならない。軟らかい砂や雪の上での走行も、学習を必要とする。

きっと、あれやこれやの専門家が飛び込んできて、競泳の記録と競走の記録が破られる頻度の違いについて別の説明をすることだろう。彼らは設備や用具（水着、剃毛《ていもう》、プールの深さ、水質など）の変化に触れるかもしれない。この主張は正しい。そして、前の段落で示した説明を補強してくれる。水泳のための設備や用具のテクノロジーは新しく、走行のための設備や用具のテクノロジーは成熟している。スポーツの設備や用具や規則は、競走よりも競泳で変わる可能性が高い。競泳用のプールは競走用のトラックよりも改善される可能性が高い。

収穫逓減の実状は、イノベーションの複合であり、物理学に根差している。古いイノベーションは成熟しており、重なり合った逐次的な改善に満ちている。こうしたイノベーションは、そこに加えられる新しいデザイン変更からの収穫が非常に少ない。この現象がこれ以上なく明白なのが、蒸気タービン動力装置の進化であり、この装置は一九世紀後期にさかのぼる流動構造だ。この流動構造は非常に入り組んだものになったとはいえ、図10・5では、きわめて重要なデザイン変更のうちの二つを目にできる。水蒸気の再加熱と、ボイラーに入る前の水（給水）の加熱だ。

より効率的な動力装置を発明する秘訣は、作動流体（たとえば蒸気）が通る巡回路を変え、加熱されるときにはより高温に、冷却されるときにはより低温になるようにすることだ。より効率的なのは、熱源とヒートシンクとの温度差が大きいデザインだ。

この温度差を拡げる二つの方法が、図10・5に示してある。高温高圧の蒸気が左から（ボイラーと、そのあとの、同じ燃焼施設内の「過熱器」

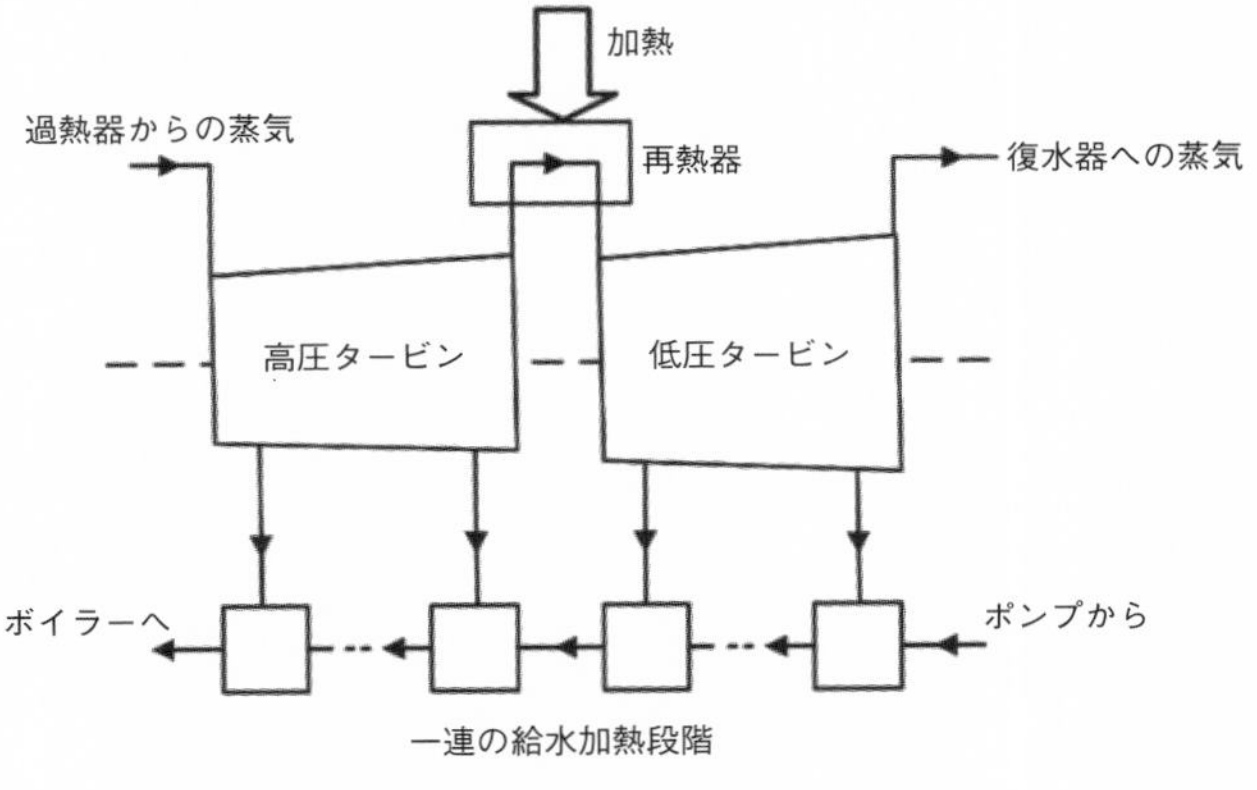

図 10.5　動力装置のタービンを通って流れる高圧蒸気の再加熱と、ボイラーに供給される前の水の、タービンから取り出した蒸気での予熱。

と呼ばれる熱交換器から）届き、発電を行なうタービンを通って流れる。蒸気は膨張し、圧力が下がり、温度も下がる。デザイン変更は、タービンのなかばで流れを捉え、「再熱器」と呼ばれる特別の熱交換器で加熱する。再熱器も火にさらされている。タービンはこのように、高圧蒸気用と低圧蒸気用の二つのタービンに分割されており、蒸気の温度（二つのタービンの平均値）は、再熱器が発明される前よりも高くなっている。

低圧タービンの先で、蒸気は冷たい環境にさらされた熱交換器（「復水器」と呼ばれる）の中で液化され、水に戻る。次に、その水がポンプの中を流れると、火にさらされるときに高温で沸騰させるのに必要な水準まで圧力をかけられる。

図10・5の下部には、別のデザイン変更が示されている。この変更は、ポンプから届いてボイラーへと流れ込む高圧の水流を予熱するためのものだ。ボイラーへ供給する水（「給水」と呼ばれる）を加熱する賢い方法は、その水をタービンから取り出した蒸気と接触させるというものだ。この加熱の発明は価値がある。なぜなら、ポンプからの冷水を火と直接接触させるという誤りを避けられるからだ。大きな温度差をまたぐかたちの熱伝達は、効率を台無しにする。この誤りは、熱力学の言葉を使えば「不可逆性」あるいは「エントロピー生成」となる。ここでも専門用語と詳細は飛ばしてかまわないし、原注の＊4で確認できる。

重要なのは、図10・5には二つの非常に優れた発明が示されている点であり、一つは再加熱、もう一つは給水加熱だ。どちらの発明も、実行に移せば、動力装置全体の効率の向上につながる。効率 η は、タービンが生み出す軸動力を、タービンを通るときに起こる膨張前の蒸気に対する加熱率（あるいは、燃料消費率）で割った割合だ。

再加熱と給水加熱の両方が蒸気タービンサイクルの効率改善につながるものの、これらの方法が初めて単独で導入されたときの効率の上昇のほうが大きい。効率（η）と、一つあるいは複数のデザイン変更に起因する効率の増分（$\Delta\eta$）との区別に注意してほしい。効率が最も高いのは、再加熱と給水加熱が同時に行なわれるときだ。

単一の方法の影響は、もう一方の方法がすでに導入されているかどうかにかかっている。この点を図示したのが図10・6で、相対的な効率上昇 $\Delta\eta/\eta$ は、垂直方向に記してある。大きな収穫が得られるのは、発明が最初に単独で応用されるときだ。のちに、クリスマスツリーのように美しい構成要素で飾り立てられ、流動構造が成熟すると、全体的な性能のその後の上昇から収穫逓減が生じる。

収穫逓減の例は、例証のために私がここで選んだもの以外にもまだまだある。たとえば、給水加熱器の数（図10・5の n）は自由に変えられる。それぞれの給水加熱器は、性能向上、すなわち、系全体の次元での効率改善に向けて自由に変えることができる独自の流動構造を持った流動系だ。[*4] 給水加熱器が一つしかないデザインが九パーセントの効率改善につながるのに対して、無数の給水加熱段階を持つデザインは、二〇・七パーセントの改善をもたらすことがわかった。言い換えれば、斬新な発明（単一の給水加熱器）が、その発明の最も成熟して完成されたバージョン（連続的な給水加熱、すなわち、$n = \infty$）が提供する恩恵の半分をもたらすということだ。

初めてのときに並ぶものはない。収穫はレモンを絞るようなものだ。最初に絞ったときに最も多く汁が出る。

「Gild the lily（ユリに金を被せる）」〔日本語の「蛇足」に相当する英語の言い回しで、すでに完璧なものに余計な手を加えること〕というのは、成熟した進化現象にふさわしいメタファーだ。自由がある所に進化が起こり、進化は全体の性能における収穫逓減とともに多様性と複雑性も生じさせる。

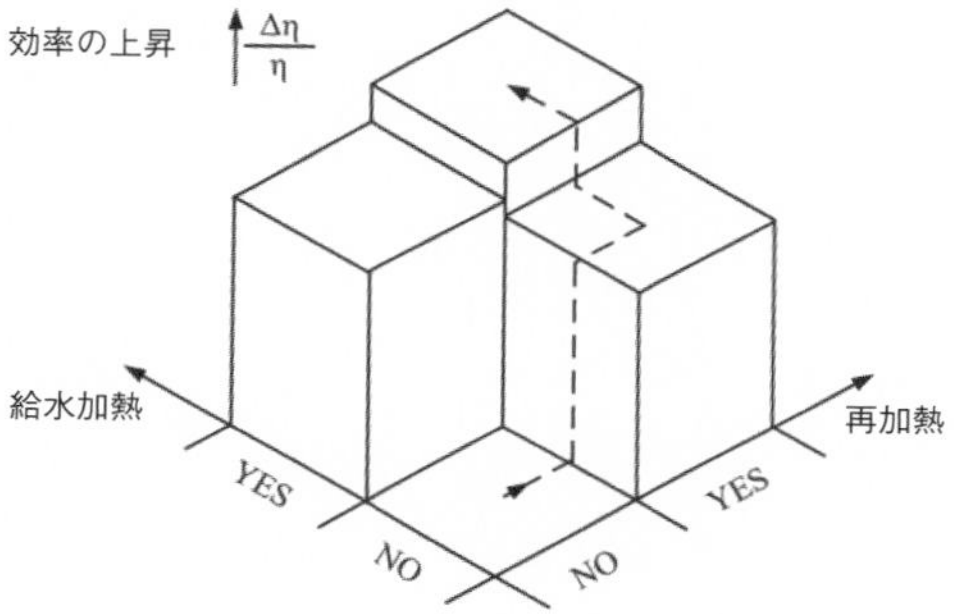

図 10.6　全体的な効率の向上につながる 2 つのデザイン変更、すなわち再加熱と給水加熱。効率の上昇は、それぞれの変化が最初に単独で導入されたときに最も顕著に見られる。上昇は、2 つの発明がいっしょに導入されたときには小さくなる。図 10.4 での同じメッセージを再確認してほしい。

端的に言えば、これが図10・1〜10・6と、それらの土台となる物理学の視覚的メッセージとなる。ユリに金を被せるというのが、成熟した科学で起こっていることの大半だ。良いことではあるが、それは自然と存在感を発揮できればこそであり、その場合には、進化の動画の筋書きを変える。

あとに続く多様性と複雑性の鳥瞰図を提供するのが図10・7で、そこには、三〇〇年前に火からの力を利用するようになって以来、蒸気動力装置のデザインの体系が発展してきた様子が示されている。その図は山のようで、峰は時の経過とともに高くなっている。

峰は、その時点で最も効率的だった先駆的なデザインによって表されている。言い換えれば、陰影をつけた山体は、稜線を成すデザインよりも効率が低い多数のデザインが占めている。縦軸上のη_{II}は、第二法則の観点からの各デザインの効率であり、それは1を超えることがありえない数だ。第二法則の効率は、デザインの出力を、それに呼応する理想的なデザイン（「可逆機関」あるいは「カルノー機関」として知られている）の出力で割った割合だ。山の峰は$\eta_{II}=1$という上限を突き破ることはできない。その結果、峰は頭打ちにならざるをえず、この図では峰の形状が、成熟した流動構造の進化における収穫逓減現象の例証となっている。

この議論は微妙な側面を明らかにする。それは、不可能な領域の存在だ。これが図10・1〜10・7で示した例を結びつけている。これはおおいに価値のある知識だ。これを知っていれば、

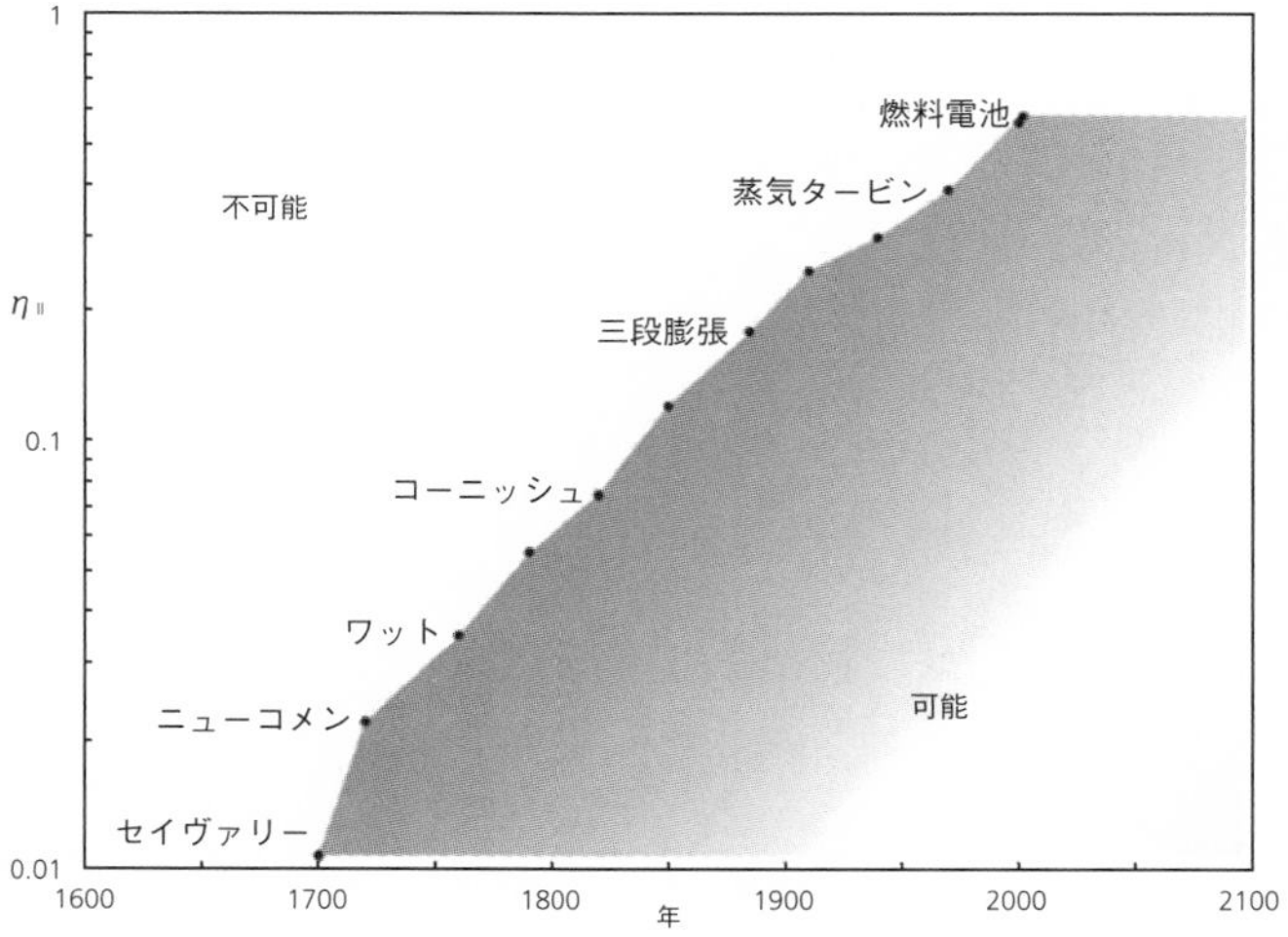

図 10.7　蒸気動力装置の歴史を通じた、第二法則の観点からの効率の進化における重大な時点。可能なデザインの領域の峰を表すデータは、参考文献（＊4）より。縦軸が対数目盛りになっており、$\eta_{II}=1$ という上限をどんなデザインも超えられないことに注意。どの時点でも峰がデザインを可能なものと不可能なものとに分けている。図 10.1 と図 10.2 を参照。

崖の向こうを手探りして時間を無駄にしないで済む。大きな誤りを避けることができる。科学とは、可能なものと不可能なものの境界を見つけ、可能ならばその境界を押し拡げることに尽きる。

この結論は幅広く応用でき、本書で最初から取り上げた社会的構成という物理的現象にまでさかのぼる。社会の果てしない進化のデザインは、政治という呼び名でのほうがよく知られている。政治とはすなわち、ポリス（ギリシア語で「都市」の意）のような地表での人間の流動に対する規制における変化の提案、命令、実施のことだ。変化は四六時中起こる。大きな変化もあるが、多いのは小さな変化だ。突然の大変動もあるが、大半は非常に小さく、ゆっくり起こり、感知できない。変化が起こるのは、私たちの誰もが何かを変えたいという衝動を持っているからだ。人間はさまざまで、満足している人と嫌悪感を抱いている人が両極端におり、そのあいだには不満を覚えている人が大勢いる。

一九世紀ドイツの政治家オットー・フォン・ビスマルクの有名な言葉に、「政治とは可能性の技法なり」というものがある。この見識は古いもので、広く共有され、現実主義、妥協、トレードオフ、柔軟性、完璧を期しては遂行はならず、すべて勝ち取ることはできない、心の路線変更の恩恵、といった別の表現でも知られている。それ以上に強力で有用なのが、この見識を科学の基盤の上に載せることだ。なぜかと言えば、「可能性」とは実質的に、無数にある可能な物事だからだ。自由があれば、社会の流動構造は、大小さまざまなかたちで、そして、互いに関連した、あるいは無関係なかたちで、変えることができる。可能なものということに関しては、限界はない。自由があれば、何でもありうる……形を変えるデザインが、可能なものと不可能なもののあいだの壁に突き当たるまでは。自由がなければ、図10・1、図10・2、図10・7のずっと右側、問いを発する自由が奨励されていたら利用可能であろうより良いアイデアからはるかに離れた所で、早々に行き詰まってしまう。

前に進むには、不可能なものについての知識を増やし、可能で、自由な、経済的で、安全で、頑丈で、回復力があり、長続きするものを導入することだ。科学があれば、それぞれの新世代を育て、その世代独自の未来を予測したり、構築したりする、より優れた能力を持たせることができる。

どの新世代も予測不可能性にどっぷり浸かりながら登場する、というのもまた事実だ。個人もアイデアも予測することはできない。それらは、流れるドナウ川の表面で「逆向き」に回転する渦のようなものだ。個人に焦点を絞っていたら、全体が見えなくなる。あらゆる渦のためになる、進化する流動デザインは河川流域、すなわち全体なのだ。だからこそ、全体の未来を描き出すことが重要になる。科学が進歩するほど、その絵の描き手は洞察力が研ぎ澄まされ、先まで見通すことができる。

第11章　科学と自由

自由と構成は、私たち文明社会の成員をまとめる思考と出来事だ。物理的現象は進化の普遍的現象で、規模の経済、社会的構成、収穫逓減、アイデアの拡がり、時の経過とともに起こる、より良い流動構造の絶え間ない生成と採用といった、多くのお馴染みのかたちで現れる。この一連の現象は、ぐるっと回って科学そのものに戻ってくる――人間に力を与える、進化する自己修正式の付加物としての科学に。なぜこれが重要なのか？　それには少なくとも四つの理由がある。

第一に、今日の世界地図を眺めると、これまでに論じた人間のあらゆる特徴と関心事を運ぶ物理的な流れが見えるからだ。その流れは、地表に不均一に階層的に構成されている。書籍、動画、名前、場所、マスコミに取り上げられた人間に関連する出来事といった、自分に与えられた歴史の教訓を見直すときに、頭の中でも、同じ階層的な動きがかたちをとるのがわかる。

第二に、社会は、自由や階層制、自由な問いかけの機会、自己修正能力を与えられているときのほうが、より多く動き、より多くを生み出し、より長く存続するというのが、常に正しいからだ。自由などの物理的特徴も不均一に分布しており、それは明白だ。この第二の流動構造は、同じ世界地図上での科学の創造者や伝達者の階層的分布と一致する。これはけっして偶然ではない。

第三に、自由は形状や大きさ、重量、変化（プロセス）、力などと同じ物理的特徴だからだ。自由は測定できる。自由がないかぎり、何も変化せず、何も動かず、何も進化しない。自由という属性は、流動系の配置の中でどれだけ多くの特徴が自由に変化できるかの測定結果だ。効率と性能に対する自由の物理的影響も測定できる。自由は、観察された流動系の（物理的、自然の）配置のモデルの構造に存在する「自由度」の数としても測定できる。自由度とは、他の特徴から独立して自由に変えられる特徴のことだ。

自由のない進化は意味を成さない。なぜなら、変化する自由なしでは自然界のデザイン（生きていて、時の経過とともにより楽に流れるために形を変える）はありえないからだ。真っ直ぐな鋼鉄のパイプは生きた系ではない。なぜなら、形を変え、進化するやり方で流動を改善する自由がないからだ。鋼鉄のパイプの図は死んでいる。乱流の水の流れは、河道を通るものも、湿地を抜けるものも、鋼鉄のパイプを通過するものさえも、生きた流動系だ。それらは配置や自由や進化を伴い、未来まで存続する。言い換えれば、それらには「命」がある。動物の進化からテクノロジーの進化や社会の進化まで、変化する自由を持つ他のあらゆる流動の配置と、まったく同じだ。

自然も常に、感知できないかたちでそれと同じように振る舞うが、自由度の範囲ははるかに広い。だからこそ、これまで私たちはコンストラクタル法則を使って、無生物の流動系（河川流域、乱流、雪の結晶など）や生物の流動系（肺、植物、動物の移動、人間、機械の進化、たとえば航空、など）のデザインを予測できたのだ。この方法を使えば、社会制度や政治制度やテクノロジーのシステムを調べ、導入することができる。

あらゆる樹冠や枝や葉は、近隣の樹冠や枝や葉のスペースを避ける。なぜなら、新鮮な空気への自由なアクセスを持つ必要があるからだ。樹冠どうしの間隔は、注意深くデザインされ、決められているように見える。また、葉と葉の間隔も注意深く決められている。この物理的現象から、枝や葉の配置が生まれ、少数の大きなものと多数の小さなものから成る、森の地図における樹冠のモザイクが誕生する（第3章参照）。

自由という物理的現象が重要な第四の理由は、科学そのものにある。つまるところ、科学とは何か？　答えは簡単で、科学とは興奮だ。こうなのではないかという感覚を抱き、解明し、自分が正しいのを発見し、それからみんなに告げることには、なぜこれほどの喜びがあるのか？　科学の疑問は私たち全員にまつわるものだ。予感を持ち、知りたがり、可能なら前もって知り、予測するのを望むのは、なぜ人間らしいことなのか？

それは、これらの衝動——食物や住居、知識、長寿を得たいという衝動——はみな、生命を促進するデザインの特徴だからであり、そして生命とは、地球上でのあらゆる動物の質量の動きだからだ。[*1~3] こうしたデザインがなければ、私たちの質量はこれほど楽に、これほどの距離を動いてはいないだろう。他の流動デザイン（物理的な流れ、食物や燃料や有効エネルギーと呼ばれる入力）がなければ、私たちの質量は、まったく動いてはいないだろう。

科学はその文字どおりの意味、すなわち知識（ラテン語で *scientia*）に適《かな》っている。私たちは知れば知るほど、自分のためにその知識に頼り、それで何かをしようとするようになる。私たちは*A*という決定を下すと何が起こり、*B*という決定を下すと何が起こるかを、より正確に予測する。予想される結果*A*と*B*とを比較し、どちらかを選ぶ。知識は個人と集団にとって有用なデザイン変更を導入する能力を指す。私たちは物理学を使って未来をデザインし、予測し、構築し、その中へと歩を進めていく。知能とは、より良いデザインが語られ、検証され、構築される前に、そのデザインを「見る」ことだ。知能とは、デザインの進化を早送りすることを意味する。

知識は科学であり、観察し、凝縮し、頭の中で観察結果の流れを能率化することによって進化する。知識が凝縮されたものが原理であり、そのうちでも最も統合的なものが「第一原理」

であり、法則だ。私たちが地球上で動くときや暮らしの中で動くときに身の回りのあらゆるものに力を与える階層的流動デザインは、少数の大きなものと多数の小さなものから成る。知識の流れと進化においては、法則が少数の大きなものであり、観察結果やデータが多くの小さなものに相当する。

知識（科学、情報、ニュース）は、地球上を流れる。なぜなら、動き回る人々によって動かされるからだ。知識は、（知識を持っているので）より多く動く人から、動きが少なく、知識を持つ必要のある人へと流れる。この流れのどちらの端にいる人も知識を持っていたら、知識の流れは止まる。

知識の拡がりは、情報の「拡散」と呼ばれることが多い。物理学の観点に立つと、「拡散」という用語は正しくない。何であれ拡がるというのは、二通りの流れの組み合わせだ。まず、拡がりは、利用可能な領域あるいは個体群全体に延びる速くて長い流路に沿って、運び手による「侵入」によって行なわれる。次に、流路に垂直の拡散によって、流路の隙間が「まとめられる」。拡散は遅く、距離は短い。速いものと遅いもの、あるいは長いものと短いものが共存するからこそ、拡がる流れや収束する流れはどれも、網羅する領域の時間に伴う増加がS字形の歴史を持つのだ。

物理学は、今日の物理学の教科書に見られるような硬直した文書ではない。科学は進化する。

なぜなら、私たちはみな、未来を予測したいからだ。私たちは利己的に振る舞う。自分たちにとって良くなるように未来をデザインし、その中に私たちがうまく収まるようにする。この仮想の未来は、私たちが歩いたり車に乗ったりするときに、馬の前のニンジンのように、目の前にぶらさがっているが、私たちのほうが馬よりもうまくやっている。私たちは食物と燃料をますます多く生み出し、進み続ける。この未来の中では、私たちは常に選択をする。流れとともに進めば、流れは私たちとともに進む。知識がなければ、私たちは動くものはすべて恐れ、こそこそと洞窟の中に這い戻ることだろう。世界のニュースを読むと、今日でも依然としてそういうことが起こるのがわかる。

大学二年生だったとき、こんなことがあった。ある朝、授業に出るために歩いていた。その日のテーマは力学の主要項目の一つである材料力学だった。この学問は荷重のかかった構造の抵抗（剛性）と呼ぶべきものだが。私は頭の中で前回の講義を思い返していた。それは、図10・3に似て、特定の錘《おもり》を端につけたときにあまり曲がらない棒鋼《ぼうこう》の太さの選び方に関する講義だった。通りを渡っているときに、ある心的イメージが閃いた。それがあまりに強力だったので、危険に感じられたほどだ。私は、原理を知っていれば、その棒鋼がどうなるかわかることを悟った。その棒鋼と、それに座っている人々の未来を知ることができた。

科学の途方もない価値は捉えがたい。私は通りを渡りながら、自分が未来を予測する力を与えられたことを悟った。一つの未来ではなく、いくつもの未来。私が思いを巡らせていた棒鋼のそれぞれの未来だ。いや、それ以上に素晴らしかった。最も私たちのためになる未来を選ぶ能力を、私は与えられていたのだ——最も強く、最も軽く、最も製造が簡単な棒鋼がある未来を。これは自分が、未来をデザインする力を与えられていることを意味した。鉄のカーテンの向こうの、どことも知れぬ場所から来たまったく無名の私が、科学が登場する前は神の御業《みわざ》に帰《き》されていた力を獲得しつつあった。

良いアイデアは遠くまで伝わり、存続する。科学は、知っている人から知りたがっているより多くの人へと、自由に流れる物語だ。この流れは、地球上と時間の中で拡がる。世代から世代へと流れる。「高」から「低」へ、源泉から全領域の個体群へと、一方向に流れる。源泉はこれまで多くあった。そのなかでも、ギリシアの黄金時代は、科学における最大の前向きの衝撃だった。熱機関も、産業革命も、電話も、インターネットもそれぞれ、幾何学と力学というエンジンから立ち上るひと吹きの煙にすぎない。

科学の影響は、仕事率や電力の単位であるワットで測定できる。より多くの力をより多くの個人へ割り振ることが知識であり、それは私たちが生き、より楽に流れ、より遠くまで動き、より長く持続し続けられるようにしてくれるデザイン変更を象徴している。協働とは、いっしょに働くことや、構成、生命を意味する。自由があれば、流れるものは自由に変化できる。

右に動き、それから左に動き、より良い流れ方を見つける。構成とデザインは自然に起こる。協働するものは、自分が協働していることを知らないし、誰と協働しているかは、なおさら知らない。地球上でそれぞれのためになるかたちで、たまたま互いに結びついているのだ。こうした流動構造のすべてに、階層制がある。

今日私たちが学び、教える科学は、いくつにも区分されていて、いくつかの言語で語られる。生物（動物、植物など）の専門家には一つの言語があり、無生物（河川や風など）の専門家には別の言語があり、「自然」のもの（生物と無生物を合わせたもの）の専門家にはさらに別の言語があり、「人工的な」もの（社会、経済、工学など）にも異なる言語がある。私たちはこうした状況下で育てられ、その結果、人間は自然ではないと考える。これはまったく意味を成さない。人間は力学と熱力学の物理法則に従わない、と考えるのと同じことだ。

言語ほど深く切断し、分断するものはない。科学者の第一の責務は、元の考えが最初に発表された言語と、自分の学問分野の歴史を学ぶことだ。第二の責務は、門下生に言語と歴史を教えることだ。フランス語、ラテン語、イタリア語、ドイツ語から始めて、そのあと英語を学ぶ。英語で論文を発表すれば、恩恵は大きい。

科学の構成は支配層によって維持され、強化される。支配層とは、非常に多くの人、無名の人々、新参者のあいだに埋め込まれた少数の人だ。これは自然な階層制だ（第3章参照）。確立された見方に疑問を差し挟むのは難しい。疑問視された現象がいたるところにある場合にはなおさらだ。現象がありふれたものであるほど、注意を引きづらいからだ。たとえば、人間の歴史を通して、誰もが空気には重量がないと思っていた。天秤は、皿に何かを載せないかぎり、傾きはしないということほど明確な事実がありうるだろうか？　また、太陽が昇り、頭上を通過し、地平線や水平線に沈むことも、したがって、太陽が私たちの周りを回っていることも明らかに思えた。正直に認めるといい。みなさんも幼いころ、そう思っただろう。実際、今日も地球上の多くの人が依然としてそう考えている。これは私たちが明らかに、走るのと飛ぶのと泳ぐのが三つの異なる動きだと考えたり、魚には重力は関係ないと考えたりするのと同じだ。

違う文化圏に偶然、まったく無邪気に迷い込んだ無名の人、素人が、行進している群衆に、もっと良い考え方があると納得させることはできるだろうか？　できる。素人にもそれができるのだ。そこに自由があり、敬意を払いながらも他者の言うことを無視し、粘り強く取り組み続けさえすれば。

創造性と危険と罰は、科学の研究では切り離せない。とはいえ、いつも必ずローン・レンジャーのような人がいるものだ。枝先まで伝っていって、落ち、また登っていく人が、少ないけれどいる（図11・1）。彼らこそが与え手であり、イノベーションを起こす人であり、真の利他主義者であり、果てしなく恩恵をもたらし続ける、人類への贈り物だ。

科学では、真に斬新なアイデアは波風を立てる。最初の反応は沈黙だ。静かな懐疑がそれに続く。そのアイデアが拡がり始めると、懐疑は攻撃に変わり、のちには、正反対のものになる。すなわち、採用であり、それは新しいものではなかったという主張であり、剽窃だ。

明白なことには大勢の人が気づくが、微妙なものを見て取る人は少ない。明白なものと、微妙なもののどちらも得意な人もいる。微妙なのは鳥瞰図であり、それは自然界の進化を予測する力を与えてくれ、進化を可能にするうえでの自由の重要な役割を明らかにする。自然は入り組んでいるように見えるかもしれないが、じつは非常に単純で古い機《はた》で織られたタペストリーだ。そのデザインは多くの流動の種類と大きさから成り、すべてが簡潔な物理の法則に支配さ

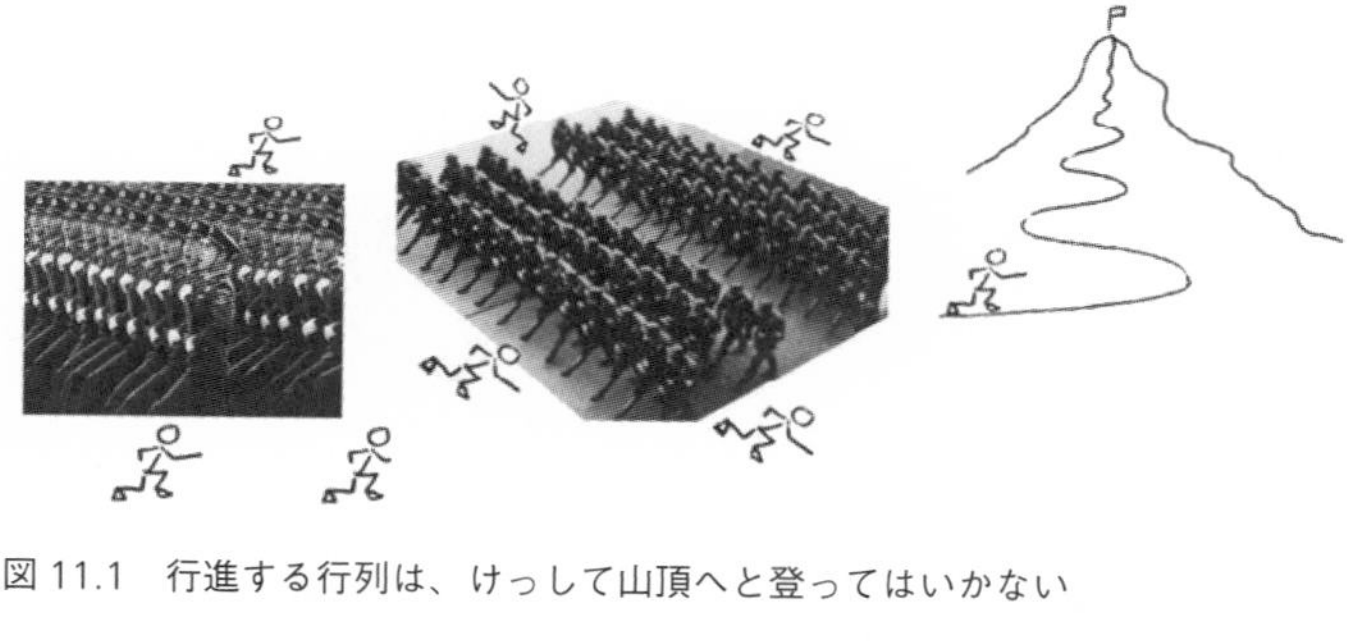

図 11.1　行進する行列は、けっして山頂へと登ってはいかない

れている。あらゆるデザインはぴたりと合致する。なぜならそれらは、生物と無生物、小さいものと大きいもの、人間と人間でないものといった、環境とともに流れるからだ。ただし、それらは完璧には合致しないし、今後もけっして完璧に合致することはない。

詳細から離れて高く昇るほど、自然のタペストリーは単純に見える。自然界は入り組んでいて、多様で、ランダムで、無限小で、非決定論的で、フラクタルで、乱流で、非線形で、無秩序であるという煙で目がくらんでいる人にとって、空飛ぶ鳥の目で全体を見渡すのは非常に良い薬になる。

私が鳥瞰の仕方を学んだのはマサチューセッツ工科大学の三号館の教室で、そこでは英語も学んだ。さまざまな単語、時、場所、重要な言葉を教えてくれた教授たちのことは、今でも覚えている。「鳥瞰」という表現をオランダ語訛《なま》りで初めて聞かせてくれたのが、力学の有名な教授のJ・P・デン・ハルトーグだ。彼は、すでに多くの複雑なメカニズムが散乱していた学問分野における、単純なものの芸術家だった。それは、今日のように何でもかんでもコンピューターでシミュレーションできる時代より何十年も前のことだった。彼は一歩下がって、全体を眺め、物事を単純にしつつも、「浴槽のお湯といっしょに赤ん坊まで捨て」てしまわないように、と私たちに教えた。数十年後、私はアムステルダムで講演をしたときに、「浴槽のお湯といっしょに赤ん坊まで捨てる」というのが、オランダのことわざであることを知った。

デン・ハルトーグ教授は、本質を見抜き、物事を単純にしておく技法を教えていたのだ。

幸い、私は同時に、熱力学における方法としても鳥瞰を学んでいた。[*1~4] 一九六九年のマサチューセッツ工科大学では、熱力学はそのように教えられていた——世界を、温かく、動きの絶えない、効率的で、富裕で、安全な場所に保つ正確な計算を行なう方法としてばかりでなく、思考する方法としても。

熱力学における鳥瞰という方法は、「コントロールボリューム」と呼ばれており、それは仮想の袋で、その中には構成要素と詳細がすべてぴったり収まっている。コントロールボリュームという方法は、学生に対する挑発だった。もしあなたが主張するように、あなたの系の構成要素が熱力学の法則に従うのなら、構成要素の集合体全体も同じ法則に従うことを示せ、というわけだ。

学生は、このテストに落第することが非常に多い。いや、勉強不足だからではない。学生がしくじるのは、ほかならぬ勉強のせいなのだ。学生が行なう勉強は還元主義的で、ますます小さな部分の解析へという方向に頭を向かわせる。このような勉強は、真実は無限小のものの中に隠れているという信念を植えつける。統計力学は、その道筋に沿って発展した。還元主義の学説は広く普及しているため、私の同業者の大半は、何かがあらゆるものの中に存在するほど小さければ、それは「根本的」だと考える。だが、この考え方は間違っており、言葉の冒瀆《ぼうとく》であり、根本的という概念が有用である理由では断じてない。

古代ローマの建物を見てほしい。それ以前の他の場所の建物よりもずっと高く、頑丈だ。たしかに、ローマの建物のいたるところで、どの煉瓦のどの隅にも、非常に小さな粘土の塊が見られる。だが、粘土はローマ以前の他のあらゆるものの中にも存在していた。ローマの建物で根本的なのは焼成煉瓦とセメントの使用であり、この組み合わせは、干した土からできたそれ以前の建築用ブロックよりも、圧縮と曲げではるかに大きな荷重に耐えられた。根本的なものは、建築用ブロックなのだ。煉瓦は巨視的であって、無限小ではない。焼成煉瓦と科学（建築、力学）こそが、ローマの建物が建物のなかで新しい「種」だった理由であり、だからこの新しい種は、以前のものよりも高く、頑丈であり、はるかに大きなアーチ形の天井と空間を備えていたのだ。

根本的というのは、深部や根底を意味し、無限小ということではない。「根本的」なものは、「基盤」として横たわっている（foundation［基盤］は、「底」を意味するラテン語の名詞*fundus*に由来する）。秘密――煉瓦――は、有限の大きさを持っており、無限小ではない。有限の大きさと無限小との違いは、白と黒、昼と夜、生と死の違いのようなものだ。無限小のものには自由も流れも構成も進化もない。だが、有限の大きさを持つものにはある。

応用物理学には根本的なものが隠れており、それらは発見されてしかるべきだ。世の中には科学者ではないものの「アイデアを持つ人」がいて、彼らは耳を傾けてもらってしかるべきだ。あらゆる科学が役に立つ。科学を使えば私たちはより多くを知り、記憶することが減り、しなければならない仕事が少なくなり、その結果、生き、学び、創造する時間が増える。

自由はあらゆる進化と科学の母だ。もしそれを疑うのなら、正反対の、不合理な方向で考えるといい。ずっと以前になされた選択がすでに最善で、永遠に揺るぎなかったら、それはどんな種類の科学になるのか？ そんな科学はきっと、役立たずで、目的も未来もないだろう。この地球上で私たちを引きつけ、鼓舞し、私たちに力を与えてくれる科学とは対照的だ。

科学は疑問を投げかけられるためにある。科学が権威になり、何世紀も前の宗教のように、国家によって引き合いに出され、導入されたなら、科学は宗教がしたように、自然界の真実を人間が探求する新しい形態の営みに道を譲るだろう。私たちはさまざまな新しい形態をすでに目にしている。それらはすべて、インターネット時代に目立ってきた。すなわち、独立した科学者たち、自己発信、粗悪学術誌《ハゲタカジャーナル》、似非《えせ》科学、功績の横取り、剽窃、科学出版を圧倒してその影を薄くする科学ジャーナリズム、科学者の言葉をわけもわからずに真似るだけなのに、科学者よりもはるかに強力なジャーナリストなどだ。

ジャーナリズムは、ご承知のとおり、当今の社会の宗教だ。

オノレ・ド・バルザック『あら皮』

人間の心が驚くべきなのは、それが観察結果を理論的に説明したいという衝動と、逆に、推論のために観察し、自然の観察結果を人間と家族と子孫に力を与えるために役立てたいという衝動を、本性として備えている点だ。心は素早く行動に移る。聴く者の心は話し手の学位記に書かれた称号を確認しない。何でもありなのだ。

科学者たちは何世紀も前にこれを知っていた。なぜなら、彼ら自身も「素人」として始めたからで、「素人」というのは、自分のしていることの「愛好者」を意味する。彼らが発見をしたり発明をしたりしたのは、好奇心があったからで、有用性や適用性、実際的な重要性、後援者を喜ばせることを求めていたからではない。

今日、知識業界では、たいていの科学者は自分が大切にしている最も重要な考えが、元は素人、すなわち、ただ好奇心を持っていただけの無名の人に由来することに気づいていない。これは、科学に限ったことではなく、すべてに当てはまる。素人とは違い、定評のある科学者はみな、反感を胸に秘めている。定評ある科学者が書いた査読報告はどれも、鵜呑みにするべきではない。

科学革命は、新しいデータの蓄積を通しては起こらない。革命は、既存のデータを眺め、その構成——メッセージ——を、新しいかたちで、突然、何気なく、偶然、図らずも目にするときに起こる。革命によって改善した科学は、時の経過とともに、学者や政治家の権威を強奪する傾向にある。そのような変化は、似非科学や集団浅慮《せんりょ》が真実の次元にまで高められている全体主義の下では、はるかにゆっくり進む。この種の例が、共産主義のソヴィエト連邦における遺伝子理論[*5]や、中華人民共和国における熱伝達（固体の加熱）と仕事伝達（コンデンサーの充電）とのあいだの類似と称されるもの（これは熱力学の法則に厚かましくも反する）だ（後者については、＊1～4で概説してある）。この多くが、学問を装ったナショナリズムだ。[*6～7] 似非科学[*6～12]が、偽物のブルージーンズや偽物の iPhone や海賊版の書籍に加わる。[*13]

学究の世界に属する多くの人が、アイデアの良さを、そのアイデアに同意する著者の数と同一視するという誤りを犯す。科学の歴史は、これが間違っていることを立証している。科学は多数決で判断するものではない。あらゆる人が同等に想像力に富んでいるわけではない。あらゆる意見が同等に重要であるわけではない。科学は民主主義ではないのだ。

多くの人が、アイデアの良さを、研究費や雇用されている人数、費やされるお金、建設される建物の額や数の多さと同一視するという誤りを犯す。科学の歴史は、これが間違っていることを立証している。科学は費やされるお金の額で判断するものではない。費やされる金額の重要性は等しいわけではない。私は科学文献を読むとき、予算ではなく名前と日付とアイデアを読む。科学の営みはカネ勘定ではないのだ。

私は、大きな研究所のために巨額の助成金が出るというニュースを読むと、何の変化ももたらさないだろうと予測する。真に新しいもの、繊細で美しくて価値あるものは、最も意外な場所から生まれ出てくる。それは、予算ゼロの無名の人であることが多い。これも科学の特徴であり、競争競技の場合とちょうど同じだ。どこの貧しい子供がストリートから競技場へと歩を進めるか、想像もつかない。それは素晴らしいことで、科学と文明を維持する良い知らせだ。

今日、科学に関しては何もかもがバラ色であるわけではない。古い習慣が、科学の土台の役割を果たす公平無私の真実を脅かしている。発表されたアイデアを書き直し、偽装し、「斬新」なものとして発表するというのは危険な傾向で、それが蔓延している。[*14~20] アメリカの国立科学財団は、学究の世界におけるこの種の不正行為を、次のように定義した（NSF－CFR－689）。

剽窃とは、他者の考え、あるいはプロセス、結果、言葉を、出所を適切に示さずに盗用する行為を意味する。

電子出版や、それに関連した、科学の流れの速度と到達範囲の向上のせいで、専門誌の内容量と数が膨れ上がった。私が学生だったころに科学がどのように生み出されて伝えられていたかと比べると、今日は、誰もが書く一方、誰も読まないように見える。不正をするのがはるかに楽になり、取り締まるのがはるかに困難になった。不正を働く人は罰を逃れる。なぜなら、私たちの機関や制度（大学、専門誌）の管理者は影響を受けないからだ。剽窃者は、盗む価値のあるものを何一つ発表したことのない人からは盗みはしない。

不正を働く人は多く、才能を持つ人は稀だ。それゆえ、不正は蔓延する凡人たちの武器である。

オノレ・ド・バルザック『ゴリオ爺さん』

科学の主たる目的は、不幸や絶望、断念、早世を生み出す窮境とは無縁の、幸せで創造的で長い人生を送ることだ。この大河の中では、人は単独で泳がないことから恩恵を受ける（第2章参照）。とはいえ、自由がカギを握っている。独立を保ち、妥協せず、付和雷同しないと報われる。

あらゆる研究が自伝的だ。それは、研究者や著者、著者に近しい人々、その時点、場所、言語、興奮についての人間的物語だ。私がそれに気づいたのは一〇代初期のクリスマスに、薬剤師だった母からマックス・フォン・ラウエの科学短篇『物理学の歴史』をもらったときだ。この本は、今も手元に持っている。同様に、本書の物語も、科学におけるアイデアと人間にまつわる出来事についてのものだった。この物語の背景にある物語は、科学がどのようにして「生じ」、どのようにして進化し、なぜ科学が私たち全員のためになり、あまりに有益なのでその物語を私たちが語り続けるほどなのかについてのものだ。科学は気の利いたジョークだと考えればいい。実際、最高のジョークだ。最も多く繰り返されるのだから。

具体的な例を一つ挙げよう。みなさんも思わず笑ってしまうだろう。科学でずっと以前に正されたさまざまな度重《たびかさ》なる誤解は、永久機関を発明したという度重なる主張と共通点が多い。*2 そのような発明の歴史は、間違っているのが知られている主張を繰り返す人々にはどう対処したらいいかを示してくれる。二〇〇年前、フランス学士院は永久機関関連の発明の主張は、これ以上受けつけないという方針を採用した。それは、(1)そのような発明品は機能しないし、(2)力学という旧来の科学に基づいて、妥当でないことが立証されていたからだ。時計の針は摩擦のため、永遠に回り続けることはない。そのような主張の査読と発表を拒むことは、当時検閲ではなかったし、今もそうだ。その正反対で、自由をもたらし、科学の進化を奨励する。

では、どうすればいいのか？　答えは明白だ。虚偽の発表と後援をやめ、各分野において学問を正しく教え、その過程でそれらを改善し、なおさら一般的で強力にし、科学のデザインが進化するあいだに生じがちな誤解を一掃することだ。

図11・2で主張された永久機関を眺めてほしい。一九八〇年代に目端《めはし》が利くある同業者が送ってきたものだ。じつに巧妙なので、それ以来、絶好の教材として使ってきた。*2 *4 温度T_0［ケルビン］

の大気のみから機械力$\dot{W}$［ワット］を生み出す装置として、これほど明白で魅力的なものがあるだろうか？　燃料は不要だ。空気の流れ$\dot{m}$［キログラム／秒］が、まず動力装置の加熱器（あるいはボイラー）の熱源として使われる。加熱器を通るうちに、空気の流れの温度は下がる。したがって、流れは次に、動力装置の冷却器（あるいは凝縮器）を通るあいだはヒートシンクとして使える。空気の流れは、最後には大気中に放出される。これのどこが間違っているというのか？

間違っているのは、この案に的を絞ることだ。この案は、発明者の主張にすぎない。全体像、全般的な視点を失うことが間違っているのだ。マジシャンの手ばかり見詰めていて、ステージ全体が見えていないのに似ている。責めるべきは現代の科学教育で、それは還元主義になってしまっており、物理学ではその傾向がなおさら強い。それを正すには、図11・2から一歩離れ、破線の右側で空気の流れが、環境と熱的接触を持ちながら、ループを完成させなければならないことに気づけばいい。この完成図を含む系全体は、定常状態にある閉鎖系で、一定の温度（T_0）の、流体を通さない境界と、大気（と、$\dot{W}$の受け取り手とされるもの）を環境として持っている。この閉鎖系の中で、空気の流れは完全なループを形成する。

熱力学の第一法則に従えば、系全体で、$\dot{W}=\dot{Q}_0$にならざるをえない。ただし、$\dot{Q}_0$は系と環境のあいだの熱伝達率だ。もしこの発明者が正しければ、力が生成され（$\dot{W}>0$つまり、力はこの閉鎖系を出ていく)、熱は環境から系へと伝達されなければならない($\dot{Q}>0$で、それは熱が系に入ってくることを意味する)。これらの流れの方向(熱が中へ、仕事が外へ)は、この種類の系——単一の温度の貯留層(T_0)と熱的接触があり、定常状態で稼働しているか、あるいは整数個のサイクルを稼働させている閉鎖系——に当てはまる熱力学の第二法則に反する。

私たちはここで、どんなブレーキや時計のメカニズムとも同じように、「全体」は、せいぜい仕事を熱に一方向に変換する純粋に散逸的な系にしかなりえないことを再発見した。言い換えれば、$\dot{W}<0$, $\dot{Q}<0$ つまり仕事が中へ、熱が外へ、ということだ。不等号は重要だ。これは、熱伝達が仕事伝達に類似していないこと、そして、偽りの物理学を後押しし続ける刊行物

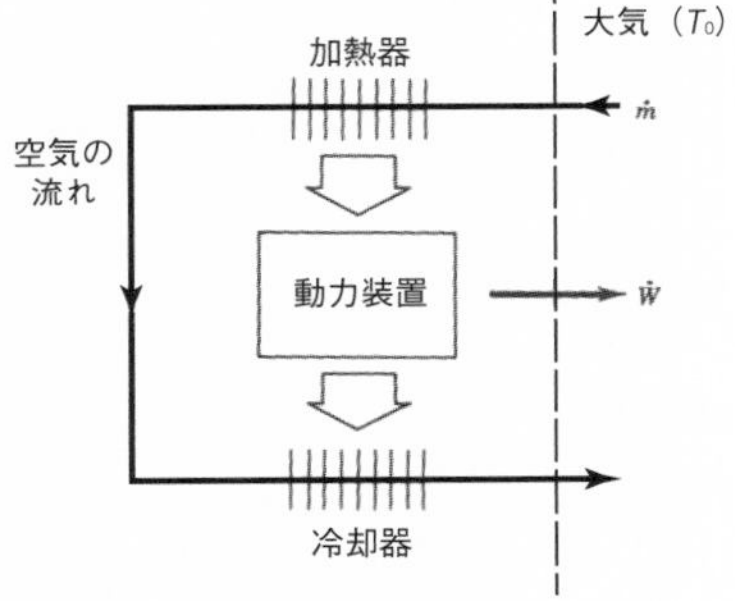

図 11.2　機械力($\dot{W}$)を温度 T_0 の大気から生み出す方法
空気の流れ($\dot{m}$)は、最初は動力装置の加熱器における熱源として使われる。加熱器を通るうちに、空気の流れの温度が下がる。したがって、流れは次に、動力装置の冷却器を通るあいだはヒートシンクとして使える。使われた空気はそのあと、大気中に放出される。このデザインは実現可能だろうか?

には価値がないことを、容赦なく立証している。熱と仕事を同等に扱うのは、永久機関の発明を主張するのに匹敵する誤りなのだ。

力の物理学（熱力学）の進化は、うまく機能するものはすでに存在していた科学への付加物として維持されることを示している。[*1~3] 間違っているものは押しのけられ、忘れ去られる。これが進化し変化する科学のデザインだ。科学界はときおり現実と向き合わされ、新しい世代を導くのに突然有用になった新しい鳥瞰図を突きつけられるのも、この理由からだ。修正主義が阻止され、権威に疑問が投げかけられ、捏造が暴かれ、誤りが正され、こうしてその学問分野への評価が一新されて、新しい世代に力が与えられる。これは、自発的に書かれた論文や新しい視点、新しい論評、新しい書籍の中で起こることがある。研究者、著者、大学の管理者、国立のアカデミー、出版者、とくに編集者は、ここから学ぶ。この流れは、腐りかけた丸太が押しのけられて道が拓けたときに、前よりもよく流れる。

偽りの知識には要注意。無知よりも危険だから。

ジョージ・バーナード・ショー

科学は、所属する人のために暮らしを良くするから改善し、繁栄し、拡大する文明化された領域のようなものだ。そのような領域は、有用なものを生み出し続けるかぎり、拡大する。有用なものは人を引きつけるからだ。文明化された人々は、新参者——無名の人——を歓迎する。ただし、法律に従い、規律を守れば、だが。人々が加わるのは、そのほうが暮らし向きが良くなるからだ。

周辺部で略奪を働く野蛮人と闘うのは、必要で嫌な骨折りであり、不愉快な行為であり、目的ではない。敗れた者たちが同化され、文明化されるにつれ、文明化された領域は拡がり、その結果、生活や平和、動き、自由が盛んになる。

文明化された領域は、野蛮人と闘わなければ、維持していた良い暮らしとともに消え去る運命にある。犬のいない村はオオカミの餌食になる。文明化された人々が生み出した有用な人工物のいっさいがそうであるように、科学にしても何ら違いはない。

誤りはこれからも起こり続ける。古生物学者のマイケル・テイラーはこう指摘している。[*21]「科学はいつも正しいとはかぎらない。いや、めったに正しいことはない。人間が努力する他の分野から科学を際立たせているのは、謙虚であるべきことがはっきり定められているおかげで、誤りを犯したときにはいつでも自らを正す用意がある点だ。科学者は謙虚な人ではないかもしれないが、科学に取り組む以上、謙虚に振る舞わざるをえない」

カール・セーガンは、違った見方をしていた。「科学では、こういうことがよく起こる。『いや、それは本当に良い意見だ。私のほうが間違っていました』と科学者が言い、それから実際に考えを変え、その人から元の見方を二度と聞かされることがない。科学者は、現にそうする。それは、本来あるべきほど頻繁には起こらない。科学者も人間だし、心を変えるのはつらいこともある。だが、それは毎日のように起こっている。政治や宗教でいつその種のことがあったのかは、思い出せない」。カール・セーガンは宗教に関しては間違っている。彼はキリスト教や宗教改革、大学の起源を忘れていた。科学者が毎日のように心を変えているというのは、なおさら大きな間違いだった。

誤った主張を論破するのは、すべての人のためになる。誤った主張を繰り返す慣行を退け、正しくないことが知られている主張を繰り返す人の名を挙げるというのは、そのような著者の名誉毀損《きそん》ではない。その逆で、誤った主張をする著者も含めて、科学を利用する人全員のためになる。だから、著者や専門誌は正誤表や撤回を発表するのだし、その名に値する大学は、剽窃したり、偽りの科学を発表したりする人を罰するべきなのだ。真実のあくなき追求は、公益に資する。

科学は自由に満ちているから自己修正できる。科学についてのこの重要な真実は、科学者だけでなくすべての人に、広く伝えられなければならない。

謝辞

本書は多くの方々の助けを借りて完成した。この執筆プロジェクトをやり遂げられるように終始支えてくれた家族と友人たちにお礼を言いたい。原稿と図の入力・編集をするとともに、一九九四年以来ずっと仕事を手助けしてくれているデボラ・フレイズに感謝する。本質的な面でも、公開プレゼンテーションでも、私の仕事に目配りをし、私が思いきった行動をとるときにも支援してくれる妻のメアリーにも感謝する。

各地で生命とデザインと進化の物理学の分野を切り拓《ひら》いた、私にとって最も親密な以下の協力者たちにも謝意を表したい。シルヴィ・ロレンテ、マーセロ・エレーラ、エイトル・レイス、ルイズ・ロチャ、アントニオ・ミゲル、ジョーダン・チャールズ、スティーヴン・ペリン、ホセ・バルガス、ホアン・オルドネス、ジュリオ・ロレンジーニ、チェーザレ・ビゼルニ、ペズマン・マーダンポー。私の下で博士課程で学んでいる学生たちにはとりわけ感謝する。ウミット・グネスとアブドゥッラフマーン・アルメアバティは本書に収録した図の多くを用意してくれた。また、ジョージ・ツァツァロニスとホセ・ラゲとムハンマド・アワドは熱力学関連で手伝ってくれた。

良いアイデアは面白い人々を引き合わせるものだ。それも、思いもよらぬかたちで。人間がかかわる出来事から、新しいアイデアと、より優れた著述が流れる。私の研究に興味を持ってくれたり、私により良い考え方、話し方、書き方を教えてくれたりした、以下の思慮深い方々に感謝する。ヴィクター・ニーダーホッファー、ペダー・ゼイン、エフラット・リヴィニ、マイケル・ルビー、デボラ・パットン、マシュー・ファターマン、ジェイムズ・タラント、マルコム・ディーン、デイヴィッド・トロイ、アンソニー・コズナー。

著者紹介

エイドリアン・ベジャンは、熱力学での業績と、科学と社会システムにおける自然のデザインと進化についてのコンストラクタル法則の提唱を認められ、ベンジャミン・フランクリン・メダル（二〇一八年）とフンボルト賞（二〇一九年）を受賞している。

マサチューセッツ工科大学で学士号（一九七一年、優等課程）、修士号（一九七二年、優等課程）、博士号（一九七五年）を取得。カリフォルニア州立大学バークレー校ミラー基礎科学研究所研究員（一九七六〜七八年）。デューク大学では一九八九年以来、J・A・ジョーンズ特別教授（distinguished professor）。著書は三〇冊を超え、専門家の査読がある専門誌で六五〇以上の論文を発表。フランス、アゼルバイジャン、ブラジル、南アフリカなど、一一か国の大学から一八の名誉博士号を授与されている。

ベジャン教授が熱科学に与えた影響は際立っており、物理的現象としての生命と進化、コンストラクタル法則、エントロピー生成最小化、スケール解析、ヒートライン、温度ー熱（T－Q）図、その他多数の理論・モデリング・解析・デザインの独創的な手法が、今日、同教授の名前と結びつけられている。これまで、熱科学の分野で最高水準の国際的な賞の数々を受賞。欧州アカデミー会員。おもな著書に以下のものがある。

- *The Physics of Life*, St. Martin's Press, 2016［『流れといのち――万物の進化を支配するコンストラクタル法則』柴田裕之訳、木村繁男解説、紀伊國屋書店、二〇一九年］
- *Design in Nature*, with J. P. Zane, Doubleday, 2012［『流れとかたち――万物のデザインを決める新たな物理法則』柴田裕之訳、木村繁男解説、紀伊國屋書店、二〇一三年］
- *Design with Constructal Theory*, with S. Lorente, Wiley, 2008
- *Shape and Structure, from Engineering to Nature*, Cambridge University Press, 2000
- *Advanced Engineering Thermodynamics*, Fourth Edition, Wiley, 2016
- *Entropy Generation through Heat and Fluid Flow*, Wiley, 1982
- *Entropy Generation Minimization*, CRC Press, 1996
- *Thermal Design and Optimization*, with G. Tsatsaronis and M. Moran, Wiley, 1996
- *Heat Transfer*, Wiley, 1993
- *Convection Heat Transfer*, Fourth Edition, Wiley, 2013
- *Convection in Porous Media*, with D. A. Nield, Fifth Edition, Springer, 2017

解説

木村繁男（公立小松大学副学長・大学院サステイナブルシステム科学研究科長）

本書は、コンストラクタル法則の提唱者エイドリアン・ベジャン教授（デューク大学）が同法則について解説した、一般向け書籍の第三弾である。

この新たな物理法則については、これまでベジャンが書いた『流れとかたち』『流れといのち』の二冊で詳しく説明されており、この二冊は今回と同じ柴田裕之氏の翻訳で、私の解説を付して紀伊國屋書店から刊行されている。どこにも明示されてはいないが、この前二作と本書『自由と進化』は三部作《トリロジー》だと著者本人が述べていたので、これが完結篇という位置付けになる。

前二作は啓蒙書としての色彩が強かったが、この三冊目は、これまでの研究内容がより直接的に説明されている。すなわち、オリジナルの論文に即した説明もあり、一般書にしては数式や難解な記述もやや多いのだが、考察のプロセスをより厳密に説明しておきたいという著者の意図が反映されているのだろう。取り上げるテーマも広範だが、この三部作の最後の本でコンストラクタル法則についての説明を完結させようとする著者の決意と同時に、ベジャンの世界観や科学観も力強く綴られていることが伝わってくる。

ここで、本書で初めてベジャンの本に接する読者のために、コンストラクタル法則とは何かを簡単に説明しておく必要がある。私はコンストラクタル法則の専門家ではないが、熱流体工学を専門とする、若き日のベジャンの弟子であった。一九七八〜八三年の五年間、当時コロラド大学の准教授だったベジャンの下で熱力学を学ぶとともに、「思考する自由とはどういうことか」を彼から叩きこまれた。それから四十余年、今でも彼との親交が続いている。

ベジャンがコンストラクタル法則を最初に論文で発表したのは、一九九六年のこと。この法則は、以下のような言葉で定義される（本書二五ページ参照）。

有限大の流動系（微小な一粒子でも亜原子粒子でもない）が時の流れの中で存続する（生きる）ためには、流れるものにより容易で大きなアクセスを提供するように自由に進化しなくてはならない。

これは簡単に言うと、「樹木、河川、動物の身体構造、稲妻、スポーツの記録、社会の階層制、経済、グローバル化、空港施設や道路網、メディア、文化、教育など――生物か無生物かを問わず、すべての形は、自由を与えられれば、より良く流れる形に進化する」という法則である。そしてこれは、物理の第一原理なのだ。

こんな新たな物理法則の話を聞いて面食らった方、あるいは訝《いぶか》しく思われた方もおられるかもしれないが、それも当然のこと。ここで正直に告白すると、私もコンストラクタル法則に接した第一印象は、「またベジャンが奇妙なことを言いだしたな」と感じたのである。革命的な思考を受け容れるのは時間がかかるもので、不肖の弟子たる私はそれに二〇年もの歳月を費やした。

しかしそんな周囲の懸念をよそに、熱力学の世界で圧倒的な業績を誇るベジャンは、二〇一八年に米国版ノーベル賞とも言われるベンジャミン・フランクリン・メダルを、二〇一九年にはドイツの栄誉あるフンボルト賞を受賞した。このにわかには信じ難い物理法則が、学術界で受容された証左だと言える。

ここからは本書の内容について、具体的に触れていこう。

本書は11の章からなっているが、特に注目しておきたい、第1章「自然と力」、第3章「階層制」、第4章「不平等」、第6章「複雑性」、そして最後の第11章「科学と自由」に絞って紹介する。やや専門的なことにも言及するが、ベジャンの理論の核心に迫るために必要なのでご容赦いただきたい。

第1章「自然と力」の前半部では、さまざまな流動構造の最適化について、コンストラクタル法則がカバーする最も典型的な物理的現象が述べられている。たとえば、肺や血液の循環、樹木の構造や都市の交通などを引き合いに出して、流れの分岐、一点からある領域全域への流れ、あるいは逆に領域全体から一点への流れなどが説明される。

特筆すべきは、後半部で展開される熱力学との関係である。熱力学の特徴は、対象となる系内の物理量は構造を持たない、すなわち系内は常に平衡状態にあることを前提とする。また、状態変化の過程においても平衡状態の連続を仮定する。たとえば、正方形の領域からなる系の物理量は、白、黒、及びそれらのあいだのグレーの中間色で表される値しか取ることができないのである。コンストラクタル法則は、そこに構造を導入した。白い正方形に黒い墨で樹状構造を描いてみせたのだ。そして、熱力学の法則という最も抽象性の高い概念から離れて、身の丈の種々の現象の中にある変化の過程（様相）を新たに法則化したのである。

第3章「階層制」と第4章「不平等」は、表裏一体をなす。共に社会構成の進化を取り扱っている。社会は常に階層化の方向へ進化する。コンストラクタル法則によれば、これは物理学的に自然な帰結なのだ。しかし、それは不平等とは異なる。

残念ながら、多くの人は必然的に起こる階層化と不平等をごっちゃにして議論している場合が多い。両者のあいだにある根本的違いは、そこに自由が存在するか否かだ。階層化は自由であるが故に自然に発生し、変容し、進化し続ける。一方、自由が存在しない環境では硬直した組織と不平等だけが残る。この点は我々も肝に銘じておくべきであろう。

第6章「複雑性」も興味深い問題である。「カオス」や「フラクタル」という言葉は、ひと昔前に一世を風靡した流行語であった。しかし「フラクタル」について言えば、彼はその概念の有用性についてかなり懐疑的である。そして、ここでも熱力学への言及があり、注目すべき議論が展開されている。

今日、通説として広く受け容れられている、エントロピー増大と複雑性の増大という考えも誤りであると断じている。熱力学の第二法則は現象の一方向性、不可逆性について述べているだけであり、エントロピーもその中で定義されている。すなわち、複雑性とは本来無縁のものなのである。また、統計力学の結果として、マクロな現象を扱う熱力学が存在するかのような議論がしばしば見られるが、これも全くの誤りである。統計力学が扱う、箱の中の単純な粒子運動の仮定そのものが、熱力学の法則が有している最も堅牢な一般性「いかなる系においても」という言明をすでに放棄しているとベジャンは言うのである。

第11章は「科学と自由」と題されている。この最終章で著者は、「本書の目的は、進化の予測理論を提示することにある。物理学における自由の概念と進化の概念をしっかりと確立するのだ」と述べ、本書を貫く概念たる「自由」が、科学と社会にいかに重要かを理論的に説いている。また、自身が剽窃の被害に遭った体験なども交えながら、科学界の健全なあり方を訴えて締めくくる。

本書を読めばわかるが、ベジャンはとにかく自由を重んじている。自由がなければどうにもならないと言い、先にも書いたとおり「思考する自由」を常に忘れることなく生きてきた人である。チャウシェスク独裁政権下のルーマニアからアメリカに渡った一九歳のベジャン青年が「自由の国」で受けたインパクトは、さぞかし強烈だったはずだ。

さてここで、この本に見出せる特徴として、ベジャン個人の来歴が頻繁に言及されることにお気づきかもしれない。彼自身に関するエピソードは前二作でもいくつか紹介されているが、私の記憶を交えてここで触れておけば、彼の輪郭がさらにくっきりと浮かぶはずなので、彼の思索過程を理解するヒントとなると思われる。

エイドリアン・ベジャンは、一九四八年九月にルーマニア東部の町ガラツィで生まれた。ガラツィはドナウ川沿いの港町として栄えた土地である。父は獣医、母は薬剤師であった。

彼が子供のころに線描を習っていたことは、本書（第6章）にも『流れとかたち』（第2章冒頭）にも書かれているが、本書の図7・6（一七七ページ）にある超伝導部品の複雑な見取り図は、彼が定規とコンパスだけを用いて描いたというのが驚異的である。これ以外にも彼が描いたイラストが何点か本書に収録されているが、いずれも特徴をうまく捉えており、プロ並みの技量である。

彼の最初の邦訳書『流れとかたち』が刊行された二〇一三年に、翻訳者の柴田氏、編集者の和泉氏と会食をしたことがあった。その時の写真をベジャンに送ったところ、たまたまレストランの壁に掛けられていたゴッホのそれほど有名ではない絵を目敏《めざと》く見つけて、〈最初の日本語版がゴッホの絵を背景にした三人で成されたことがとても嬉しい〉というメールを受け取った。

また、高校時代のベジャンはバスケットボール選手として活躍し、ルーマニア代表に選ばれていたことも忘れてはならない。私が大学院生の頃、ベジャンはバスケットボールの最中にアキレス腱断裂に見舞われた。そのおかげで、私はほぼ一学期にわたり彼の車椅子を押すことになったのである。彼がバスケットボール選手として活躍していたことをこの解説に書き添えるよう厳命してくるほど、スポーツは彼の一大関心事なので、本書でもしばしばスポーツへの言及が見受けられる。

数十年前までは、大学の工学部に進学した学生は一年次に「図学」を学んだものである。図学は重要科目である「製図」の基礎を培うものとして、カリキュラム上で位置づけられていた。

第7章で彼が嬉々として説明している種々の作図法は、この図学の講義の中で学生に教えられていたのだが、昨今のCAD（コンピューターを利用した設計／製図）の発達で、このような作図法の価値を認める気風は絶えて久しい。しかしこの第7章を読むと、彼がいかにこれらの作図法に愛着を持っているかが伝わってきて、自分の頭を働かせて、手先を操る楽しさを我々に思い起こさせる。便利な道具を受け入れる一方で、当然失うものがある。ときにそれが大きな喪失の場合もあるのだから、折々に先人の営みを見直すことを忘れてはならない。

ベジャンの思考過程の根底には、この作図法に繋がるものがあるように思える。最適化を探るために、一つ一つブロックを積み上げるような思考過程がこの作図法と極めて類似しているのではなかろうか。作図法は、彼の中にあっては思考プロセスそのものなのである。流体力学の分野では、管路に沿って流れる流体の摩擦損失を表す有名な線図があり、制作者の名前からムーディ線図と呼ばれている。これがなぜこれほど有名になったかというと、その図の美しさにあると彼は語っていた。

コンストラクタル法則というアイデアの源は、前述のような彼の生い立ちに深く関わっているはずだと私は考える。

一つには、彼が幼い頃から自然が作る造形の美しさに強い関心を寄せていたことにある。そして少年時に親しんだ線描という技法を通じて、彼はその美しさの秘密をつぶさに観察する機会に恵まれることになったのだ。

コンストラクタル法則が生まれた直接のきっかけは、半導体素子からの放熱問題であった。半導体素子が高温となるのを防ぐため、放熱板を取り付ける必要がある。どんなパソコンや電子機器の中を覗いても見つかるはずの大事な部品だが、その形状をどのように最適化すればよいかが彼に与えられた命題であった。

彼は、放熱板の構造を樹状構造とすることでこの問題を解決した。しかし我々の周りを見回すと、樹状構造と階層制（太い幹と細い枝）はいたるところに見つけられる。構造物内を流れる熱、流体の流動抵抗を計算すると、最適化された流れ構造が必ず樹状構造を取ることがわかってきた。

したがって、この観察された事実は物理学の第一原理と位置づけられるというのが彼の主張なのである。そして、様々な系《システム》にその法則を適用することにより、それらの系の進化、あるいは系の変容する形を彼は見事に説明し、かつ予測して見せたのである。

本書の刺激的な内容に触れて印象に残ったことを本稿にまとめているあいだ、音楽の通奏低音のように心に響いていたのは、われわれの身の丈で理解できる有限サイズの現象、目で見ることができ、手で触れることのできるものを大事にしようと言っているかのような、ベジャンの言葉である。

そして彼は、われわれの未来についても驚くほど楽観視している。社会は変化していくが、自由さえ保証されていれば、それは必ず我々にとってより良い方向へと進化していく。それがコンストラクタル法則の予測するところなのである。

これは、何よりも我々に勇気と力を与えてくれるものではないだろうか。

二〇一八年にベンジャミン・フランクリン・メダルを受賞したときに、フランクリン研究所によって作られた四分ほどの動画が現在でもネットで閲覧できる。興味のある読者は是非ご覧いただきたい。

https://www.fi.edu/laureates/adrian-bejan

今回も柴田裕之氏による丹念な翻訳により、日本語訳が完成したことに深く感謝したい。ベジャン教授からは、翻訳に関して柴田氏とは何度となく連絡を取り合った旨のメールをいただいている。最後になるが、このような機会を与えてくださった紀伊國屋書店出版部の担当編集者、和泉仁士氏に心よりの謝意を表したい。

訳者あとがき

前々作『流れとかたち』と前作『流れといのち』は、すべての形の進化を支配するという独創的なコンストラクタル法則を紹介し、森羅万象を物理の視点から一つにまとめ上げた。そして、まさに「百聞は一見に如かず」という言葉が当てはまる写真や図やグラフ、それを裏づけるデータを「一見」どころかふんだんに掲載し、説得力を高め、理解を助けていた。両作とともに三部作を構成する本書『自由と進化』は、コンストラクタル法則を軸に、自由を見解ではなく物理的現象と捉え、進化の予測理論を提示し、物理学における自由の概念と進化の概念をしっかり確立することを目的としている。

前二作は一般読者をおもな対象としていたのに対して、本作品は、著者が携わる分野の研究者や学生も多分に意識しているのかもしれない。そうした方々に向けた数式や記述に馴染みのない読者は、それらを読み飛ばしても全体の趣旨を把握するのには差し支えがないし、前二作を読み直したり、まだご覧になっていない方は目を通したりなされば、おのずと理解が深まることだろう。

この三部作を通じて、あらゆるものの根底に物理学があり、著者の提唱するコンストラクタル法則に万物が支配されていることが、繰り返し示される。社会、経済、教育、スポーツをはじめ、これほど広範に及ぶ法則があるとは思ってもいなかったので、初めて『流れとかたち』を読んだとき、その統合的な見方に私は目を開かれる思いがし、すっかり魅了された。それまで一見すると無関係だった、さまざまな生物、無生物、現象などが結びつき、物事がなぜそうなっているかという道理を示され、全体像が浮かび上がってくるのには、胸が躍る思いだった。著者が何度となく諭してくれているように、還元主義にはまり込んで「木を見て森を見ず」になってはならず、鳥瞰が大切であることをあらためて思い知らされた。

コンストラクタル法則はこれほど普遍的なものだから、どの分野でもそれを踏まえて行動することがカギになる。たとえて言うなら、人間にも空を飛べるはずだと思い込み、重力や揚《よう》力《りょく》を知らずに、あるいは考慮に入れずに、崖から身を躍らせるような愚行は避けるべきだ。階層制／不平等と自由の関係が、その好例だろう。階層制や不平等は不自然で、自由や公正に反するとし、排除しようとする向きもある。だが著者に言わせれば、それは「階層制の自然な起源と真っ向から矛盾する。階層制は動きの自由が起源なのだから」。そして、著者は続ける。「不平等が減れば嫉妬や憎しみや暴力が減り、平和が増すかもしれないが、不平等をなくすことは不可能だ。したがって、残された道は（中略）自然の法則の継続、すなわち、労働倫理、慈善、成果主義、権威に対する疑問、法の支配、変化、階層制、そして何より、自由を維持することだ」（二一一ページ）。裏付けのない観念論や理想論とは一線を画す、こういう見識に、私は感銘を受ける。だからこそ、この三部作は物理学的な関心と好奇心を刺激する以上のものであり、著者のメッセージが広く伝わってほしいと思えてならないのだ。

著者が自由をこれほど重視するのは、自由が物理にとって必須の要素であるという信念を抱いているからなのはもちろんだが、この三部作を読んでいると、自由に対する著者の熱い思いがひしひしと伝わってくる。その根底には、生まれ育ったルーマニアでの、共産主義政権による圧制下での体験もあるのだろう。いや、本人だけでなくご両親の体験も。父親の反骨精神には前二作でも触れられていたが、その父親は一九四八年に当時の政権によって投獄され、母親は五八年に、本書第2章末に出てくる拷問を受けたという（監禁され、八日にわたって睡眠を奪われたそうだ）。幸い二人とも生還できたが、戻れなかった人も多かったとのことだ。

著者はまた、今年のロシアによるウクライナ侵略のはるか前に、次のように懸念し、私に警告してくれた。日本のすぐそばに位置し、国民を監視する体制を敷き、領土や権力の拡大主義をとる複数の国家で起こっていることは非常に危険だ、と。本書の目的に掲げられているとおり、物理学における自由の概念が確立されるとともに、世の中の自由が増すことを願うばかりだ。著者に言わせれば、「自由がなければ進化はない」、「科学は自由のおかげで進化し、自由は科学のおかげで充実する。自由の下では創造しやすい」のだから。

最後になったが、この三部作を通して私の質問にいつも丁寧に答えてくださった著者、訳文に目を通して問題点を指摘してくださり、著者と親しく接してこられた方にしか知りえない情報を盛り込んだ解説も書いてくださった木村繁男先生、私の至らない点の数々を補ってくださった紀伊國屋書店出版部の和泉仁士さんをはじめ、刊行にあたってお世話になった大勢の方々に、この場を借りて心からお礼を申し上げる。

二〇二二年一一月　柴田裕之

renewable and sustainable energy reviews. *Renew. Sustain. Energy Rev*. 53, 1636–1637 (2016).

＊13 B.-C. Han, *Deconstruction in Chinese* (MIT Press, Cambridge, MA, 2017).

＊14 A. Qin, Fraud scandals sap China's dream of becoming a science superpower. *The New York Times*, October 13, 2017.

＊15 W. Quang, B. Chen, F. Shu, Publish or impoverish: an investigation of the monetary reward system of science in China (1999–2016). *Aslib J. Inf. Manag*. 69, 486–502 (2017).

＊16 A. Abritis, A. McCook, Cash incentives for papers go global. *Science* 357, 541 (2017).

＊17 D. A. Eisner, Reproducibility of science: Fraud, impact factors and carelessness. *J. Mol. Cellular Cardiol*., 21 October 2017, https://doi.org/10.1016/j.yjmcc.2017.10.009.

＊18 I. Fister Jr., I. Fister, M. Perc, Toward the discovery of citation cartels in citation networks. *Front. Phys*. 4 (2016), article 49.

＊19 A. Bejan, Plagiarism is not a victimless crime, *Prism. Am. Soc. Eng. Educ*. 28(7), 52 (2019).

＊20 E. Chiscop-Head, Research integrity interview series: If you cheat, there should be a referee who blows the whistle against you, Duke University School of Medicine, 20 September 2019.

＊21 M. P. Taylor, Science is enforced humility. *The Guardian*, November 13, 2012.

いのち』]
＊37　エレイン・モーガンは、人類は水生の類人猿から進化したと言っている。TED 31 July 2009. https://www.youtube. com/watch?v=gwPoM7lGYHw.
＊38　A. Bejan, Theory of heat transfer from a surface covered with hair. *J. Heat Transf*. 112, 662–667 (1990).

第10章　収穫逓減

＊1　A. Bejan, S. Lorente, J. Lee, Unifying constructal theory of tree roots, canopies and forests. *J. Theor. Biol*. 254(3), October 7, 2008, pp. 529–540.
＊2　A. Bejan, *Shape and Structure, from Engineering to Nature* (Cambridge University Press, New York, 2000).
＊3　A. Bejan, The constructal-law origin of the wheel, size, and skeleton in animal design. *Am. J. Phys*. 78(7), 692–699 (2010).
＊4　A. Bejan, *Advanced Engineering Thermodynamics*, 4th edn. (Wiley, Hoboken, 2016).
＊5　A. Bejan, S. Lorente, *Design with Constructal Theory* (Wiley, Hoboken, 2008).
＊6　M. Futterman, Personal communication, July 20, 2017.

第11章　科学と自由

＊1　A. Bejan, Thermodynamics today. *Energy* 160, 1208–1219 (2018).
＊2　A. Bejan, Evolution in thermodynamics. *Appl. Phys. Rev*. 4(1), 011305 (2017).
＊3　A. Bejan, Thermodynamics of heating. *Prof. R. Soc*. A 475 (2019), article 20180820.
＊4　A. Bejan, *Advanced Engineering Thermodynamics*, 4th edn. (Wiley, Hoboken, 2016).
＊5　L. E. Dugatkin, L. Trut, *How to Tame a Fox* (The University of Chicago Press, Chicago, 2017).
＊6　A. Bejan, Comment on "Study on the consistency between field synergy principle and entransy dissipation extremum principle". *Int. J. Heat Mass Transf*. 120, 1187–1188 (2018).
＊7　A. Bejan, Letter to the Editor on "Temperature-heat diagram analysis method for heat recovery physical adsorption refrigeration cycle—Taking multi stage cycle as an example". *Int. J. Refrig*. 90, 277–279 (2018).
＊8　A. Bejan, S. Lorente, Letter to the editor. *Chem. Eng. Process*. 56, 34 (2012).
＊9　A. Bejan, "Entransy", and its lack of content in physics. *J. Heat Trans*. 136, 055501 (2014).
＊10　A. Bejan, Comment on "Application of entransy analysis in self-heat recuperation technology". *Ind. Eng. Chem. Res*. 53, 1274–1285 (2014).
＊11　A. Bejan, Heatlines (1983) versus synergy, *Int. J. Heat Mass Trans*. 81, 2015, 654–658 (1998).
＊12　A. Bejan, Letter to the editor of

guel, A. H. Reis, Constructal theory of distribution of river sizes, section 13.5, in *Advanced Engineering Thermodynamics*, ed. by A. Bejan, 3rd edn. (Wiley, Hoboken, 2006).

＊20 A. Bejan, Street network theory of organization in nature. *J. Adv. Transp.* 30(2), 85–107 (1996).

＊21 A. Bejan, Constructal-theory network of conducting paths for cooling a heat generating volume. *Int. J. Heat Mass Transf.* 40, 799–816 (1997). (Published on 1 November 1996).

＊22 A. Bejan, Constructal tree network for fluid flow between a finite-size volume and one source or sink. *Revue Générale de Thermique* 36, 592–604 (1997).

＊23 S. Kim, S. Lorente, A. Bejan, W. Miller, J. Morse, The emergence of vascular design in three dimensions. *J. Appl. Phys*. 103, 123511 (2008).

＊24 C. R. Carrigan, J. C. Eichelberger, Zoning of magmas by viscosity in volcanic conduits. *Nature* 343, 248–251 (1990).

＊25 A. Bejan, Rolling stones and turbulent eddies: why the bigger live longer and travel farther. *Sci. Rep*. 6, 21445 (2016).

＊26 A. Bejan, J. D. Charles, S. Lorente, The evolution of airplanes. *J. Appl. Phys*. 116, 044901 (2014).

＊27 R. Chen, C. Y. Wen, S. Lorente, A. Bejan, The evolution of helicopters. *J. Appl. Phys*. 120, 014901 (2016).

＊28 A. Bejan, J. D. Charles, S. Lorente, E. H. Dowell, Evolution of airplanes, and What price speed? *AIAA J.* 54(3), 1116–1119 (2016).

＊29 A. Bejan, R. W. Wagstaff, The physics origin of the hierarchy of bodies in space. *J. Appl. Phys*. 119, 094901 (2016).

＊30 G. Ellis, J. Silk, Scientific method: Defend the integrity of physics. *Nature* 516, 321–332 (2014).

＊31 A. Bejan, S. Ziaei, S. Lorente, Evolution: why all plumes and jets evolve to round cross sections. *Sci. Rep*. 4, 4730 (2014).

＊32 A. Bejan, *Advanced Engineering Thermodynamics*, 2nd, 3rd, 4th edns. (Wiley, New York, 1997).

＊33 A. H. Reis, A. F. Miguel, A. Bejan, Constructal theory of particle agglomeration and design of air-cleaning devices. *J. Phys. D Appl. Phys*. 39, 2311–2318 (2006).

＊34 A. Bejan, Why the bigger live longer and travel farther: animals, vehicles, rivers and the winds. *Sci. Rep*. 2, 594 (2012).

＊35 A. H. Reis, A. F. Miguel, M. Aydin, Constructal theory of flow architecture of the lungs. *Med. Phys*. 31, 1135–1140 (2004).

＊36 A. Bejan, *The Physics of Life: The Evolution of Everything* (St. Martin's Press, New York, 2016).［前掲『流れと

structual law and the evolution of design in nature. *Phys. Life Rev*. 8(3), 209–240 (2011).

＊2 T. Basak, The law of life: the bridge between physics and biology. *Phys. Life Rev*. 8(3), 249–252 (2011).

＊3 A. F. Miguel, The physics principle of the generation of flow configuration. *Phys. Life Rev*. 8(3), 243–244 (2011).

＊4 A. H. Reis, Design in nature, and the laws of physics. *Phys. Life Rev*. 8(3), 255–256 (2011).

＊5 L. Wang, Universality of design and its evolution. *Phys. Life Rev*. 8(3), 257–258 (2011).

＊6 Y. Ventikos, The importance of the constructal framework in understanding and eventually replicating structure in tissue. *Phys. Life Rev*. 8(3), 241–242 (2011).

＊7 G. Lorenzini, C. Biserni, The Constructal law: from design in nature to social dynamics and wealth as physics. *Phys. Life Rev*. 8(3), 259–260 (2011).

＊8 L. A. O. Rocha, Constructal law: from law of physics to applications and conferences. *Phys. Life Rev*. 8(3), 245–246 (2011).

＊9 J. P. Meyer, Constructal law in technology, thermofluid and energy systems, and in design education. *Phys. Life Rev*. 8(3), 247–248 (2011).

＊10 J. A. Tuhtan, Go with the flow: connecting energy demand, hydropower, and fish using constructal theory. *Phys. Life Rev*. 8(3), 253–254 (2011).

＊11 A. Bejan, *Shape and Structure, from Engineering to Nature* (Cambridge University Press, Cambridge, UK, 2000).

＊12 A. Bejan, J. H. Marden, Unifying constructal theory for scale effects in running, swimming and flying. *J. Exp. Biol*. 209, 238–248 (2006).

＊13 J. D. Charles, A. Bejan, The evolution of speed, size and shape in modern athletics. *J. Exp. Biol*. 212, 2419–2425 (2009).

＊14 A. Bejan, E. C. Jones, J. D. Charles, The evolution of speed in athletics: why the fastest runners are black and swimmers white. *Int. J. Des. Nat. Ecodyn*. 5(3), 199–211 (2010).

＊15 J. D. Charles, A. Bejan, The evolution of long distance running and swimming. *Int. J. Des. Nat. Ecodyn*. 8, 17–28 (2013).

＊16 R. E. Horton, Drainage basin characteristics. *EOS Trans*. AGU 13, 350–361 (1932).

＊17 J. T. Hack, Studies of longitudinal profiles in Virginia and Maryland, *USGS Professional Papers* 294-B, Washington DC (1957), pp. 46–97.

＊18 M. A. Melton, Correlation structure of morphometric properties of drainage systems and their controlling agents. *J. Geol*. 66, 35–56 (1958).

＊19 A. Bejan, S. Lorente, A. F. Mi-

＊3　M. Zhilin, S. Savchenko, S. Hansen, K.-U. Heussner, T. Terberger, Early art in the Urals: new research on the wooden sculpture from Shigir. *Antiquity* 92(362), 334–350 (2018).

＊4　A. Bejan, J. H. Marden, Unifying constructal theory for scale effects in running, swimming and flying. *J. Exp. Biol*. 209, 238–248 (2006).

＊5　J. D. Charles, A. Bejan, The evolution of speed, size and shape in modern athletics. *J. Exp. Biol*. 212, 2419–2425 (2009).

＊6　A. Bejan, E. C. Jones, J. D. Charles, The evolution of speed in athletics: why the fastest runners are black and the swimmers white. *Int. J. Des. Nat. Ecodyn*. 5(3), 199–211 (2010).

＊7　A. Bejan, S. Lorente, The constructal law origin of the logistics S curve. *J. Appl. Phys*. 110, 024901 (2011).

＊8　A. Bejan, S. Lorente, The physics of spreading ideas. *Int. J. Heat Mass Transf*. 55, 802–807 (2012).

＊9　K. L. Beals, C. L. Smith, S. M. Dodd, Brain size, cranial morphology, climate, and time machines. *Curr. Anthropol*. 25(3), 301–330 (1984).

＊10　C. Stringer, Modern human origins: progress and prospects. *Philos. Trans. Royal Soc*. B 357(1420), 563–579 (2002).

＊11　C. Stringer, The origin and evolution of Homo sapiens. *Philos. Trans. Royal Soc*. B 371, 20150237 (2016).

＊12　R. E. Green et al., A draft sequence of the Neanderthal genome. *Science* 328, 710–722 (2010).

＊13　B. Y. Kim, K. E. Lohmueller, Selection and reduced population size cannot explain higher amounts of Neanderthal Ancestry in East Asian than in European human populations. *Am. J. Human Genet*. 96, 454–461 (2015).

＊14　G. Roth, U. Dicke, Evolution of the brain and intelligence. *TRENDS Cognit. Sci*. 9(5), 250–257 (2005).

＊15　R. D. Martin, Relative brain size and basal metabolic rate in terrestrial vertebrates. *Nature* 293, 57–60, 3 September 1981.

＊16　How we became more than 7 billion—humanity's population explosion, visualized, American Museum of Natural History, *Aeon*, 2 December 2016.

＊17　A. Bejan, *Shape and structure, from engineering to nature* (Cambridge University Press, Cambridge, UK, 2000).

＊18　A. Bejan, *The Physics of Life: The Evolution of Everything* (St. Martin's Press, New York, 2016).［前掲『流れといのち』］

＊19　A. Bejan, Why humans build fires shaped the same way. *Nature Sci Rep* 5, 11270 (2015).

第9章　進化

＊1　A. Bejan, S. Lorente, The con-

＊10　A. Bejan, Thermodynamics today. *Energy* 160, 1208–1219 (2018).

＊11　A. Bejan, *Advanced Engineering Thermodynamics*, 4th edn. (Wiley, Hoboken, 2016).

＊12　D. F. Styer, Insight into entropy. *Am. J. Phys*. 68(12), 1090–1096 (2000).

＊13　F. L. Lambert, Disorder—a cracked crutch for supporting entropy discussions. *J. Chem. Ed*. 79(2), 187–192 (2002).

＊14　T. Basak, The law of life: the bridge between physics and biology. *Phys. Life Rev*. 8, 249–252 (2011).

＊15　A. F. Miguel, The physics principle of the generation of flow configuration. *Phys Life Rev*. 8, 243–244 (2011).

＊16　A. Bejan, Maxwell's demons everywhere: evolving design as the arrow of time. *Sci. Rep*. 4, 4017 (2014). https://doi.org/10.1038/srep04017.

＊17　A. Bejan, Street network theory of organization in nature. *J. Adv. Transp*. 30(2), 85–107 (1996).

＊18　A. Bejan, Constructal-theory network of conducting paths for cooling a heat generating volume. *Int. J. Heat Mass Transf*. 40, (4), 799–816 (1997); published on November 1, 1996, not in 1997, as shown in Fig. 3.3 in A. Bejan, Technology evolution, from the constructal law, in E. M. Sparrow, Y. I. Cho, J. P. Abraham, eds., *Advances in Heat Transfer* (Academic Press, Burlington, 2013), pp. 183–207.

第７章　学問分野／規律

＊1　A. Bejan, *Superconductive field winding for a 2 MVA synchronous generator*, MS thesis, MIT, Cambridge, MA (1972).

＊2　A. Bejan, Theory of rolling contact heat transfer. *J. Heat Trans*. 111, 257–263 (1989).

＊3　A. Bejan, *Shape and Structure, from Engineering to Nature* (Cambridge University Press, Cambridge, UK, 2000).

＊4　A. Bejan, J. P. Zane, *Design in Nature* (Doubleday, New York, 2012). ［前掲『流れとかたち』］

＊5　A. Bejan, J. H. Marden, Unifying constructal theory for scale effects in running, swimming and flying. *J. Exp. Biol*. 209, 238–248 (2006).

＊6　A. Bejan, J. D. Charles, S. Lorente, The evolution of airplanes. *J. Appl. Phys*. 116, 044901 (2014).

＊7　A. W. Kosner, Freedom is good for design, How to use Constructal Theory to liberate any flow system. *Forbes*, March 18, 2012 (interview with Adrian Bejan).

第８章　多様性

＊1　A. Bejan, *Convection Heat Transfer*, 4th edn. (Wiley, Hoboken, 2013).

＊2　Why every snowflake is NOT unique, Duke University, December 20, 2013. https://www.youtube.com/watch?v=8hFo23ZJ6YU.

＊30　P. Haggett, R. J. Chorley, *Network Analysis in Geography* (St. Martin's Press, New York, 1969).

＊31　A. Bejan, S. Lorente, Thermodynamic optimization of flow geometry in mechanical and civil engineering. *J. Non-Equilib. Thermodyn*. 26, 305–3554 (2001).

＊32　A. Bejan, S. Périn, Constructal theory of Egyptian pyramids and flow fossils in general, section 13.6, in *Advanced Engineering Thermodynamics*, ed. by A. Bejan, 3rd edn. (Wiley, Hoboken, 2006).

＊33　International Energy Agency, Key world energy statistics (2006).

＊34　International Energy Agency. http://www.iea.org/statistics/. 2016年12月29日閲覧。

＊35　IEA Statistics© OECD/IEA 2014. http://www.iea.org/publications/publication/energy-statistics-manual.html.

第5章　社会的構成とイノベーション

＊1　A. Bejan, U. Gunes, M. R. Errera, B. Sahin, Social organization: the thermodynamics basis. *Int. J. Energy Res*. 42, 3770–3779 (2018).

＊2　Ephrat Livni, Physics can explain human innovation and enlightenment. *Quartz*, 30 June 2018.

第6章　複雑性

＊1　A. Bejan, *The Physics of Life: The Evolution of Everything* (St. Martin's Press, New York, 2016). ［前掲『流れといのち』］

＊2　A. Bejan, M.R. Errera, Complexity, organization, evolution, and constructal law. *J. Appl. Phys*. 119, article 074901 (2016).

＊3　O. Reynolds, An experimental investigation of the circumstances which determine the motion of water in parallel channels shall be direct or sinuous and of the law of resistance in parallel channels. *Philos. Trans. R. Soc*. 174, 935–982 (1883).

＊4　A. Bejan, Convection Heat Transfer, 4th edn. (Wiley, Hoboken, 2013), chapters 6–9.

＊5　A. Bejan, S. Ziaei, S. Lorente, Evolution: why all plumes and jets evolve to round cross sections. *Sci. Rep*. 4, 4730 (2014).

＊6　B. Mandelbrot, *The Fractal Geometry of Nature* (Freeman, New York, 1982). ［『フラクタル幾何学』上下巻、広中平祐監訳、ちくま学芸文庫、2011年、他］

＊7　A. Bejan, The Golden Ratio predicted: vision, cognition and locomotion as a single design in nature. *Int. J. Des. Nat. Ecodyn*. 4(2), 97–104 (2009).

＊8　V. Niederhoffer, Clustering of stock prices. *Oper. Res*. 13(2), 258–265 (1965).

＊9　A. Bejan, Evolution in thermodynamics. *Appl. Phys. Rev*. 4(1), 011305 (2017).

1409.5963 [physics.soc-ph] (2014).

＊11 G. Weisbuch, S. Battiston, From production networks to geographical economics. *J. Econ. Behav. Organ*. 64 (2007). https://doi.org/10.1016/j.jebo.2006.06.018.

＊12 Y. Chen, Maximum profit configurations of commercial engines. *Entropy* 13, 1137–1151 (2011).

＊13 W. C. Frederick, *Natural corporate management: from the big bang to Wall Street* (Greenleaf Publishing, Sheffield, UK, 2012).

＊14 P. Mirowski, *More Heat than Light* (Cambridge University Press, Cambridge, UK, 1989).

＊15 J. B. Alcott, Jevon's paradox. *Ecol. Econ*. 54, 9–21 (2005).

＊16 A. Bejan, *Advanced Engineering Thermodynamics*, 4th edn. (Wiley, Hoboken, 2016).

＊17 A. Bejan, *Convection Heat Transfer*, 4th edn. (Wiley, Hoboken, 2013).

＊18 A. F. Miguel, The physics principle of the generation of flow configuration. *Phys. Life Rev*. 8, 243–244 (2011).

＊19 A. H. Reis, Design in nature, and the laws of physics. *Phys. Life Rev*. 8, 255–256 (2011).

＊20 A. Bejan, J. H. Marden, Unifying constructal theory for scale effects in running, swimming and flying. *J. Exp. Biol*. 209, 238–248 (2006).

＊21 A. Bejan, S. Lorente, A. F. Miguel, A. H. Reis, Constructal theory of distribution of river sizes, section 13.5, in *Advanced Engineering Thermodynamics*, ed. by A. Bejan, 3rd edn. (Wiley, Hoboken, 2006).

＊22 V. Pareto, Cours d'Économie Politique, vol. II ('The Law of Income Distribution') (1897), in *The Economics of Vilfredo Pareto*, trans. R. Cirillo (Frank Cass and Co., 1979), pp. 80–87.

＊23 R. E. Horton, Drainage basin characteristics. *EOS Trans*. AGU 13, 350–361 (1932).

＊24 M. A. Melton, Correlation structure of morphometric properties of drainage systems and their controlling agents. *J. Geol*. 66, 35–56 (1958).

＊25 J. T. Hack, Studies of longitudinal profiles in Virginia and Maryland, USGS Professional Papers 294-B, Washington DC (1957), pp. 46–97.

＊26 The World Bank, World DataBank. http://databank.worldbank.org/data/home.aspx. 2016年12月29日閲覧。

＊27 A. Bejan, S. Lorente, The constructal law origin of the logistics S curve. *J. Appl. Phys*. 110, 024901 (2011).

＊28 A. Lösch, *The Economics of Location* (Yale University Press, New Haven, CT, 1954).

＊29 P. Haggett, *Locational Analysis in Human Geography* (Edward Arnold, London, 1965). [『立地分析』上下巻、野間三郎監訳・梶川勇作訳、大明堂、1976年]

cleaning devices. *J. Phys. D Appl. Phys.* 39, 2311–2318 (2006).

＊28 A. Bejan, R. W. Wagstaff, The physics origin of the hierarchy of bodies in space. *J. Appl. Phys.* 119, 094901 (2016).

＊29 S. Scaringi, T. J. Maccarone, E. Körding, C. Knigge, S. Vaughan, T. R. Marsh, E. Aranzana, V. S. Dhillon, S. C. C. Barros, Accretion-induced variability links young stellar objects, white dwarfs, and black holes. *Sci. Adv.* 1(e1500686), 9 (2015).

＊30 A. Bejan, The constructal-law origin of the wheel, size, and skeleton in animal design. *Am. J. Phys.* 78(7), 692–699 (2010).

＊31 A. Bejan, J. P. Zane, *Design in Nature: How the Constructal Law Governs Evolution in Biology, Physics, Technology, and Social Organization* (Doubleday, New York, 2012). [『流れとかたち――万物のデザインを決める新たな物理法則』柴田裕之訳、紀伊國屋書店、2013年]

＊32 www.fi.edu/laureates/helen-rhoda-quinn

＊33 H. Georgi, H. R. Quinn, S. Weinberg, Hierarchy of interactions in unified gauge theories. *Phys. Rev. Lett.* 33(7), 451–454 (1974).

第4章　不平等

＊1 W. Scheidel, *The Great Leveler* (Princeton University Press, Princeton, NJ, 2017). [『暴力と不平等の人類史』鬼澤忍・塩原通緒訳、東洋経済新報社、2019年]

＊2 A. Bejan, M. R. Errera, Wealth inequality: the physics basis. *J. Appl. Phys.* 121, 124903 (2017).

＊3 A. Bejan, *The Physics of Life: The Evolution of Everything* (St. Martin's Press, New York, 2016). [前掲『流れといのち』]

＊4 G. Lorenzini, C. Biserni, The Constructal law: from design in nature to social dynamics and wealth as physics. *Phys. Life Rev.* 8, 259–260 (2011).

＊5 T. Basak, The law of life: the bridge between physics and biology. *Phys. Life Rev.* 8, 249–252 (2011).

＊6 W. M. Saslow, An economic analogy to thermodynamics. *Am. J. Phys.* 67(12), 1239–1247 (1999).

＊7 P. Kalason, *Épistémologie Constructale du Lien Cultuel* (L'Harmattan, Paris, 2007).

＊8 H. Temple, *Théorie générale de la nation, L'architecture du monde* (L'Harmattan, Paris, 2014).

＊9 M. Smerlak, Thermodynamics of inequalities: from precariousness to economic stratification. Cornell University Library. arXiv:1406.6441 [physics.soc-ph] (2014).

＊10 M. Karpiarz, P. Fronczak, A. Fronczak, International trade network: fractal properties and globalization puzzle. Cornell University Library. arXiv:

＊10 A. Antunes, Encouraging good science on the web. *Phys. Today*, 41–42 (2009).

＊11 T. J. Scheff, Academic gangs. *Crime Law Soc. Chang*. 23, 157–162 (1995).

＊12 J. J. Soler, A. P. Moller, M. Soler, Mafia behavior and the evolution of facultative virulence. *J. Theor. Biol*. 191, 267–277 (1998).

＊13 B. R. Clark, The many pathways of academic coordination. *High. Educ*. 9, 251–267 (1979).

＊14 M. Chaput de Saintonage, A. Pavlovic, Cheating. *Med. Educ*. 38, 8–9 (2004).

＊15 News: Italy continues R&D reforms. *Nat. Med*. 4(9), 993 (1998).

＊16 J. Xu, H. Chen, The topology of dark networks. *Commun. ACM* 51(10), 58–65 (2008).

＊17 A. Bejan, Constructal self-organization of research: empire building versus the individual investigator. *Int. J. Des. Nat. Ecodyn*. 3, 177–189 (2008).

＊18 A. Qin, Fraud scandals sap China's dream of becoming a science superpower. *The New York Times,* October 13, 2017.

＊19 A. Bejan, Comment on "Study on the consistency between field synergy principle and entransy dissipation extremum principle". *Int. J. Heat Mass Transf*. 120, 1187–1188 (2018).

＊20 I. Fister Jr., I. Fister, M. Perc, Toward the discovery of citation cartels in citation networks. *Front. Phys*. 4 (2016), article 49.

＊21 A. Bejan, Letter to the Editor on "Temperature-heat diagram analysis method for heat recovery physical adsorption refrigeration cycle—Taking multi stage cycle as an example". *Int. J. Refrig*. 90 (2018).

＊22 M. Hoffmann, R. Anderssohn, H.-A. Bahr, H.-J. Weiß, J. Nellesen, Why hexagonal basalt columns? *Phys. Rev. Lett*. 115, 054301 (2015).

＊23 V. K. Kinra, K. B. Milligan, A second-law analysis of thermoelastic damping. *J. Appl. Mech*. 61, 71–76 (1994).

＊24 L. Levrino, A. Tartaglia, From elasticity theory to cosmology and vice versa. *Sci. China: Phys. Mech. Astron*. 57, 597–603 (2014).

＊25 S. S. Al-Ismaily, A. K. Al-Maktoumi, A. R. Kacimov, S. M. Al-Saqri, H. A. Al-Busaidi, M. H. Al-Haddabi, Morphed block-cracked preferential sedimentation in a reservoir bed: a smart design and evolution in nature. *Hydrol. Sci. J*. 58, 1779–1788 (2013).

＊26 A. Bejan, Y. Ikegami, G. A. Ledezma, Constructal theory of natural crack pattern formation for fastest cooling. *Int. J. Heat Mass Transf*. 41, 1945–1954 (1998).

＊27 A. H. Reis, A. F. Miguel, A. Bejan, Constructal theory of particle agglomeration and design of air-

constructal theory for scale effects in running, swimming and flying. *J. Exp. Biol*. 209, 238–248 (2006).

＊3　A. Bejan, Why the bigger live longer and travel farther: animals, vehicles, rivers and the winds. *Nat. Sci. Rep*. 2(594). https://doi.org/10.1038/srep00594 (2012).

＊4　A. Bejan, A. Almerbati, S. Lorente, Economies of scale: the physics basis. *J. Appl. Phys*. 121 (2017), article 044907.

＊5　A. Bejan, S. Lorente, B.S. Yilbas, A.Z. Sahin, The effect of size on efficiency: power plants and vascular designs. *Int. J. Heat Mass Transf*. 54, 1475–1481 (2011).

＊6　R. Chen, C.Y. Wen, A. Bejan, S. Lorente, The evolution of helicopters. *J. Appl. Phys*. 120, 014901 (2016).

＊7　A. Bejan, The tree of convective heat streams: its thermal insulation function and the predicted 3/4-power relation between body heat loss and body size. *Int. J. Heat Mass Transf*. 44, 699–704 (2001).

第 3 章　階層制

＊1　A. Bejan, S. Lorente, A. F. Miguel, A. H. Reis, Constructal theory of distribution of river sizes, section 13.5, in *Advanced Engineering Thermodynamics*, ed. by A. Bejan, 3rd edn. (Wiley, Hoboken, 2006).

＊2　R. N. Rosa, River basins: geomorphology and dynamics, in *Bejan's Constructal Theory of Shape and Structure* (Évora Geophysics Center, University of Évora, Portugal, 2004).

＊3　A. Bejan, S. Lorente, A. F. Miguel, A. H. Reis, Constructal theory of distribution of city sizes, section 13.4, in *Advanced Engineering Thermodynamics*, ed. by A. Bejan, 3rd edn. (Wiley, Hoboken, 2006).

＊4　A. Bejan, S. Lorente, J. Lee, Unifying constructal theory of tree roots, canopies and forests. *J. Theor. Biol*. 254(3), 529–540 (2008).

＊5　A. Bejan, Two hierarchies in science: the free flow of ideas and the academy. *Int. J. Des. Nat. Ecodyn*. 4, 386–394 (2009).

＊6　A. Bejan, Why university rankings do not change: education as a natural hierarchical flow architecture. *Int. J. Des. Nat*. 2, 319–327 (2007).

＊7　A. Bejan, S. Lorente, The physics of spreading ideas. *Int. J. Heat Mass Transf*. 55, 802–807 (2012).

＊8　A. Bejan, P. Haynsworth, The natural design of hierarchy: basketball versus academics. *Int. J. Des. Nat. Ecodyn*. 7, 14–25 (2012).

＊9　A. Bejan, *The Physics of Life: The Evolution of Everything* (St. Martin's Press, New York, 2016).［『流れといのち――万物の進化を支配するコンストラクタル法則』柴田裕之訳、紀伊國屋書店、2019 年］

原注

第1章　自然と力

＊1　A. Bejan, S. Lorente, A. F. Miguel and A. H. Reis, Constructal theory of distribution of river sizes, section 13.5, in *Advanced Engineering Thermodynamics*, ed. by A. Bejan, 3rd edn. (Wiley, Hoboken, 2006).

＊2　A. Bejan, *Shape and Structure, from Engineering to Nature* (Cambridge University Press, Cambridge, UK, 2000).

＊3　A. Bejan, J.H. Marden, Unifying constructal theory for scale effects in running, swimming and flying. *J. Exp. Biol*. 209, 238–248 (2006).

＊4　A. Bejan, Why the bigger live longer and travel farther: animals, vehicles, rivers and the winds. *Sci. Rep*. 2, 594 (2012).

＊5　A. Bejan, S. Lorente, The constructal law origin of the logistics S curve. *J. Appl. Phys*. 110, 024901 (2011).

＊6　A. Bejan, Why people build fires shaped the same way, *Sci. Rep*. 5 (2015), article 11270.

＊7　A. Bejan, S. Périn, Constructal theory of Egyptian pyramids and flow fossils in general, section 13.6, in *Advanced Engineering Thermodynamics*, ed. by A. Bejan, 3rd edn. (Wiley, Hoboken, 2006).

＊8　A. H. Reis, A. Bejan, Constructal theory of global circulation and climate. *Int. J. Heat Mass Transf*. 49, 1857–1875 (2006).

＊9　M. Clausse, F. Meunier, A.H. Reis, A. Bejan, Climate change, in the framework of the constructal law. *Int. J. Global Warming*. 4, 242–260 (2012).

＊10　A. Bejan, On the buckling property of inviscid jets and the origin of turbulence. *Lett. Heat Mass Transf*. 8, 187–194 (1981).

＊11　A. Bejan, *Entropy Generation through Heat and Fluid Flow* (Wiley, New York, 1982).

＊12　A. Bejan, *Convection Heat Transfer*, 4th edn. (Wiley, Hoboken, 2013).

＊13　A. Bejan, *Advanced Engineering Thermodynamics*, 4th edn. (Wiley, Hoboken, 2016).

＊14　A. Bejan, Evolution in thermodynamics. *Appl. Phys. Rev*. 4(1), 011305 (2017).

＊15　P. T. Landsberg, Entropies galore! *Braz. J. Phys*. 29(1), 46–49 (1999).

第2章　規模の経済

＊1　A. Bejan, *Shape and Structure, from Engineering to Nature* (Cambridge University Press, Cambridge, UK, 2000).

＊2　A. Bejan, J. H. Marden, Unifying

[マ行]

[ヤ行]

[ラ行]

[ワ行]

［タ行］

［ナ行］

［ハ行］

索引

「*」を付した索引語は、
主要なページのみ掲出した。

[英字]

[ア行]

[カ行]

著者　エイドリアン・ベジャン　Adrian Bejan

1948年ルーマニア生まれ。デューク大学 J. A. Jones 特別教授（distinguished professor）。欧州アカデミー会員。マサチューセッツ工科大学にて博士号（工学）取得後、カリフォルニア大学バークレー校研究員、コロラド大学准教授を経て、1984年からデューク大学教授。30冊以上の書籍と650以上の論文を発表しており、スタンフォード大学のジョン・イオアニディスが作成した引用インパクトデータベースにおいて、最も引用されインパクトのある世界の科学者の上位0.01%（工学部門では世界トップ10）にランクされたことが2019年の *PLoS Biology* で発表されている。1999年にマックス・ヤコブ賞、2006年にルイコフメダルなど、受賞歴多数。11か国の大学から18の名誉博士号を授与されている。熱力学での業績と、科学と社会システムにおける自然のデザインと進化についてのコンストラクタル法則の提唱を認められ、2018年には米国版ノーベル賞とも言われるベンジャミン・フランクリン・メダルを、2019年にフンボルト賞を受賞。邦訳に『流れとかたち――万物のデザインを決める新たな物理法則』『流れといのち――万物の進化を支配するコンストラクタル法則』（いずれも柴田裕之訳、木村繁男解説、紀伊國屋書店）がある。

訳者　柴田裕之　しばた・やすし

1959年生まれ。翻訳家。早稲田大学理工学部、アーラム大学卒。訳書にハラリ『ホモ・デウス』『サピエンス全史』（以上、河出書房新社）、ベジャン『流れとかたち』『流れといのち』、コーク『身体はトラウマを記録する』（以上、紀伊國屋書店）、コルカー『統合失調症の一族』（早川書房）、ガロー『格差の起源』（監訳、NHK出版）、ファーガソン『大惨事の人類史』（東洋経済新報社）ほか多数。

解説　木村繁男　きむら・しげお

1950年生まれ。公立小松大学副学長・大学院サステイナブルシステム科学研究科長、金沢大学名誉教授。早稲田大学理工学部機械工学科卒業後、一般企業勤務ののち、コロラド大学大学院工学研究科においてエイドリアン・ベジャンを指導教授として博士号取得（工学）。カリフォルニア大学ロサンゼルス校、通商産業省工業技術院を経て現職。専門は伝熱工学。

自由と進化

コンストラクタル法則による自然・社会・科学の階層制

2022年12月28日　第1刷発行

著者　エイドリアン・ベジャン
訳者　柴田裕之
解説　木村繁男

発行所　株式会社紀伊國屋書店
東京都新宿区新宿3-17-7
出版部(編集)電話 03-6910-0508
ホールセール部(営業)電話 03-6910-0519
〒153-8504 東京都目黒区下目黒3-7-10

校正協力　鷗来堂
本文組版　明昌堂
印刷・製本　中央精版印刷

ISBN978-4-314-01196-9 C0040 Printed in Japan

定価は外装に表示してあります